The Wondrous Connections Between Mathematics and Literature

Once Upon a Prime

十堂奇妙的数学课

Sarah Hart

［英］莎拉·哈特 著

崔凯 译

中信出版集团｜北京

图书在版编目（CIP）数据

十堂奇妙的数学课 /（英）莎拉 · 哈特著；崔凯译
. -- 北京：中信出版社，2024.4
书名原文：Once Upon a Prime
ISBN 978-7-5217-6351-5

Ⅰ. ①十… Ⅱ. ①莎… ②崔… Ⅲ. ①数学－普及读物 Ⅳ. ① O1-49

中国国家版本馆 CIP 数据核字 (2024) 第 039485 号

十堂奇妙的数学课
著者：　[英] 莎拉 · 哈特
译者：　崔凯
出版发行：中信出版集团股份有限公司
（北京市朝阳区东三环北路 27 号嘉铭中心　邮编　100020）
承印者：　三河市中晟雅豪印务有限公司

开本：787mm × 1092mm　1/16　　印张：18　　字数：226 千字
版次：2024 年 4 月第 1 版　　印次：2024 年 4 月第 1 次印刷
京权图字：01–2024–0140　　书号：ISBN 978-7-5217-6351-5
定价：69.00 元

服务热线：400–600–8099
投稿邮箱：author@citicpub.com

献给马克、米利耶和埃玛

目录

CONTENTS

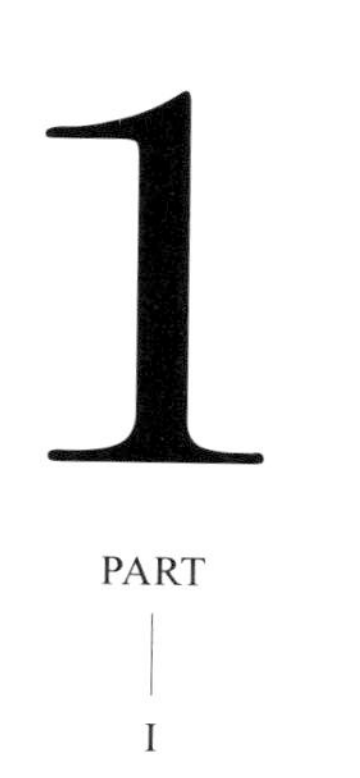

第一部分

数学结构、创造力和局限性

第二部分

代数学的引喻——数学的叙事用途

3

PART

III

第三部分

当数学变成故事

前　言

"叫我以实玛利吧。"这无疑是文学作品中最著名的开场白之一。我不得不尴尬地承认，长久以来我都没有勇气拿起《白鲸》这本书，它应该算是"必读书"中很容易让人产生负罪感的那一类作品。而且"必读书"的标签也激起了我的逆反心理，我担心它是否名副其实。幸亏有那么一天，我终于决定冒险尝试一番，毫不夸张地说，这本书改变了我的人生，它让我开始思考数学与文学之间的关系，并最终形成了你手中的这本书。

一切都始于我在无意中听到一位数学家说，《白鲸》里提到了"摆线"的概念。摆线是一条优美的数学曲线——数学家布莱士·帕斯卡觉得它是如此摄人心魄，甚至说思考摆线能缓解他的牙痛。但是，捕鲸从未被列入摆线的应用场景之一。怀着好奇心，我觉得该抽些时间阅读这本"伟大的美国小说"。令我惊喜的是，我发现《白鲸》从一开始就充满了数学的隐喻。跟随着梅尔维尔的笔，我发现了越来越多的数学现象。不仅仅是梅尔维尔，列夫·托尔斯泰还写到了微积分，詹姆斯·乔伊斯还写到了几何。数学家的形象甚至出现在风格迥异的作家阿瑟·柯南·道尔和奇玛曼达·恩戈兹·阿迪契的作品中，更不用说迈克尔·克莱顿在《侏罗纪公园》里的分形结构，或者那些统治了各种诗歌类型的代数学原理了。涉及数学思想的文学作品至少可以追溯到公元前414年阿里斯托芬的喜剧《鸟》。

偶尔也会有针对特定文学流派或作者写作风格中数学元素的学术研究。但即使是对梅尔维尔这类（在我看来）对数学有着明显偏好的作家，我也只能找到有限的几篇学术文章。数学与文学之间更全面的关系尚未得到应有的关注。因此我试图通过本书让你相信，数学与文学不仅有着密不可分、追本溯源的关系，而且理解这些关系可以让你进一步感受两者的魅力。

数学通常被认为与文学和其他充满想象力的艺术截然不同，但它们之间的界限其实是非常新的思想的产物。从古至今，数学都是文化认知教育中必不可少的部分。两千多年前，柏拉图在《理想国》中提出了理想的艺术课程，中世纪的作家将其分为三个学科（语法、修辞、逻辑）和四个学科（算术、音乐、几何、天文学）。总之，这些都是文科学习的核心内容，因此并不存在人为区分“数学”与“艺术”的现象。

11世纪的波斯学者奥马尔·海亚姆被普遍认为是诗集《鲁拜集》的作者（现代学者认为这本诗集是几位作者的共同作品），海亚姆也是一名数学家，曾经为一些数学问题做出了优美的几何解答，而这些问题的完整代数解直到400年后才出现。14世纪的乔叟既写出了《坎特伯雷故事》，也创作了一篇关于星盘的文章。这样的例子不胜枚举，尤其是刘易斯·卡罗尔，他首先是数学家，其次才是作家。

然而，还有一个更深层次的原因促使我们去寻找隐藏在文学中的数学元素。宇宙中到处都是作为基本原理的结构、模式和规律，而数学是我们理解这些东西的最佳工具——这就是为什么数学经常被称为“宇宙的语言”，也是为什么它对科学如此重要。既然人类是宇宙的一部分，我们的创造性表达方式，包括文学，自然也会表现出对规律和结构的向往。因此，数学是一把从完全不同的角度审视文学的钥匙。作为一名数学家，我可以帮助你看到这一切。

我从小就喜欢规律，无论是文字、数字还是图形中存在的规律，甚至在不知道自己所做的事情就是数学之前，我就喜欢上了规律。慢慢地，我发现我数学家的职业方向越来越清晰，但我为此也付出了一些无法回避的代价。近几十年来，在英国的教育体系中，数学已经被视为一门理工学科，与人文学科有着天壤之别。如果在 16 岁之后想继续学习数学，你可能必须选择"理科"的方向。1991 年，在我在学校的最后一堂英语课结束时，老师交给我一张用优美字体手写的便笺，上面罗列了一长串她觉得我或许会喜欢的书。她说："让你迷失在实验室里真的令我很难过。"被人以为我迷失了前进的方向，这也让我觉得很抱歉。但我并没有迷失自己——如果你也曾被迫"选择"一个科目而不是另一个，你也不会迷失自己。我热爱语言，我热爱文字组合在一起的方式，和数学一样，我痴迷于小说对虚拟世界边界的创造、操控和试探。之后我去牛津大学学习数学，我儿时心目中的文学偶像 C.S. 刘易斯和 J.R.R. 托尔金每周都会讨论彼此作品的那个小酒吧与我的住处只隔着一条街，这让我很兴奋。

在英格兰北部的曼彻斯特取得了硕士和博士学位之后，我于 2004 年来到伦敦，在伦敦大学伯贝克学院任教，并于 2013 年成为一名全职教授。在此期间，尽管我所谓的"日常工作"主要是有关抽象数学"群论"的教学和研究，但我对数学的历史产生了更浓厚的兴趣，尤其是想探索数学是如何成为人类更广泛文化体验的一部分的。我一直觉得，作为一名数学家，我所从事的工作完全能与其他富有创意的艺术形式，如文学、音乐等完美地结合在一起。好的数学，就像好的写作一样，涉及对结构、节奏和模式的内在欣赏。当阅读一部伟大的小说或一首完美的十四行诗时，我们会浮现出这样的感觉，即所有的组成部分完美地结合在一起，形成一个和谐的整体，就和我们看到一个美妙的数学证明的感觉一样。数学家 G.H. 哈代曾经写道：“一个数学家就像一个画家或诗人，是规律的缔造者……数学家的规律就如同画家或诗人的规律，必须是优美的。这些想法与色彩和文字一样，必须以和谐的方式被融合在一起。美是第一道考验，丑陋的数学在这个世界上没有长久的容身之地。”

2020 年在担任格雷欣学院的几何学教授后，我有机会把自己几十年来对数学及其在历史和文化中的地位的思考结合起来。这个教授职位是自都铎王朝以来剩下的为数不多的职位之一——它是 1597 年由伊丽莎白一世的朝臣和金融家托马斯·格雷欣爵士在遗嘱中提出并捐资创建的。我是该职位的第 33 名任职者，也是第一位女性任职者。我可以就自己感兴趣的任何数学主题举办公开讲座，同样幸运的是，一个多世纪以来形成的传统要求教授必须就同一主题举办两次讲座：一次用英语，一次用拉丁语。

我身兼伯贝克学院的数学教授和格雷欣学院的几何学教授，还养育了两个可爱的女儿，我知道你们在想什么：莎拉，你业余时间都做些什么？我的回答就是我长久以来坚持的习惯——阅读，不间断地、广泛地阅读。电子阅读器的美妙之处就是不需要翻动书页，我甚至可以抱着熟睡的婴儿阅读。就是利用这些时间，我读完了《战争与和平》，并且发现其中充满了数学惊喜。

每一年我都会跟好友雷切尔定下一个目标，在布克奖发布之前把所有候选作品读一遍，也就是在大约 6 周时间里读完 6 本书。2013 年的候选作品之一（也是最终的获奖作品）是埃莉诺·卡顿的《明》。卡顿在这部小说中运用了若干“结构约束”，包括一个被称为“几何数列”的数学序列。书中隐藏了大量的数学线索，让那些了解其背后数学含义的读者能获取到额外的收获，例如，一批被盗黄金的价值恰好是 4 096 英镑并非巧合，理解贯穿始终的几何数列会给你带来另一种享受。数学结构出现在文学作品中的现象不胜枚举，这只是我在本书中向你展示的诸多案例之一。

还需要指出，数学与文学之间的关系并不是单向的，数学本身也具有丰富的语言创造力。追溯到早期印度，梵语数学一直遵循着口传心授的传统，数学算法通常被编成诗歌，以便口口相传。我们普遍认为，数学概念与精确固定的单词有关，比如“圆形”“正方形”。但是在梵语传统中，你使用的词语必须符合诗歌的韵律。例如，数字可以替换为相关对象。数字 1 可以用任何独特的事物来表示，比如月亮或地球，而“手”可以表示 2，因为我们都有两只手——但“黑和白”也可以，因为二者形成了一对儿事物。“3 个牙洞”这样的表达并不是要去看医生，而是代表在我们牙齿的数量后面加 3 个 0，这是对 32 000 这个数字颇具诗意的表达方式。不计其数又形态各异的单词和含义为数学提供了引人入胜的丰富性。

数学语言也是形象化的——当需要使用一些新词语描述新鲜的事物时，我们通常会求助于隐喻。一旦这些词语被长期沿用下来，我们往往就忘记了它们所代表的其他层面的含义。但有时受某些情况的诱发，我们终于想起了它原本的含义。在攻读硕士学位期间，我花了一个学期的时间在法国西南部的波尔多大学学习数学。用法语阅读数学给数学增添了一丝超现实的色彩，因为我从未意识到某些文字和隐喻竟然可以出现在数学语境中。那几个月的学习让我看到支撑数学大部分内容的创造性隐喻语言。在学习法语中一门叫“代数几何”的课程时，gerbe 这个词让我油然而生一种淳朴的农业感，因为当时我只认识 gerbe de blé（小麦穗）这个法语词组。有时你还会过度翻译，有那么一阵子我以为有一个结果叫“海象定理”，因为法语的 morse 被翻译成“海象”，但实际上它得名于它的发现者，广受尊崇的数学家（非海象）马斯顿·莫尔斯。

就像数学会采纳文学的隐喻一样，文学中的数学元素也无法逃开数学家的慧眼。这些元素让我们有机会从另一个角度欣赏一部小说。例如，梅尔维尔的摆线就是一条具有诸多奇妙特征的曲线，但是它与抛物线和椭圆等曲线有所不同，除非你是个数学家，否则你很有可能从未听说过这个概念。这真是个遗憾，因为这条曲线的性质极其美妙，它甚至被戏称为“几何学的海伦”。制作一条摆线并不复杂，首先想象一个在平坦路面上滚动的车轮，然后在轮子的边缘处标记一个点，比如涂抹上一团颜料。当车轮滚动时，这个点就会在平面上画出一条轨迹，我们称它为“摆线”。这是一个相当朴素的思想，然而，直到 16 世纪才有证据表明它被研究过，直到 17 世纪和 18 世纪，关于它的研究才多起来，当时似乎每个对数学感兴趣的人都要对此发表一番意见。例如，伽利略首先提出了“摆线”这个名称，他还写道，他研究摆线已经有 50 年了。

摆线不仅在《白鲸》中被提及，还在另外两部 18 世纪伟大的文学作品《格列佛游记》和《项狄传》中被提及，我们再一次看到数学应用的地位——不是“其他”小角色，而是知识生活必不可少的一部分。当格列佛来到勒皮他岛时，他发现那里的居民对数学极为痴迷。在与国王吃饭的时候，他看到“仆人们把我们的面包切成圆锥形、圆柱形、平行四边形和其他一些几何图形”，还看到“切成等边三角形的一块羊肩肉”和“切成摆线形状的布丁”。同样，在项狄大厅，特里斯舛的叔叔托比在制作一座桥模型时遇到很大的困难，在参阅了各类专业资料之后（甚至引用了一篇现实中的数学论文，发表在科学期刊《博学通报》上），他断然决定摆线型的大桥才是正确的解决之道。然而事情进展得并不顺利:“我叔叔托比和任何一个英国人一样了解抛物线的性质，但他不是摆线专家。尽管他每天都在谈论摆线，但是大桥的制作毫无进展。”

阅读《项狄传》和其他伟大作品的部分乐趣，就在于发现书中所隐含的那些极为丰富、无所不包的典故，有文学、文化的，当然还有数学的。如果你正在阅读经典文学，鉴于莎士比亚对文学和文化领域的深远影响，你多少也要了解一些他的作品。那么是否存在某些数学著作，能与莎士比亚的作品在经典文学领域的地位并驾齐驱呢？一个强有力的竞争者是欧几里得的作品，即《几何学原理》或《几何原本》，它或许是有史以来最具影响力的数学著作。

有一个小故事，讲述了哲学家托马斯·霍布斯是如何对几何学产生浓厚兴趣的。霍布斯的传记作者约翰·奥布里写道:

> 在一位绅士的图书室里，桌面上被展开的是欧几里得的《几何原本》，那一页恰好是这本书第一卷的第四十七个命题。他读了读这个命题，说:“天哪，这绝对不可能！”于是他开始阅读证明过程，其中涉及另外一项证明，而那项证明中的某个步骤又指引他参考另一项证明，他继而发现……最后，他被彻底说服了。他从此爱上了几何学。

这的确是个有趣的故事，我们据此可以了解人们对数学的看法。请注意，《几何原本》在桌面上被展开，因为霍布斯身处“一位绅士的图书室”，而非“一个数学家的书房”。这样的描述显示，这个见多识广的人涉猎广泛。不仅如此，奥布里还假设读者都对欧几里得了如指掌，提到第一卷第四十七个命题，就好像我们都知道似的。我们当然知道，因为那是毕达哥拉斯定理。

包含在欧氏几何中的那些美妙的确定性——由公理和定义严谨地推导出定理和证明，既激发了文学巨匠的创作灵感，也慰藉了他们的心灵。从乔治·艾略特和詹姆斯·乔伊斯（他们以各自不同的方式热爱着数学，我们将在第 6 课看到他们），到诗人威廉·华兹华斯和埃德娜·圣·文森特·米莱。华兹华斯在《序曲》中写道，几何学带来了“安谧与幽邃”，并让人们“几乎忘了悲伤”：

困扰着心灵，那些抽象的
概念具有强大的魅力，我特别高兴
那些条理流畅的组合，如此
优美地被合成……
一个独立的
世界，诞生于精纯的心智。

每个人都知道欧氏几何的完美，于是当 19 世纪的人们以极度兴奋的心情发现了超越欧氏理论的几何学（就是所谓的“非欧氏”几何学，例如平行线有机会相交）时，他们的想象力得到了疯狂的释放。我会给你展示从奥斯卡·王尔德到库尔特·冯内古特等作家是如何利用文学来阐释这些思想的。数学和文学相辅相成地推动我们更加深入地了解人类的生活，理解我们在宇宙中的状态。意识到这一点，我们就能极大地丰富这两个领域。

在本书的第一部分，我们将探索文学的基本结构，包括小说中的情节和诗歌中的韵律。我会向你们展示诗歌的基本数学原理，还会告诉你们一些小说创作背后的故事，比如《明》特意使用了数学的约束理论。法国文学组织乌力波曾受数学启发创作了诸多作品，其成员包括乔治·佩雷克和伊塔洛·卡尔维诺。如果用文学房屋比喻，这些就是地基和房梁，在这里我们能发现隐藏在眼前事物之后的数学思想。

房屋的框架被搭建完成之后就该装修了，墙纸、地毯。很多作家在作品中都使用了数学隐喻，数字的象征性手法由来已久，并不罕见。这些措辞、隐喻和典故的转折将是本书第二部分的重点。

那么谁将会住在我们的房子里呢？我们写作的内容是什么？在第三部分，我将向你解释数学是如何被融入虚构的故事情节的，包括那些以数学为主题的小说，以及把数学家当作书中主角的作品。我们将会看到数学思想是如何激发读者的想象力的，从分形学到四维空间，以及虚构作品是如何探讨这些话题的。我们还会看到文学作品中刻板的数学家形象以及数学思维是以怎样的方式被呈现的。

如果你对数学尚无好感，那么我希望本书能让你看到数学的美丽和奇妙之处，为什么说它是我们创造性生活的一个自然组成部分，以及为什么它在艺术的神殿中该享有与文学同等的地位。我希望它能给你一个不同的视角来审视写作和那些你早已熟知的作家，向你介绍你不认识的作家和作品，并给你一种崭新的方式去体验文学世界。如果你恰好是一名数学家，那么你的灵魂已经饱含诗意。但我们将看到，这些诗意是如何在你可能从未意识到的地方被表现出来的，这也是文学与数学之间持久对话的一部分。可别怪我没提醒你：你将需要一个更大的书柜。

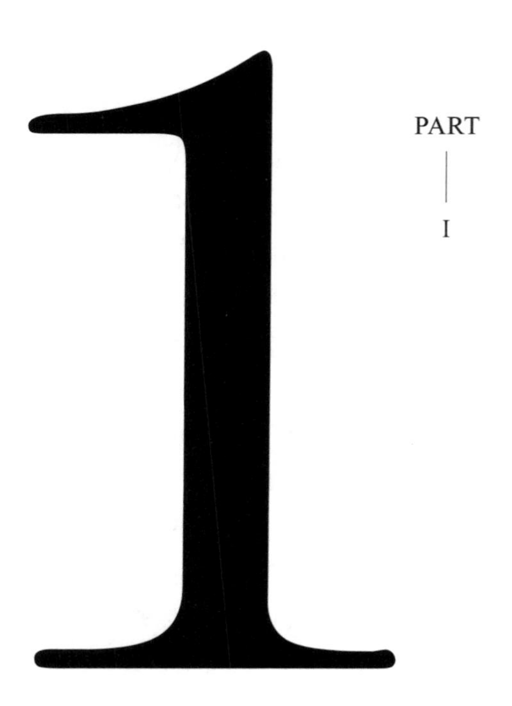

PART I

数学结构、创造力和局限性

| 第一部分 |

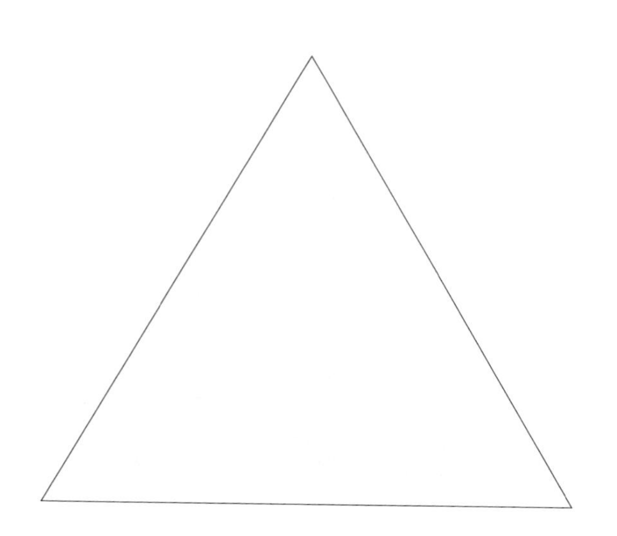

第1课

1、2、3，爬上山：诗歌的模式

数学与诗歌之间有着深刻的联系，但它们最初都源于一个颇为简单的规则：令人安心的计数节奏感。数字1、2、3、4、5对小孩子产生的吸引力，就像我们给他们念一首押韵的歌谣（“上山打老虎”）。当走出儿歌的世界时，我们依然可以在更复杂的诗歌结构中得到满足：无论是五步抑扬格的节奏还是六节诗和维拉内拉诗的复杂结构。隐藏在这些诗歌规则背后的数学原理既深刻又神奇，这一章我们就来探索其中的奥妙。

想想你童年时期的那些儿歌，我敢保证你肯定记得其中的内容。这就是规律的力量——我们的数学大脑钟爱它。在潜意识里，我们自然而然地接受了儿歌的节奏和韵律，这有助于我们记忆，讲述伟大英雄故事的传统诗歌因此得以口口相传。很多传统韵文都涉及累加，每节另起一行，而且每节的最后一句都回到最初。有一首古老的英语民谣《绿草如茵》（*Green Grow the Rushes, O*），共有12节，每一节的最后一句都是略带伤感的“一就是一，永远孤独的一”。而通常在逾越节上表演的希伯来语儿歌《谁人知一》（*Echad Mi Yodea*）利用节奏和计数，把犹太教重要的知识传授给孩子们。儿歌的结尾是“四是女族长，三是男族长，二是圣约之碑，一是我们的上帝，在天堂与人间”。

我们可能在学校里学过很多数学记忆法，比如怎样才能记住π的前几位小数。“我多么希望能计算出圆周率”（“How I wish I could calculate pi”），这句话并不表示我希望能计算出π的值，而是表明了一种记忆方法。每个单词所包含的字母数量就是π的前几位小数，即3.141 592。如果你还想记住更多的小数位，更长的一句话是：“在沉甸甸的量子力学讲座之后，我多么需要喝上一杯，把自己彻底灌醉！”（“How I need a drink, alcoholic in nature, after the heavy lectures involving quantum mechanics!”）这句话已经存在了至少一个世纪，据说是英国物理学家詹姆斯·金斯的奇思妙想。如今社会上又出现了一类颇为小众的爱好——用“圆周率文”写诗，也就是由π的小数位来决定诗歌中单词的长度。[1] 最让我感兴趣的一篇圆周率文是迈克尔·基思的《靠近乌鸦》（*Near a Raven*），模仿埃德加·爱伦·坡的名作《乌鸦》：

Poe, E.

Near a Raven

Midnights so dreary, tired and weary.

Silently pondering volumes extolling all by-now obsolete lore.

During my rather long nap—the weirdest tap!

An ominous vibrating sound disturbing my chamber's antedoor.

---

1. 数字0用10个字母的单词来表示。如果你也想创作一篇圆周率文，这里是π小数点后的40位：3.141 592 653 589 793 238 462 643 383 279 502 884 197 1。

"This," I whispered quietly, "I ignore." [1]

你没有必要把这首诗背诵下来——据估算，仅仅 40 个小数位的 π 就足以计算出整个已知宇宙的周长，误差小于一个氢原子大小。所以，这首诗的第一节就足够我们应付日常活动了。

上面这首诗基于一个数学常数，但它的内容与数学无关。然而，还有不止一首广为人知的诗歌提出了一些具体的数学难题。你可能知道：

在去圣艾夫斯的路上，
我遇见一个男人，他有 7 个太太。
每个太太有 7 个布袋，
每个布袋里有 7 只猫，
每只猫有 7 只小猫。
小猫，猫，布袋，太太，
到底有多少人和猫要去圣艾夫斯？

记得小时候我还曾尝试把所有的 7 都乘起来，后来才发现落入了书中最古老的圈套。

诗歌也能表述更复杂的数学问题，正如我在前言中提到的，这是梵文传统里标准的数学表达方式。12 世纪的印度数学家和诗人婆什迦罗把他的全部数学研究成果用韵文写下来。下面这首诗摘自他写给女儿莉拉沃蒂的一本书：

---

1. 大意为：午夜如此阴郁、劳累而疲惫。静静地沉思，赞颂那些早已过时的爱情书卷。在我漫长的打盹儿中——最奇怪的敲门声！一种不祥的震动声在我房间的前门响起。"这个，"我轻声说，"我不理会。"——译者注

一群蜜蜂，五分之一飞向加昙婆花，
三分之一飞向 Silindhri 花，
二者数目之差的三倍蜜蜂飞向 Kutaja 花，
还有一只蜜蜂独自在空中飞舞，
在茉莉花和露兜花芳香的引诱下不知何去何从。
告诉我蜜蜂的数量，亲爱的女士。

这是多么美好的代数表达方式啊！

遗憾的是，现在我们已经不再用诗歌来书写数学，但数学与诗歌之间的美学联系依然存在：二者的终极目标都是对美的追求，一种崇尚表述经济性的美。诗人和数学家都称赞过彼此的专长。美国诗人埃德娜·圣·文森特·米莱在 1922 年创作的一首十四行诗中向欧几里得的几何学致敬："唯欧几里得见识过赤体之美。"对爱尔兰数学家威廉·罗恩·哈密顿来说，数学和诗歌都能"把思想从尘世沉闷的骚动中解放出来"。据称，爱因斯坦说过，数学是逻辑思维的诗歌。如果说一个数学证明有任何值得称道之处，那就在于它与一首诗有很多共同之处。在这两种情况下，每个字都不可或缺，没有闲言赘语，都是以一种自圆其说、简明扼要、结构合理的方式来表述一个完整的思想。

我现在要给你看一个证明，因为它无比美妙，是一首纯粹的诗歌。这项证明被普遍认为来自欧几里得（尽管我们真的不知道是谁最初想到这个问题的），其命题是存在无穷多的质数。你或许知道，质数是 2、3、5、7 等无法被分解为更小整数的数字。例如 4 就不是质数，因为你可以把它分解成 2×2，6 可以被分解成 2×3。所有大于 1 的自然数要么是质数，要么可以被分解（专业术语叫作"因式分解"）成质数的乘积，更精彩之处在于，分解的方式是唯一的，前提是你认同 2×3 与 3×2 基本上是一样的。顺便说一句，你或许觉得数字 1 也应当是质数，因为它无法被分解。但是我们没有把它包括进来，因为如果 1 是质数，我们就可以说 $6=1\times2\times3=1\times1\times2\times3=1\times1\times1\times2\times3=\cdots$，每个数字的分解方式就不唯一了——这可真糟糕！为了避免这种现象，我们把质数定义为除了 1 和它本身不再有其他因子且大于 1 的自然数。

理解质数的概念对数学研究至关重要，就如同从事科学研究要理解化学元素一样，因为每种化学物质都是由元素的精确组合组成的（例如，每个水分子或 H_2O，都有两个氢原子和一个氧原子），每个整数也都有特定的质数组合方式。早期数学研究最令人兴奋的发现之一就是，不像化学元素，质数是永远存在的。实际上，这种对比在当时更明显，因为古希腊人认为世界上只有 4 种元素：土、气、火、水，它们组合成世间的一切事物。

以下就是存在无穷多质数的证明过程：

如果质数的个数有限，那么我们会得到一个有限的列表吗？

从 2 开始，然后是 3，然后是 5。

我们把所有的质数相乘，再加 1，得到一个新的数字。

这个数字是 2 的倍数加 1，因此不能被 2 整除；

这个数字是 3 的倍数加 1，因此不能被 3 整除；

这个数字是 5 的倍数加 1，因此不能被 5 整除；

列表上所有的数字都不能被它整除。

这个数字要么是一个质数，要么是能被不在列表上的一个质数整除的数字。

不管怎样，这个列表都是不完整的，而且我们无法写出完整的列表。

因此，质数不可能是有限的。

证明完毕。

我告诉你，这其实是一首诗！

诗歌与数学之间的共鸣在美国诗人埃兹拉·庞德1910年的作品《罗曼斯精神》中得到了完美的阐释："诗歌是被赋予灵感的数学，它带给我们的方程不是抽象的图形、三角形、球体等，而是人类情感的方程。"庞德还做过这样一个类比：数学和诗歌都可以被多层次解读。[1]我想说的是，数学家对什么造就了最伟大的数学有着非常相似的理解：数学概念包含了被多重解读的可能性，数学结构也出现在诸多不同的环境中，因此它们具有普遍性。关键在于，一个数学表达式所具有的那种优雅和简洁，就像一首诗歌，可以包含多个层次的含义，它的含义越宽广，被解读的可能性越多，艺术性就越强。数学就像沃尔特·惠特曼一样，无论从字面意义上还是从比喻意义上看，都是一个包罗万象的存在。我们只是希望它不要自相矛盾！

我们很难给诗歌下一个准确的定义。有时候它必须押韵，几乎总是有断行，还要符合节拍和格律，等等。大体上说，诗歌必须受到某些限制，不管是格律（例如五步抑扬格）、押韵，还是每节中特定的行数。即使是那些极端的自由诗也可能有断行、节和韵律。有人说，理解事物是如何被组合在一起的，会破坏其神秘感，事情就变得没意思了。我们不想知道魔术师是怎么变魔术的，我们想要相信魔术的存在。区别在于，诗歌不仅仅是技巧，透彻地理解一个事物会让你更欣赏它吗？这就是我对结构和规律的基本数学概念的看法。

---

1. 庞德说："所谓'意象'，就是在刹那间呈现出一种理智和情感的复合体……正是这种'复合体'的瞬间呈现给人一种豁然开朗的感觉，一种脱离了时间和空间束缚的自由感，一种瞬间成长的感觉，我们能在伟大的艺术作品中体验到这样的感觉。"（"A Few Don'ts by an Imagist", *Poetry*, Chicago, March 1913.）他解释说，就像在诗歌中一样，同一个数学表达式通常可以在几个不同的层面上被解释。

自愿服从某个特定的约束能激发创造力，规矩的存在意味着你必须不拘一格、别出心裁、深思熟虑。“俳句”只有 17 个音节，因此每个音节都不能被浪费。另一个更接地气的例子是幽默的“五行打油诗”，从铺垫到抖包袱仅用短短 5 行。爱尔兰诗人保罗·马尔登对此有过精彩的评论，他说诗歌体“是一件紧身衣，就像紧身衣对胡迪尼[1]来讲也是一件紧身衣一样”。这句话创下了“紧身衣”在一个句子中使用次数最多的纪录，这种观点是完全正确的——约束本身就是天才作品的一部分。

诗歌的约束有很多种。在西方传统中，特定的押韵格式受到人们的青睐。人们还喜欢受制于一系列节奏和韵律，也就是古典诗歌中的抑扬格和扬抑格。这两类约束背后都隐藏着计数、规律和数学。但是其他传统诗歌会使用不同的规律和模式，包括更明确地使用数字。我们就从这里开始讨论诗歌约束中的数学概念吧。

首先让我给你讲述一个 11 世纪日本宫廷里的故事。作为一名贵族女性和皇后藤原彰子的侍女，紫式部创作了被认为是最早期的小说之一的《源氏物语》。这部讲述宫廷爱情故事和英雄主义的史诗小说是日本的经典之作，在一千多年后的今天依然吸引着众多读者。这部小说有一个极为明显的特征，那就是人物在对话时广泛使用诗歌的形式，无论是直接引用经典的日本诗歌，还是将其稍加修改，抑或只说出某些诗句的前半部分（就像我们经常说“小洞不补”，而不是完整地表述“小洞不补大洞吃苦”）。《源氏物语》里的诗歌大都是“短歌”，属于较为常见的日本古典诗歌体裁“和歌”的一个类型，有些类似于当代的俳句。这类诗歌有 5 行和 31 个音节，俳句的格式是 5—7—5，共有 17 个音节，而绝大多数和歌（即短歌）的格式是 5—7—5—7—7，共有 31 个音

1. 哈里·胡迪尼，匈牙利裔美国魔术师，以紧缚逃脱类魔术而闻名。——译者注

节。（实际上，“音节”的表述并不精准，确切地说是“声音”，二者的区别有些微妙，但相当重要。请日本诗歌专家原谅我在此处不做深入探讨。）[1]

在一名数学家看来，这类诗歌与质数的关系再明显不过了。我们先来看看俳句：3 行，长 5 和 7 个音节，一共 17 个音节。3、5、7、17 都是质数。再看看短歌，有 2 行 5 音节和 3 行 7 音节——2、3、5、7、31 都是质数。这里有什么意味深长的含义吗？我读到过有人说，5—7 源于早期的“自然”12 音节诗句，一句诗被分成两个部分，其间稍加停顿。在我看来，5—7 当然比枯燥无趣的 6—6 或不平衡的 4—8 更令人兴奋，也更能彰显活力，或许这就是它形成的原因。质数不能被进一步分解，所以 5—7 能将一句诗分割成独立的、不可再分的表义单位。而 4、6、8 都存在固有的“断层线”，从而削弱了诗句的结构。

《源氏物语》面世几个世纪后，一种游戏在 16 世纪日本贵族家庭的会客厅里流行起来，叫作“源氏纹”。女主人从一组不同香味的香中私下挑选出 5 支，这 5 支香的香气可能相同，也可能不同。之后她逐一将其点燃，客人们要根据气味猜测哪些香是相同的，哪些是不同的。你可能觉得所有的气味都不相同，也可能觉得第一支香与第三支香的气味相同，其余的气味各不相同。各种可能性用下面的图形来表示：

---

1. 想了解完整的学术探讨，可以尝试阅读 *The Poetics of Japanese Verse—Imagery, Structure, Meter* by Koji Kawamoto (University of Tokyo Press，2000)。我还推荐 Abigail Friedman 的 *The Haiku Apprentice: Memoirs of Writing Poetry in Japan*（Stone Bridge Press，2006），作者在书中讲述了她在东京担任美国外交官期间学习写俳句的经历。至于互联网资源，初学者最好的落脚点是 www.graceguts.com，网站创建人是诗歌和俳句专家迈克尔·迪伦·韦尔奇。

最左边的图形表示所有气味都是不同的；它旁边的图形表示第一支香与第三支香的气味相同；第三个图形表示第一、第三、第五支香气味相同，第二、第四支香的气味相同；最右侧的图形表示第二、第三、第四支香气味相同，第一、第五支香的气味相同。为了让人们便于描述他们猜测的结果，每一种可能性都用《源氏物语》中的一章来命名——从“各不相同”、部分相同到“完全相同”，一共存在 52 种可能性。[1]《源氏物语》后来的一些版本甚至在章节标题旁画出相应的图案。这些图案本身也有了自己的生命——它们被用于设计和服和徽章。

与此同时，在数千英里[2]之外的英国都铎王朝，乔治·普登汉姆在他的书《英国诗歌艺术》中列举了以下图形：

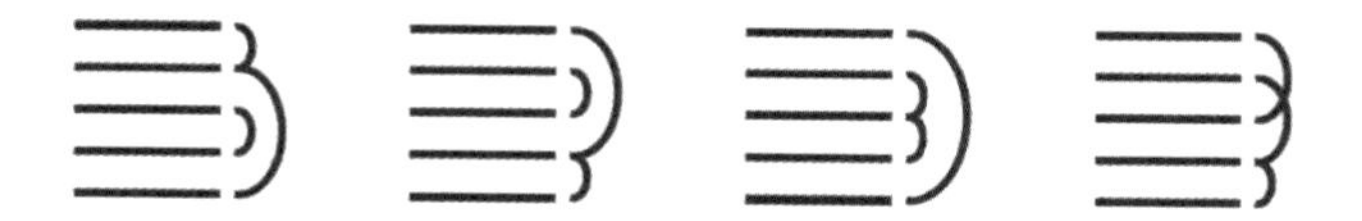

1. 源氏纹的全部 52 个图案，以及《英国诗歌艺术》（*The Arte of English Poesie*）中的部分内容可参考数学家和计算机科学家高德纳的文章《两千年组合学》，这篇文章出现在由罗宾·威尔逊和约翰·J. 沃特金斯编辑，由牛津大学出版社于 2013 年出版的《组合学：古代与现代》（*Combinatorics: Ancient & Modern*）一书中。高德纳和我一样，认为人类最好的沟通方式就是讲故事，无论是在数学还是其他领域。这个想法贯穿了他的计算机编程哲学，他曾经说，如果我们把程序当成文学作品，成效将得到大幅提高。他还在 1974 年写了一部小说《研究之美》，这本书超越了当时的年代，但仍值得一提，因为在我看来，这是唯一一本在一项数学研究（即约翰·康威发现一类新型数字的过程）被正式发表之前将其介绍给读者的小说。

2. 1 英里 ≈1.609 千米。——编者注

它们看起来就像平躺的源氏纹！尤其是比较下面两个图形：

这究竟是怎么回事？普登汉姆描述的是一个五行诗节中可能存在的押韵格式，用图形来帮助读者进一步理解。（或者正如他所说，“我给你举了一个直观的例子：因为你可以更好地理解它”。）

一首诗或一首诗中的一节的押韵格式，简单来说就是该行最后一个单词的押韵。我们见到的早期的诗歌都是带有简单韵律的歌曲和童谣：

Mary had a little lamb
Its fleece was white as snow
And everywhere that Mary went
The lamb was sure to go.

（诗歌大意：玛丽有只小羊羔 / 它的羊毛像雪一样白 / 无论玛丽走到哪里 / 羊羔都跟在她身后。）

这是一首以 abcb 为押韵格式的“四行诗”，也就是第二行与第四行押韵，其他行不押韵。相比之下，下面是约翰·多恩的一首四行诗《日出》：

Busy old fool, unruly sun,
Why dost thou thus,
Through windows, and through curtains call on us?

Must to thy motions lovers' seasons run?

（诗歌大意：忙碌的老傻瓜，任性的太阳，/ 你为什么这样，/ 透过窗户、透过窗帘呼唤我们？/ 情人的季节一定要按你的节奏运行吗？）

这里的押韵格式是 abba。

如果让一个孩子给你写一首诗，很有可能你会看到一首四行诗。为了测试这个理论，我刚刚让我的女儿埃玛给我写一首诗《献给妈咪的书》。3 分钟后，她就交给我一首绝妙的数学诗歌：[1]

Endless numbers

You could count them till you die

It can outlive the universe

That is Pi.

（诗歌大意：无穷的数字 / 你可以一直数到死 / 它比宇宙更持久 / 那就是 π。）

我觉得它的韵律既算是 abab，也算是 abcb，取决于你是否认为 numbers（数字）与 universe（宇宙）押韵。

四行诗一共有 15 种可能的押韵格式。从押韵最多到最少排列，有 aaaa（乏味得要死）、aaab、aaba、aabb、abaa、abab、abba、abbb、aabc、abac、abbc、abca、abcb、abcc 和 abcd（根本不押韵）。普登汉姆说，其中只有 3 种押韵格式是被允许的，即使对这些格式他也吝于表达赞美之情。他说 aabb“最粗俗不

1. 这首具有重要意义的诗歌创作于 2021 年，版权归 10 岁的埃玛 · 哈特所有。经她慷慨允诺，在此刊出。

过”（意思是司空见惯），abab 是“寻常之举，不足为奇”，还说 abba“不那么常见，但也足够令人心神愉悦，可以允许存在”。约翰·多恩一定松了一口气！

四行诗的讨论就到此为止吧。对于一首五行诗，也就是普登汉姆用图形表示的内容，存在更多的押韵格式。我们很容易就能发现，五行诗的押韵格式与源氏纹中香的组合是完全一样的，因为我们都是在寻找一个集合（5 支香或 5 句诗）中哪些元素是匹配的。然而，普登汉姆远远落后于日本人，因为他声称五行诗只有 7 种可能的押韵格式：“其中一些格式比另一些格式更严格、更难以入耳”，而源氏纹的玩家都知道事实上有 52 种可能的组合。

由于源氏纹游戏的出现，早在西方数学家关注这类问题之前，日本数学家就对一个物体集合（香或其他任何东西）能以多少种方式被划分的问题表现出浓厚的兴趣。这种方法现在被称为集合的“贝尔数”，该数字增长的速度非常快。第四贝尔数是 15（也就是四行诗所有可能的押韵格式），第五贝尔数是 52，第六贝尔数是 203，第十贝尔数就到了 115 975。实际上，我亲身体验过第六贝尔数的悲惨经历，因为我草率地答应为 11 岁的女儿米利耶安排一次夏季的过夜派对，6 个十一二岁的小女孩似乎在一夜之间有 203 种可能性分裂成相互敌对的小派系。日本数学家松永良弼早在 18 世纪中期就发现了一种能计算任意大小集合贝尔数的巧妙方法，例如第十一贝尔数是 678 570。我不知道为什么这些数字要以 20 世纪苏格兰数学家埃里克·坦普尔·贝尔来命名，他只是在 1934 年写了一篇有关这类数字的论文。他自己在论文中也明确表示，他不是第一个研究这些数字的人，这些数字在历史上得到了诸多数学家的关注。这算是“斯蒂格勒定律”的另一个例证，该定律发现，没有一项科学发现是以其最初发现者的名字来命名的（即使是“斯蒂格勒定律”本身也适用于这个定律）。

韵律是诗歌形式的定义特征之一，它的代表性体裁包括十四行诗、维拉内拉诗、亚历山大诗体等等。以维拉内拉诗为例，全诗共有 19 行，包括 5 个 aba 韵律的三行诗节，和最后一个 abaa 韵律的四行诗节。它还有一些额外的体系：首个诗节的第一行和第三行必须与后续诗节的最后一行，以及四行诗节里的最后两行交替重复。或许最著名的一首维拉内拉诗就是迪伦·托马斯对人类精神的伟大赞歌《不要温和地走进那个良夜》。十四行诗有 14 行诗句，不同的语言具有不同的传统韵律，但是莎士比亚和大多数英语作家都采用 3 个 abab 韵律的四行诗，跟着一个押韵的对句。

莎士比亚是一位多产的诗人——1609 年出版的《莎士比亚十四行诗》包含 154 首诗。但是他恐怕无法跟法国作家雷蒙·格诺相提并论，后者的《一百万亿首诗》利用数学的随机性把 100 万亿首十四行诗放在一本书里。这怎么可能？请容我解释一下，所有人都喜欢十四行诗，但是如果我想把 100 万亿首诗放在这本书里，编辑肯定会杀了我。于是，为了能继续活下去，我决定举一个小小的例子来演示一下。为此我突发奇想，写了几首五行打油诗供读者欣赏。

五行打油诗是一种短小幽默的诗歌，通常由五行 aabba 押韵格式的诗句组成，在维多利亚时代的作家爱德华·李尔的推动下于 19 世纪在英国流行开来。下面这首典型的五行打油诗摘自他 1861 年的畅销书《胡诌诗集》：

There was an Old Lady whose folly,
Induced her to sit on a holly;
Whereon by a thorn,
Her dress being torn,
She quickly became melancholy.

（诗歌大意：怪老婆婆做怪事，坐上冬青当椅子，荆棘一刺衣服破，忧郁懊恼悔已迟。）

李尔有时候被称为“五行打油诗之父”，尽管他从未使用过“limerick”（五行打油诗）这种表述方式（这个词最早出现在1898年），当然，它的发明人也不是李尔。然而，凭借他那本人见人爱的作品，他让这种诗歌体广为流传，那本书包括212首让人印象深刻的五行打油诗。目前还不清楚这种诗歌体裁怎么会沿用爱尔兰一个县的名字。一种说法是，它源于一项广受欢迎的客厅游戏（当然也和李尔无关），其中有一句话：“你要不要来利默里克（Limerick）？”

借助随机原理所产生的惊人力量，我在此正式对212首五行打油诗表达我的鄙视，并提供一种无须花费太多力气，也不需要任何艺术修养就能创作出大量这类诗歌的方法。下面是我自己写的两首不太好的五行打油诗（分列左右两侧），只是为了给你展示我的方法。

有个女人名叫简，	这人来自缅因间，
出行火车常常选，	下雨待在家门前，
每次去国外，	潮湿多不快，
她都受不来，	她是多么崇拜，
美妙飞行在蓝天。	西班牙一周的休闲。

从两首诗的第一句开始，你就可以创作出数量众多的五行打油诗，因为你可以随机从左右两侧选择下一句。例如，你可以投掷一枚硬币来决定每一行诗句的选择。如果正面朝上，你就选择左边；如果背面朝上，你就选择右边。更有趣的是，有一个网站

甚至让你不必刻意去找一枚硬币。我刚刚尝试掷出 5 次硬币，结果是正、反、反、正、反，于是我的五行打油诗就是这样的：

有个女人名叫简，
下雨待在家门前，
潮湿多不快，
她都受不来，
西班牙一周的休闲。

既然要让这首诗无论选择哪一边的句子都能“读得通”，你就必须深入了解诗的整体结构。正如我在前面提到的，五行打油诗的押韵方式是 aabba，所以每首诗都需要 3 个相同的韵脚，两首诗就需要 6 个相同的韵脚。在上面的例子中，我选择了“简”“选”“天”“间”“前”“闲”。如果还想创作第三首打油诗，你或许可以考虑把“偏”“免”“年”“欠”“甜”等字作为韵脚。

在我们这个由两首五行打油诗组成的小小集合里，五行中的每一行都有两个选择。第一行有两种可能，每一种可能的后面都跟着第二行的两种可能，这意味着对前两行我们就有 2×2=4 种可能。后面是第三行的两种可能，前三行的可能就是 2×2×2=8。因此每增加一行，可能性就增加一倍。那么在这两个五行诗句中，我们就有了 2×2×2×2×2=32 首货真价实的打油诗。但是如果我们再写一首打油诗，每一行就有了 3 个选择，也就是一共有下面这么多首打油诗：

$$3\times3\times3\times3\times3=243$$

这是第三首打油诗，供大家欣赏：

巴林女孩笑嫣嫣，
大雪冰雹令她厌，
寒冷多作怪，
旅行乐开怀，
非洲草原惹人羡。

祝贺你，你现在已经是一位了不起的诗界精英，你名下的五行打油诗作品数量比爱德华·李尔整部诗集的数量还多31首。如果你在这个集合里再加进第四首打油诗，那么全部打油诗的数量就跃升到4×4×4×4×4，也就是1 024首。既然我只贡献了其中的243首，那么一口气创作1 000多首五行打油诗这项举世闻名的伟大成就，你应当占75%以上的功劳。

现在我们来看看雷蒙·格诺究竟是如何创作他的100万亿首诗的。方法其实如出一辙，只是规模更大。他的作品都是十四行诗，格诺采用的押韵格式是abab、abab、ccd、eed（翻译成英语倾向于使用莎士比亚风格的abab、cdcd、efef、gg押韵格式）。《一百万亿首诗》里有10首十四行诗，连续排印在10页纸上。所有诗的第一行韵脚均相同，所有诗的第二行韵脚也相同，其余行都是如此。实际上，这10首十四行诗呈现出一首三维诗歌的形态。也就是说，一共有140行诗句，其中40行（每首诗4行）的韵脚均为a。因此，要想创作出一首十四行诗，对其中的每一行我只需要在10行备选诗句中任意做出选择。于是我可以选择第三首诗的第一行、第一首诗的第二行、第四首诗的第三行，以此类推。如果我根据π的小数位来选择诗句，谁也不能阻止我声称自己创作了一首“π诗”（请原谅）。

那么这本小册子一共包含了多少首诗？我们可以来算算，第一行有10种可能，每一种可能都跟随着第二行的10种可能，也就是说，前两行共有 10×10=100 种可能。推广到第 14 行，全部的可能就是 10 的 14 次方，100 000 000 000 000，即 100 万亿。这算是有史以来篇幅最长的一本书吗？如果你以不间断的方式每分钟阅读一首诗，需要 190 128 527 年才能把所有的诗读完。（雷蒙·格诺也做过类似的推算，但他的答案是 190 258 751 年，这不禁让我开始怀疑自己的计算能力。不过我很快就发现，他忘记了计算闰年。或许格诺心怀怜悯，慷慨地允许读者在 2 月 29 日休息一天。）哲学家可能会问：是格诺自己创作了这些诗句吗？它们在什么意义上存在？我不知道，但格诺隶属于一个作家和诗人组织，他们积极主张尝试所谓的“潜在文学”。这个组织的名称是“乌力波”，稍后我会进一步讨论他们的作品和思想。但包含 100 万亿首诗的书无疑是潜在文学的绝佳例证。

诗歌中的数学理论不仅限于押韵格式，哪里有结构，哪里就有数学，而押韵格式只是规范诗歌结构的方式之一。如果我们放弃了押韵，那就需要别的东西来代替它。其中的一种就是可以追溯到中世纪的六节诗，我想要专门谈谈这种诗歌，它优雅的结构之所以有效，是因为它涉及数字 6 的有趣数学知识。

一首六节诗由 6 节组成，每节 6 行。每一节每一行的最后一个单词以不同（但特定）的顺序与后续诗节中每一行的最后一个单词相同。最后的三行诗作为“特使”，要包含所有 6 个结尾单词。

如果可能，我打算给你举一个完整的例子，这样你就能了解六节诗的具体结构。可供选择的诗歌很多，尽管这种诗歌最早出现在 800 多年前，但它一直被沿用至今，并且经历过极其辉煌的年代。詹姆斯·布雷斯林（当时是加州大学伯克利分校的英语课程教授）说，20 世纪 50 年代是“六节诗的时代”。从但丁到吉卜林，从伊丽莎白·毕晓普到埃兹拉·庞德，再到美国当代诗人大卫·菲利的作品（《街人晚宴上的嘉宾艾伦》）和英国人科娜·麦克菲的作品（2002年那首极度悲伤的《试管婴儿》），她在个人网站上自称“造事者”（thingwright）。我选用的例子是夏洛特·珀金斯·吉尔曼的一首诗，她最广为人知的作品是1892年的短篇小说《黄色墙纸》。

致冷漠的女人

一首六节诗

夏洛特·珀金斯·吉尔曼

你把幸福寄托于千万户家庭，
或在其中劳累过度，以求无声的和平；
谁的灵魂全部集中于一小群人的生活
那是你对那个小团体的爱
谁告诉你不需理解或关心
关于这个罪恶和悲伤的世界？

你可相信这个悲伤的世界
令你无动于衷而只顾自己的小家庭？
你已获准回避他人的关心
为人类进步而奋进，也为人类的和平
我们有足够的力量拓展我们的爱
直到它覆盖所有领域的生活？

首要责任被赋予人类的生活
是为了推动进步和造福世界
为了正义、智慧、真理和爱；
而你无视它，蜷缩于自己的家庭，

满足于那毫无根基的和平，
满足于把其他一切都抛在脑后，毫不关心。

然而你们毕竟是母亲！而母亲的关心
是人类迈出的第一步，向着美好的生活，
所有的国家都享受着无忧无虑的和平
团结起来提高水平，为了全世界
让幸福进入我们的家庭
为世界传播强烈而丰富的爱。

你满足于保持这种强大的爱
永远将它限制在最初的一步；粗鲁地关心
动物的幼崽、伴侣和家庭，
与其白白淡出你的生活，
不如让它的强大力量滋养全世界
直到每个人类的孩子都能享受和平。

你将无法维持你小小的自我和平，
和你那小小的不成熟的爱，
而被忽视、忍饥挨饿、不受控制的世界
痛苦地争夺着母爱和关心
而它狂暴、痛苦、破碎的生活
敲击着你那自我封闭的家庭。

我们都可以拥有自己的家庭并享受欢乐与和平
当女人的生活，融入充满力量的爱
与男人联合起来，共同关心全世界。

我们来仔细分析一下六节诗的结构。从上一节到下一节，每次都要用同样的方式来调换结尾词的位置。这是一种有序的无序，具体方式是用最后一个结尾词的倒序与第一个结尾词的正序交错，直到我们把它们都用完为止。我们可以在夏洛特·珀金斯·吉尔曼的六节诗中看到这样的模式。第一节的结尾词是“家庭 / 和平 / 生活 / 爱 / 关心 / 世界”。从最后一个结尾词开始倒序排列，就是“世界 / 关心 / 爱 / 生活 / 和平 / 家庭”，与原来正序排列的结尾词交错，就形成了：

世界　　关心　　爱
　　家庭　　和平　　生活

也就是“世界 / 家庭 / 关心 / 和平 / 爱 / 生活”。正如你看到的，这恰恰是第二节的结尾词的顺序。这种特定的重新排列方式让诗歌的节与节之间呈现出美妙的连续性，因为一节最后一行的结尾词就是下一节首行的结尾词。同样的变化方式持续下去，我们对第二节重复这种逆向交错的变化，就得到第三节结尾词的顺序。如果这样做，你就会发现“世界 / 家庭 / 关心 / 和平 / 爱 / 生活”变成了“生活 / 世界 / 爱 / 家庭 / 和平 / 关心”。用同样的方式我们得到了第四、第五和第六节结尾词的排列顺序。这里还有一个我们不曾察觉的精妙结构：我们如果把这种变化模式推进到第七节，也就是对第六节结尾词的顺序“和平 / 爱 / 世界 / 关心 / 生活 / 家庭”进行逆向交错，就会得到“家庭 / 和平 / 生活 / 爱 / 关心 / 世界”。看起来有点儿眼熟，的确如此，它就是第一节结尾词的排列顺序。因此，在我们尚未察觉的时候，6 个诗节完成了一次完整的迭代，如果继续下去，我们就回到了起点。我认为我们的确在潜意识中体验并欣赏了如此精美的数学结构，尽管我们可能没有意识到。这种变化还具有令人愉悦的内部对称性：每个结尾词在不同的诗节中出现在不同行的末尾，从第一行到第六行，这真是一个引人注目的设计思路。

通常对于如此古老的诗歌体裁，我们总是能找到一个举世公认的发明人——12 世纪的诗人阿尔诺·达尼埃尔。当时它被视为一种极其精巧的诗歌形式，只有专业的吟游诗人才能掌握。我不知道达尼埃尔是怎么想到这个主意的——它是一个非常简单又方便记忆的排列，你可能会想，一旦你了解了接下来的过程，假设每个诗节的数量和行数都是 6，那么在 6 次变化之后，你自然就会回到最初的起点。但是，如果我们创造出一种“四节诗”，还用同样的方式改变结尾词的排列顺序，那会发生什么？我们先写出第一个四行诗节，假设结尾词的顺序是“北 / 东 / 南 / 西”。记住前面的规则，用结尾词的逆序与正序交错，于是第二节结尾词的顺序就是“西 / 北 / 南 / 东”。重复这个过程，得到第三节的结尾词“东 / 西 / 南 / 北”，然后是第四节的结尾词“北 / 东 / 南 / 西”。哎呀！我们在第四节就回到了最初结尾词的顺序！所以这种方式无法让我们呈现出 4 个结尾词顺序不同的诗节。更糟糕的是，你可以看到“南”的脚下生了根，它在每一节中都是第三行的结尾词。

如果尝试用 6 以外的数字来创作符合六节诗规则的诗歌，你会发现它有时有效，有时无效。在 20 世纪 60 年代，人们开始寻找 n 是哪些数值时可以完美地契合这个规则。这种类型的“广义六节诗”被乌力波起名为“格尼纳”（quenina），用来纪念雷蒙·格诺。后来人们发现这是个相当复杂的问题，例如 3、5、6、9、11 都可以，但 4、7、8、10 就不行。更令人惊讶的是，人们直到现在还不能确定是否有无穷多的 n 值能创作出符合格尼纳规则的诗歌，尽管数学家让 – 纪尧姆·迪马在 2008 年的一篇论文中描述了 n 必须具备的特征。有那么一类特定的数字总能符合格尼纳规则，它们都是质数，叫作“索菲·热尔曼质数”。这个名称源于一位卓越的数学家，她曾在多个数学领域做出杰出的贡献，但为了进入大学读书她不得不使用一个假名，还总要请同学帮助她整理课堂笔记，就是因为她身为女性——那毕竟是 18 世纪的巴黎。所谓的热尔曼质数就是当你把它乘以 2 再加 1 时，结果仍然是一个质数。例如，3 就是一个热尔曼质数，因为 3×2+1=7 仍然是一个质数。但 7 就不是热尔曼质数，因为 7×2+1=15 不再是一个质数。我在这里无法列出证明过程，但每一个热尔曼质数的确都符合格尼纳规则，我对这类数字颇有好感。实际上，我知道至少有一首“三节诗”（3 个诗节，每节 3 行，最后一行包括了所有 3 个结尾词）曾被正式发表，作者是英国诗人柯尔斯滕·欧文。

来自夏威夷的塔露拉跳着草裙舞

柯尔斯滕·欧文

愚蠢的姓名何时才会结束，这些小小的标签
绑在孩子的脚趾上，那都是父母的放任
和暴君般的远见惹恼了当地的法庭？

今天你们三人形同陌路，离开法庭
各回各家，取下自己财物上的标签
正如当初的放任

什么才是一个合理的名字，连珠妙语由不得你放任
就是因为腐败的法庭
和厕所里污秽不堪的标签

标签被放任之时，一个不叫塔露拉的女孩以法庭之令昭示世界。

押韵格式和格尼纳规则都是针对诗句结尾的限制条件，我们看到了由此引发的一些有趣的数学现象。但是当思考诗句中的某些规律时，我们发现了更多值得研究的内容。下面我们就来探索一番。

除了押韵格式，许多诗歌的句子通常还包含特定的节奏，我们叫作“格律”。例如，莎士比亚的戏剧就有很多的“五步抑扬格”（iambic pentameter）。这个词中的“penta”来自希腊语的“五”，“iamb”是一个双音节词语，重音在第二个音节上。因此，iambic pentameter 共有 10 个音节，每个单词中的第二个音节都重读。我在下面的例子中用下划线强调了重读音节（摘自《罗密欧与朱丽叶》阳台上那一场）。

But soft, what light through yonder window breaks?
It is the East, and Juliet is the sun.
（大意：轻声！那边窗子里透出来的是什么光？那就是东方，朱丽叶就是太阳！）

这种“抑扬、抑扬、抑扬、抑扬、抑扬”的格律可以用形象化的点和线来表示，就像莫尔斯码。一个抑扬格是“· —”，五步抑扬格就是：

· — · — · — · — · —

重读音节和非重读音节组成的基本模式被称为“音步”。举两个常见的例子与我们前面讨论过的抑扬格做一下比较：扬抑格（— ·），如“Quoth the Raven ‘Nevermore’”（乌鸦答曰，“永不复焉”）；扬抑抑格（— · ·），如罗伯特·勃朗宁在《迷失的领袖》中的第一句“Just for a handful of silver he left us”（只为了一把银钱他离开了我们），这句话实际上是 3 个扬抑抑格加上一个扬抑格。对于给定数量的音节，有多少种可能的音步？每个音节存在两种可能——重读音节或轻读音节，于是单音节所能形成的音步数量就是 2（· 或—）。对于双音节，我们可以在两边各添加一个 · 或者一个—，因此一共有 4 个音步。我们还可以继续添加 · 或者—，形成三音节的 8 个音步。音步的数量呈倍数增长，因此出现这样一个数字序列 1、2、4、8、16 等等，即 2 的幂。

然而，在另一类诗歌中，出现了一些与此截然不同的模式。我第一次读到这个现象，是在乔丹 · 埃伦贝格对几何学的精彩赞歌《图形》（*Shape*）一书中。他提到，一位数学家朋友曼纽尔·巴尔加瓦给他讲述了梵文诗歌中的音步。就像英语诗歌一样，梵文诗歌的音节模式也相当重要，但是英语强调重读音节的位置，而梵文更加关注音节的长度。梵文音节分为 laghu（轻）和 guru（重）。重要的一点，laghu 表示单音节，guru 表示双音节。这可把问题搞复杂了，比如想知道四音节有多少种可能的音步，我们就不能简单地把三音节的音步数量乘以 2。那该怎么办？我们只能从头开始分析，单音节只有一种可能：laghu。双音节有两种可能：laghu laghu 或 guru。对于三音节，你会发现 3 种可能：laghu laghu laghu、laghu guru 或 guru laghu。对于四音节，我们采取聪明一点儿的方法，把它分为两个部分，音步的起始要么是 laghu，要么是 guru。如果从 laghu 开始，那么我们可以选择三音节的任意一个音步跟在它的后面，形成四音节。如果从 guru 开始，我们只能在双音节的两个音步中挑选一个跟在它的后面。因此，四音节的音步共有 3+2=5 种可能。

laghu laghu laghu laghu

laghu laghu guru

laghu guru laghu

guru laghu laghu

guru guru

更重要的是，你可以无限制地沿用这种方法。五音节的音步要么是 laghu+（一个四音节音步），要么是 guru+（一个三音节音步）。因此，五音节的音步数量等于四音节的音步数量加上三音节的音步数量，也就是 5+3=8。我们还可以继续这个过程，每个数字都是前两个数字之和。于是我们就得到一个梵文音步数列：

$$1, 2, 3, 5, 8, 13, 21, \cdots$$

你以前可能见过这个数列。英语国家称它为“斐波那契数列”，由比萨的莱昂纳多在 13 世纪推广到欧洲，他的昵称就是“斐波那契”。（有时候这个数列的前两项是两个 1，但原理是一样的。）正如我们所说，从第三项开始，每一项都是前两项之和。例如 13=5+8，21 之后的一项就是 13+21=34。斐波那契数列具有很多有趣的特性，其中之一就是相邻两项之比 $\frac{2}{1}, \frac{3}{2}, \frac{5}{3}, \frac{8}{5}, \frac{13}{8}, \frac{21}{13}, \cdots$ 无限逼近著名的“黄金律” $\frac{1+\sqrt{5}}{2} \approx 1.618$。

斐波那契在 1202 年的《计算之书》中介绍了这个数列，用的是一个极其愚蠢的与兔子有关的例子。最开始的时候你有一对新出生的兔子，这对兔子在一个月之后交配，又过了一个月，母兔产下一对幼崽。我们必须丢弃现实中的一些限制条件，假设兔子永远不会死，而且不停地繁殖，也不考虑无关紧要的近亲繁殖问题。那么一年后将有多少对兔子？我们可以看到，这个数列适用于同样的规则。在任意一个月，兔子的数量是一个月之前的数字，加上这个月新出生的数字，也就是（从出生到繁殖需要两个月）两个月之前兔子的数量。于是数列中的每一项都是前两项之和。但是这个数列早在斐波那契之前就被印度的诗歌学者发现了。

格律专家维拉安卡（公元 600 年到 800 年之间）、戈帕拉（公元 1135 年以前）和赫马钱德拉（约公元 1150 年）都知道这个数列，也了解其生成的方式。还有证据表明，这个数列曾出现在更早期的平伽拉（约公元前 300 年）的作品中。或许我们该给“斐波那契数字”改个名字了。

数学与诗歌是两项最古老的创意表达方式，它们之间的联系可以追溯到人类写作的最初阶段。人类历史上已知的最古老的署名作品来自一位非同凡响的女性，名叫恩西杜安娜，她生活在 4 000 多年前的美索不达米亚城邦乌尔。她或许创作了有史以来的第一部诗歌集——包含了 42 首诗歌的《神庙赞美诗》。但是作为月神南纳的最高女祭司，她还需要掌握天文学和数学知识。无论是对数字的运用，尤其是数字 7，还是对计算和几何学的涉猎，这些内容都体现在她的诗歌中。《神庙赞美诗》的最后一句提到了“具有真正无上智慧的女人”的数学工作：

她测量上方的天穹
在地面布下测量线。[1]

诗歌与数学之间的爱情，由一见倾心到蓬勃发展。数学一直存在于诗歌的深处，支撑着它的韵律，隐藏在它的结构中。正如 19 世纪伟大的数学家卡尔·魏尔施特拉斯所说：“一个没有几分诗才的数学家永远不会是一个完美的数学家。”至于诗歌，它仅仅是数学借用其他方式的某种延续。

---

1. 《神庙赞美诗》有若干翻译版本，但是我最喜欢萨拉·格拉兹的译本。格拉兹是一名广受尊崇的数学家和诗人，她既出版过抽象代数学的教科书，也出版过一本诗集《数字颂歌》（*Ode to Numbers*，Antrim House，2017），书名来自智利诗人巴勃罗·聂鲁达的一首诗。

第2课

叙事中的几何学：如何用数学构建一个故事

在2004年的一次公开演讲中，库尔特·冯内古特用“图形”展示了一些小说中常见的故事情节。[1] 第一张图是“陷入困境的男人”。

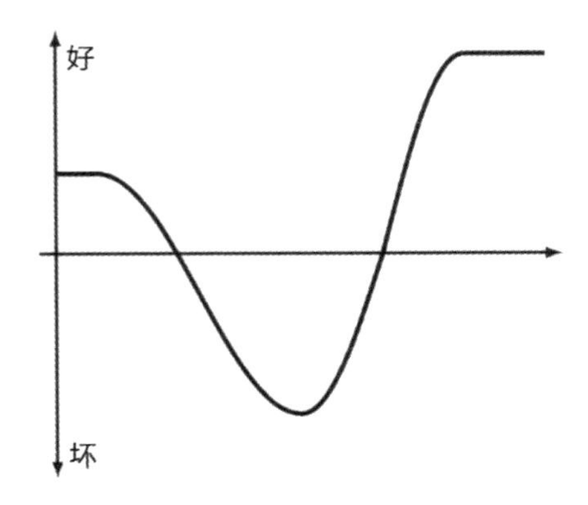

1. 冯内古特于2004年在凯斯西储大学举办的一次公开讲座。

冯内古特用图形的纵轴表示运势，用横轴表示时间——曲线上升说明福星高照，曲线下降说明时运不济。例如“陷入困境的男人”，我们看到一个原本生活幸福的人突然遭遇厄运，但最终攀上了人生巅峰。可以归入这类故事情节的小说或许包括《大卫·科波菲尔》，这本书还有一个更加完整、响亮的书名——《布兰德斯通·路克雷家的少年大卫·科波菲尔的个人历史、冒险、经历和所见所闻（他从未打算出版这些故事）》。幼年时期的大卫享受着幸福的生活，直到他 7 岁时母亲嫁给了性格残暴的摩德斯通先生，之后撒手人寰，可怜的大卫成了孤儿。在历经数不清的逆境和试炼之后，大卫最终找到了幸福的人生。冯内古特还列举了另外 3 张图，摘录如下：

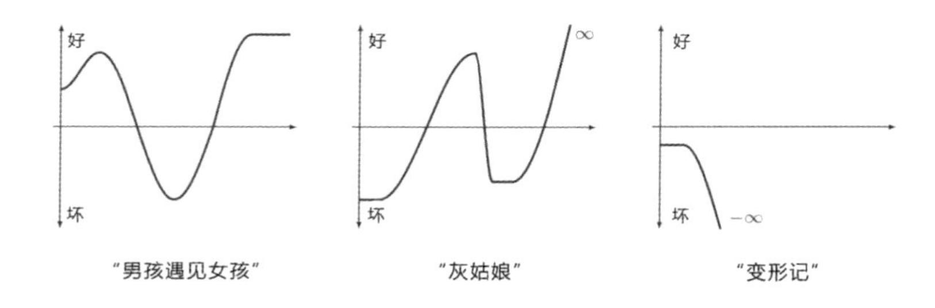

“男孩遇见女孩”显然是大部分言情小说的主题。男孩遇见女孩，男孩失去女孩，男孩最终得到女孩，众人皆大欢喜。这类小说比比皆是，就用简·奥斯汀的《傲慢与偏见》中的简·班纳特和宾利先生的情感纠葛来举例吧。在小说的开篇，简和宾利都过着美满如意的生活。他们相遇并坠入爱河，生活看起来更加幸福了。但是傲慢的达西先生和势利的宾利小姐硬生生把他们分开，二人痛苦的情感历程由此开启。最终达西意识到自己的错误，向宾利吐露实情。宾利立刻回心转意，找到了心爱的女孩，二人从此过上幸福的生活。

相比之下，“灰姑娘”的开篇相当不幸。可怜的灰姑娘整天睡在火炉旁的灰尘里（所以才有了这个名字），没日没夜地为继母和几个凶巴巴的姐姐干活儿。后来命运出现转机，她去参加一个盛大的舞会，遇到了她的白马王子。然而命运多舛，午夜的钟声让一切都消失了。好在她的一只水晶鞋被丢在舞会现场，而她那双骨骼清奇的脚让她成为整个王国里唯一能穿上水晶鞋的女孩。于是她嫁给了王子，幸福指数直冲九霄。

冯内古特的最后一张图是“变形记”，明显指代卡夫卡的黑色幽默作品。你可能还记得格雷戈尔·萨姆萨的故事，一个郁郁寡欢、离群索居的推销员。一天早晨醒来后，他发现自己变成了一只巨大的甲虫（通常被解读成一只蟑螂）。他的生活每况愈下，最后在痛苦和疾病中死去。老卡夫卡真是好样的。

我们或许可以把《变形记》一类的作品放在荒诞主义文学作品优良传统中极度悲观的一端，这种写作风格被作家帕特里夏·洛克伍德不无风趣地描述为“一个男人在乡间别墅变成一勺黑莓果酱的小说”。[1] 要想绘制一张真正荒诞的故事脉络图，再也没有比《项狄传》这部讲述一个超凡脱俗、无拘无束的天才的作品更好的例证了。劳伦斯·斯特恩的这部小说最初分为 9 卷，从 1759 年到 1767 年，历时 8 年出版完成。故事的讲述者是一位绅士特里斯舛·项狄，他决定写自传，但总有各类人物闯入故事情节，这令他永远都无法完成这项工作，无数离题话和支线情节让他直到第三卷才说到自己的出生。这真是一种既令人兴奋又令人慌乱的阅读体验。在第六卷的结尾处，特里斯舛·项狄绘制了一张迄今为止他的叙事“线”：

1. 出自洛克伍德 2021 年的小说《噤若寒蝉》（*No One Is Talking About This*）。

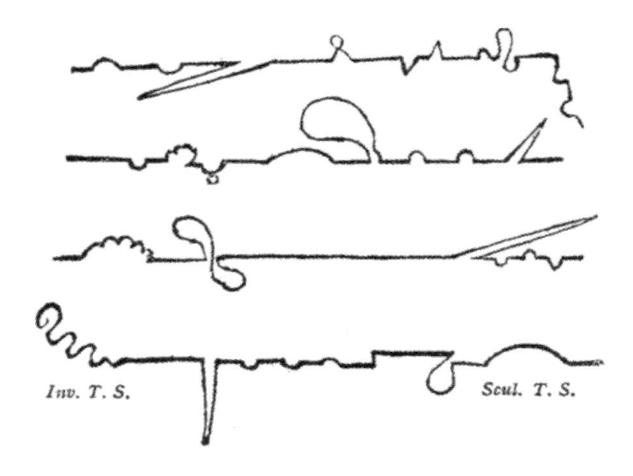

他写道，这些是我在第一、第二、第三、第四卷中插入的 4 条线。在第五卷中，我表现很好——我在里面所描述的准确的线路是这样的：

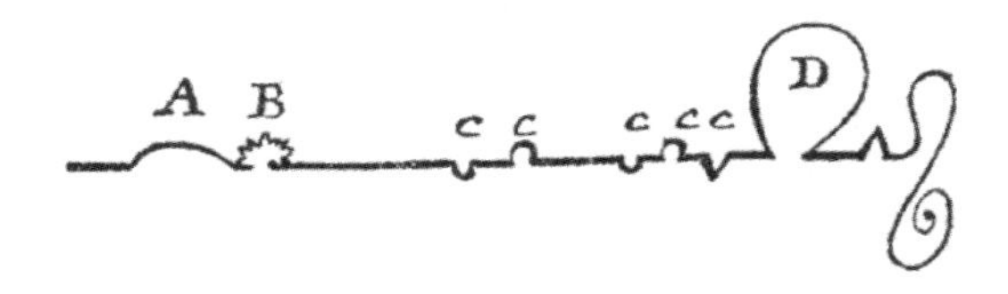

他声称这是一项了不起的进步："除了在标有 A 的曲线处，我去了一趟纳瓦尔，还有锯齿状曲线 B，我在那儿和博西耶小姐及她的助理短暂地待了一段时间，其他时间我一点儿都没有跑题，直到约翰·德·拉·卡斯的魔鬼们领着我绕过你看到标有 D 的圆，至于 c c c c c，它们只不过是插入成分。"他说："如果我以这样的速度弥补，也不是不可能的，不过此后我可能会达到这样的完美境界，这是一条我能画的尽可能直的线……最直的直线！种白菜的说，阿基米德说，这是从所给的一点到另外一点所能画的最短的线。”

你会高兴听到这个乐观的预测后来完全落空，小说的最后几卷还是像第一卷那样不知所云。

冯内古特的图和项狄狂野的叙事“线”的确很有趣，但在叙事和情节上，还有更复杂、更纯粹的数学方法吗？这一章的标题取自希尔伯特·申克发表于1983年的小说《叙事的几何学》，其中一名学生认为简单的情节“线”只是开始。他找到一种方法，把莎士比亚的《哈姆雷特》与一个四维空间中的“超立方体”联系起来，他认为我们可以把一个故事嵌套另一个故事的情形想象成增加一个维度。申克小说里的主人公弗兰克·皮尔森建议我们采用他所说的“叙事距离”，而不是把时间作为第四维度：

> 这里有两个相互独立的三维现实版本：《哈姆雷特》这部剧本身，年老体衰的克劳狄斯看着哈姆雷特炮制的剧本在舞台上被演出，内心怒不可遏，还有那部短小精悍的《贡扎古之死》。但是后者处于一个更遥远的位置，无论是对《哈姆雷特》真正的观众来说，还是对舞台上观看这部短剧的丹麦宫廷贵族来说，因为它被表现成一个被杜撰的作品，被嵌套在“真实的”剧情中。这样看来，《哈姆雷特》的这部分情节不仅脱胎于一个四维几何体，而且它的上演采用了超立方体的精确投影形式：一个小舞台位于另一个大舞台的中央。

小说的其余部分极为精巧地在不同的叙事角度间转换，也就是让故事的参照系不断地变化。你最初读到的那部分内容可能会改变你对整个故事情节的理解——这是一个以皮尔森为第一人称叙述的故事，讲述他参加文学研讨会的经历，并引用另一个故事的片段？还是一位作家正在创作一部小说，而其中的主人公恰好是皮尔森？对不同叙事层级的理解或许会让我们反复品味小说的内容，甚至让我们翻回第一页，以不同的顺序或站在不同的角度重新阅读。

莎士比亚在创作《哈姆雷特》时并没有想到超立方体的概念，但是的确有很多作家刻意在他们的故事中添加数学意义上的约束。正如作家埃默·托尔斯在2021年的一次采访中所说[1]："艺术作品中的结构具有极其重要的意义。就像十四行诗的规则对一位诗人来说很有价值一样，诗人运用这些规则并尝试在被限定的范围内去创造一些新鲜、不同的东西，小说的结构也具有同样的意义。"你或许会想，作家为什么要费心劳神地去寻找什么炫酷的结构？为什么就不能踏踏实实地写一个好故事呢？我要说的是，故事与结构并不矛盾。所有的作品从一开始都具有某种结构。语言本身就是由多种元素构成的，不同元素都有自己的规则。字母组成单词，单词组成句子，句子组成段落，等等。这本身就是一种结构，类似于几何学中的点、线、面的层级结构。在每一阶段，我们都有机会添加更多的层级结构，例如，段落与段落结合形成章节。我们需要考虑的问题不是是否让作品依托于某种结构，而是决定选择哪种结构。对于任何一个层级，作家都会选择添加额外的结构约束条件。理想状态下的额外结构，能让作品读起来更自然，更贴合叙事的主题，更符合情节的设计。

让我们从小说中通常会使用到的最高层级结构开始：章节。埃莉诺·卡顿的《明》于2013年出版，这是一项惊人的成就。卡顿是布克奖有史以来最年轻的入围者，28岁的她成为有史以来

1. 托尔斯于2021年4月8日接受英国广播公司Radio 4读书俱乐部的采访。截至本书写作时，采访内容可以在英国广播公司的iPlayer（播客服务）上观看。

该奖项最年轻的获奖者。评委称这是一部“炫目而巧妙”的作品，“广博而不杂乱”。书的内容的确包罗万象，832 页的长度创下了布克奖获奖作品的篇幅之最。小说的故事发生在 19 世纪 60 年代中期，新西兰一个淘金热小镇霍基蒂卡。第一章的标题“球中之球”就带有明显的数学色彩，故事的开篇是探矿者沃尔特·穆迪于 1866 年 1 月 27 日来到霍基蒂卡，无意中参加了 12 个当地人召开的会议，他们正在讨论近期发生的一系列犯罪活动。之后他被卷入疑窦重重的谋杀、离奇失踪、自杀未遂、鸦片交易等事件，还发现了价值 4 096 英镑的被盗黄金。

全书共有 12 章，或者 12 个部分，每一章的故事都发生在 1865 年或 1866 年的某一天。（小说的第一章按时间顺序从故事的中点开始。）参加会议的 12 个人每个人都与黄道十二宫的一个特定星座存在密不可分的联系。这些人在每一章的言行举止，在某种程度上都取决于这一章发生那一天该星座的宫位。卡顿的确仔细研究过特定日期霍基蒂卡夜空中恒星和行星的位置。顺便说一句，我不认为这是因为她是占星术的信徒。她在书中描述沃尔特·穆迪时说，他“并不迷信，尽管他从其他迷信人士身上能感受到莫大的乐趣”。占星术也好，天文学也好，它们既为搭建这部小说的结构提供了一种方法，也引导读者更广泛地思考书中关于命运、环境与自由意志的相互作用。

《明》的每一章都被分为几个小节，而每一章的小节数与章节数相加都等于同一个数字：13。因此第一章有 12 个小节，第二章有 11 个小节，到最后第十二章就只有 1 个小节。这样的模式，也就是每次固定数量的增加或减少，如同数列 12, 11, 10, 9, …, 在数学中被称为“等差数列”。有一个非常简单的技巧隐藏在章节数和小节数相加都等于 13 的表象之下，那就是整部书所有小节数的总和。把 1+2+…+12 逐个相加既辛苦又无趣，但如果你综合考虑

12 个章节，每一章的章节数与小节数之和都是 13。所以共有 12 个 13，就是 12×13=156。下面这张图左边是章节数，右边是小节数，二者相加都是 13。

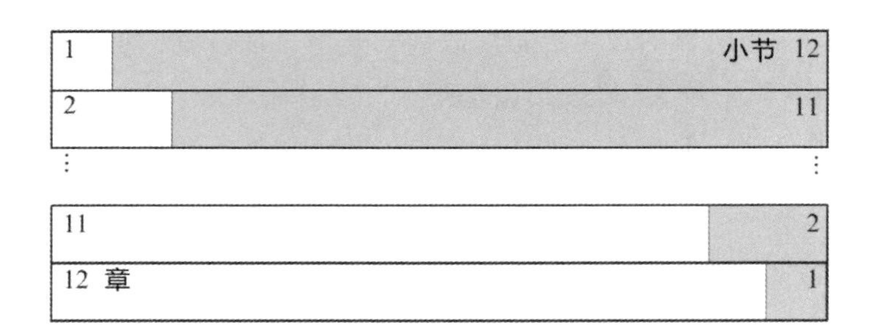

但这并不是我们想要的数字，因为它还包括了 1+2+⋯+12 的章节数。我们只需要取结果的一半：全部小节数就是 $\frac{1}{2}(12\times13)=78$。

这个小技巧就是我最初与数学有关的记忆——母亲在我很小的时候把它教给我，我觉得它太神奇了。她给我讲述了一个（可能是被杜撰的）故事，伟大的数学家卡尔·弗里德里希·高斯在上小学时是如何在一天下午打破了老师渴望的平和而又恬静的时光的，当时老师给学生们布置了一项任务，让他们把从 1 到 100 的数字相加。显然，年少的卡尔当场就发现了我刚才提到的那个小技巧。如果我们的书有 100 个章节，每一章有同样规律的小节数，那么 $1+2+\cdots+100$ 的和就是 $\frac{1}{2}(100\times101)=5\ 050$。（了不起！我不禁为可怜的老师感到一丝难过，他想要的只不过是半个小时的清闲。）

《明》还有一个最有趣也是最引人注目的数学结构特征：每章的长度都是上一章长度的一半。这个约束对整部小说的篇幅具有重要的影响。我们可以用一个长方形来表示第一章的长度（无论以单词数、字符数还是行数、页数为标准测量，差别不是很大），就是这样：

现在，第二章只有第一章一半的长度，于是我们可以把一个一半大小的长方形放在右侧。第三章是第二章的一半，第四章又是第三章的一半。我用下图展示了最初几章的长度：

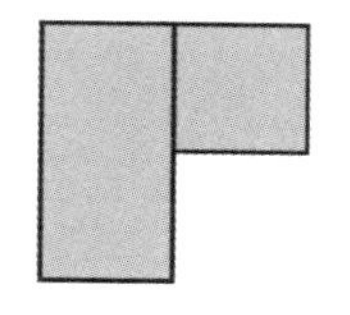
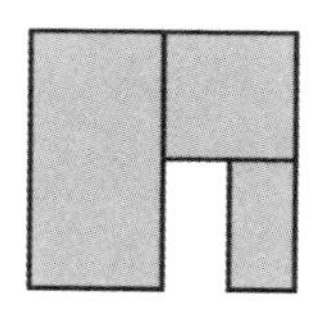
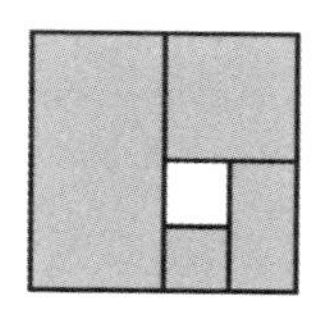

我们可以继续添加越来越小的长方形，但它们永远不会溢出正方形的外围界限。我在左边的图里添加了第五、第六、第七、第八章，在右边的图里添加了第九到第十二章。

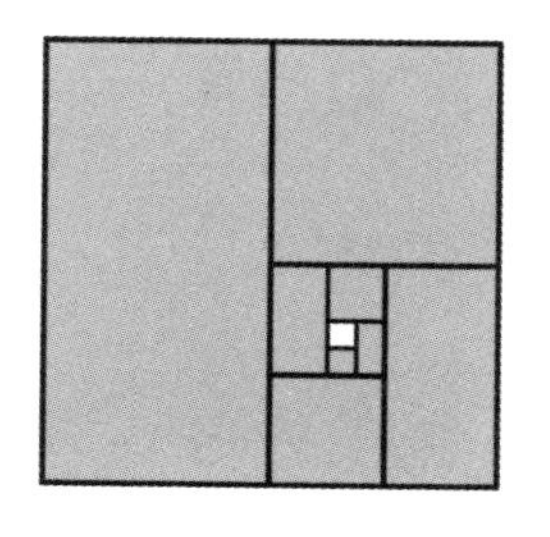
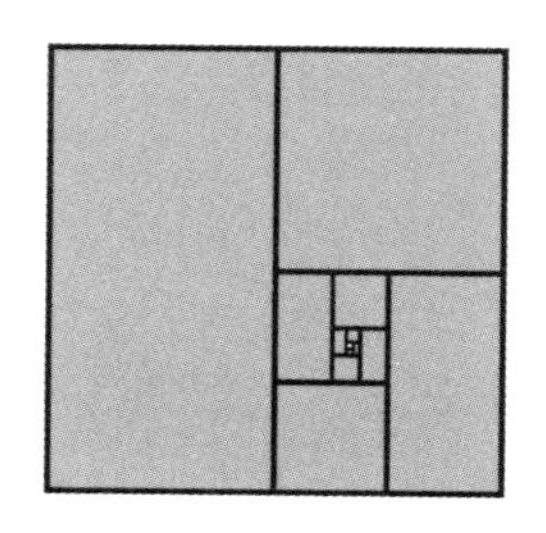

我们正在创造一个美妙的螺旋形视觉效果图，随后的每一章都恰如其分地落入越来越小的剩余空间。这意味着，无论这本书有多少章，书的总长度都小于第一章长度的两倍！此事绝无例外，即便你有 100 万章。[1]

我们知道这本书有 12 个章节。那么有没有什么巧妙而又简单的方法，如同我们计算章节数那样，在我们知道第一章的长度之后就能知道整本书的长度？幸运的是，有这样的方法。我们在这里看到的章节长度数列，也就是 1，$\frac{1}{2}$，$\frac{1}{4}$，$\frac{1}{8}$，…，从前一项到后一项不是加或减一个固定的数值，而是乘一个固定的数值（这里就是 $\frac{1}{2}$）。它被称为“等比数列”，要把这个数列的所有项加总涉及一个绝妙的方法。接下来我会用公比为 $\frac{1}{2}$ 的等比数列举例，因为这就是《明》的章节长度的规律，但同样的方法适用于更普遍的情形。

好吧，我们假设第一章的长度是 L，无论 L 具体代表什么：页数、字数等等。那么第二章的长度就是 $\frac{1}{2}L$，第三章的长度是 $\frac{1}{4}L$，以此类推。这本书的总长度就是：

$$L+\frac{1}{2}L+\frac{1}{4}L+\frac{1}{8}L+\frac{1}{16}L+\frac{1}{32}L+\frac{1}{64}L+\frac{1}{128}L$$
$$+\frac{1}{256}L+\frac{1}{512}L+\frac{1}{1\,024}L+\frac{1}{2\,048}L$$

我们可以简化一下，把公因数 L 提取出来，得到：

$$\text{书的长度}=L(1+\frac{1}{2}+\frac{1}{4}+\frac{1}{8}+\frac{1}{16}+\frac{1}{32}+\frac{1}{64}+\frac{1}{128}$$
$$+\frac{1}{256}+\frac{1}{512}+\frac{1}{1\,024}+\frac{1}{2\,048})$$

1. 螺旋体围绕着一个点无限收敛，这个点恰好位于正方形水平方向 2/3、垂直方向 1/3 的位置。如果你是一名数学家，你不妨尝试证明一下。

现在，绝妙的方法要登场了。我们把等式两边同时除以 2：

$$\frac{1}{2}\text{书的长度}=L(\frac{1}{2}+\frac{1}{4}+\frac{1}{8}+\frac{1}{16}+\frac{1}{32}+\frac{1}{64}+\frac{1}{128}+\frac{1}{256}+\frac{1}{512}+\frac{1}{1\,024}+\frac{1}{2\,048}+\frac{1}{4\,096})$$

看到了吗？两个等式中都有 $\frac{1}{2}$，还有 $\frac{1}{4}$、$\frac{1}{8}$，直到 $\frac{1}{2\,048}$。现在我们让第一个等式与第二个等式相减。于是等号左边就是书的长度减去 $\frac{1}{2}$ 书的长度，剩下 $\frac{1}{2}$ 书的长度。等号右边大部分的项都被抵消掉了，于是我们得到：

$$\frac{1}{2}\text{书的长度}=L(1-\frac{1}{4\,096})$$

再将其乘以 2，就得到了我们计算《明》长度的专利公式 $2L(1-\frac{1}{4\,096})$。还记得价值 4 096 英镑的被盗黄金吗？就是它——被嵌入了书的结构！

全书 12 章的设置，与书中所包含的其他数学结构特征完美地契合。我会证明给你看，章的数量在很大程度上受限于我们的等比数列。请你仔细观察每一章的长度，你会发现它们都与 2 的幂相关。幂的符号是在数字的右上角添加一个小标记，表示该数字需要自乘的次数。例如 2^5 就表示 $2\times2\times2\times2\times2$，也就是 32。那么要想知道这本书第七章的长度，我们就需要连续 6 次取第一章长度的一半，用公式表示就是 $\frac{1}{2^6}L=\frac{1}{64}L$，我在前面列出的整本书的长度公式就出现了这个数字。第十二章，也就是最后一章的长度是 $\frac{1}{2\,048}L=\frac{1}{2^{11}}L$。我们可以把最短一章的长度设为 S，那么对于《明》这本书，$L=2^{11}S=2\,048S$。全书 12 章的总长度是 $2L(1-\frac{1}{4\,096})$。用 $2^{11}S$ 替代 L，就得到 $2\times2^{11}S(1-\frac{1}{4\,096})$，而 2×2^{11} 等于 2^{12}，就是 4 096，于是整个公式被优雅地转化成了 $(2^{12}-1)S$。

接下来我们使用具体的数字，很快就能算出 $2^{12}-1=4\ 096-1=4\ 095$。这意味着，整本书的长度是最后一章长度的 4 095 倍。显然，这个长度不能用页数来衡量，因为即使最后一章只有 1 页，可怜的埃莉诺·卡顿也要创作出一本厚达 4 095 页的鸿篇巨制。《明》的篇幅的确很长，但还没有那么长。还可以想一想，为什么近期改编的电视剧没有采纳原书的结构，也就是一共 12 集，每集的长度都是上一集的一半？因为这样一来，即使最后一集的长度只有 1 分钟，第一集也不得不持续超过 34 个小时。

一本书如果超过 1 000 页就很难被装订了，或许更难找到一个心甘情愿出版它的出版社。所以我们暂且把 1 000 页设为一本书的上限，平均一页有 400 字，那么一部作品相对合理的字数上限就是 40 万字。即使最短的章节只有 100 个字，整本书的字数也会达到 $100\times4\ 095=409\ 500$ 字，这已经超过我们给自己设定的上限。我刚刚数了数《明》最后一章的字数，共有 95 个字，这样算下来整本书应该有 389 025 个字。我不敢说这是一个准确的数字，因为还有一些可以灵活掌握的空间，比如不同的计数方法（有没有包括章的标题，有没有包括“第十二章”之类的字，等等）。既然最短的一章有 95 个字，那么这本书无论如何都不能超过 12 章。因为如果它有一个第十三章，总字数将达到 778 145 个字，超过了原书的两倍，印刷厂的人绝对会大吃一惊！

如果真的有人想要遵循章的长度减半的规则写一本超过 12 章的书，他们最多能写几章呢？在给定最短章的长度的情况下，我们想要知道一本有 n 章的书的总长度，就可以继续采用前面计算 12 章的方法。如果我们有 n 章，那么最短一章的长度是 $S=\frac{1}{2^{n-1}}L$，或者 $L=2^{n-1}S$。全书的长度就不再是 $(2^{12}-1)S$，而是 $(2^{n}-1)S$。即使最短一章只有一个字，我们也会很快达到字数的上限。假如我们还是想要控制在 40 万字以内，那么判断最多可能的章数就是要解开这个不等式 $2^n-1\leq 40$ 万。你会发现，n 的最大值是 18。但是这样一来，最后 6 章似乎就可有可无了——它们总共只有 63 个字。

卡顿为什么要采用如此特殊的结构？这类结构和这部小说之所以成功，部分原因在于它的结构设计不是一个随机的选择。如果你想在一本书中隐含“12”这个概念，想要强调它与黄道十二宫的联系，你或许可以让每个句子都由 12 个字组成，或者设置 12 章和 $12^2=144$ 节，或者采用其他与之类似的方法。让 12 章依次减半，如同月之盈亏，是为了与这本书的天文学和占星术主题相呼应，也是为了配合故事情节的展开，呈现出分别由太阳和月亮代表的两个爱人情感纠葛的中心故事线。故事里充满了与此相关的隐喻——事物减半和加倍、下降和上升、减少和增加，就如同日月星辰和书中人物的命运。当妓女安娜·韦瑟雷尔在最后一个月看到她的债务竟然涨了一倍时说：“堕落的女人没有未来，崛起的男人没有过去。”

随着章节的篇幅变得越来越短，我们感到书中紧张的气氛越来越浓。卡顿在 2014 年的一次采访中说：“我把它看作一个轮子，一个巨大的车轮。启动时吱嘎作响，之后转动得越来越快。”受减半规则约束的每一章愈加紧凑，我们就愈加意识到命运不可违，就像现实中的大旋涡，把我们带到第十二章两个注定要失败的爱人之间最后的温柔场景。这一章的标题是“残月在新月的怀抱里”，事情发生在 1866 年 1 月 14 日，即第一章内容的几天前。这是整本书的核心情节，我们所看到的螺旋式发展让我不禁想起叶芝在其不朽的诗歌《基督重临》中所描绘的“扩张的旋体”。这首诗的前四句是：

在向外扩张的旋体上转呀转

猎鹰再也听不见主人的呼唤；
事物分崩离析；再也支撑不住中心；
世界到处都是一片混乱

这首诗让我们跟随着螺旋的轨迹从风暴中心向外移动，而《明》带着我们反向而行，越来越靠近螺旋的中心。对一部充满了占星术隐喻的小说来说，《明》恰如其分地向我们展示了扩张的旋体并非向外延展，而是向内收敛。

《明》的等比数列结构表现为每一章的长度，但还有一种类型的结构出现在所有的叙事作品中：并非空间结构，而是时间结构。正如 E.M. 福斯特所说，一部小说总要有一个时钟。有时候时间流逝的嘀嗒声震耳欲聋。亚历山大・索尔仁尼琴的《伊凡・杰尼索维奇的一天》正是这样，它讲述了一个小人物在苏联古拉格服刑 10 年的某一天发生的事情。弗吉尼亚・伍尔夫的《达洛维夫人》和詹姆斯・乔伊斯的《尤利西斯》也都讲述了一天里发生的事情，这再一次表明，受制于某些条件并不一定会限制创造力，3 本风格迥异的伟大作品就是最好的例证。时间线更短的故事是 2019 年土耳其作家艾丽芙・沙法克的一部伤感小说。一个名叫莱拉的女人遭到谋害，大脑即将停止运转，就在灵魂离开躯体之际，她的脑海中闪现出从前生活的记忆。书名透露了如此怪异瞬间的精确长度：《奇异世界里的 10 分 38 秒》。按这个趋势推断，或许你会以为我将要说有那么一本书的情节根本没有时间的流逝，你猜对了。法国作家乔治・佩雷克的《人生拼图版》讲述的就是一瞬间发生的事情——1975 年 6 月 23 日晚上 8 点刚过。

埃默・托尔斯于 2016 年创作的小说《莫斯科绅士》则走向另一个极端，它的故事并非发生在一天，而是横跨了 32 年。整部作品有一个非常复杂的时间框架，对一位在华尔街银行界打拼 20 年后才出版第一部小说（2011 年的畅销书《上流法则》）的作家来说，他的作品中出现大量的数学结构也许并不令人感到意外。托尔斯最让我感兴趣的一件事，就是他在 10 岁的时候把一封信装进玻璃瓶里，扔到马萨诸塞州一个名叫西乔普的地方的大海中。他在信中写道（大意）：“如果这个瓶子漂到了中国，请给我回信。”有多少孩子做过这样的事，又有多少孩子真的收到了回信呢？几个星期后，一个人给他寄来一封信，不过不是来自中国。时任《纽约时报》副总编的哈里森·索尔兹伯里发现了玻璃瓶，二人保持通信若干年，托尔斯在 18 岁时终于见到了对方。索尔兹伯里在《莫斯科绅士》中以配角的形象出现，他现实中的身份是《纽约时报》驻莫斯科记者。如果你以为他是在伏尔加河中捞出这个玻璃瓶的，那么你恐怕要失望了。他在温亚德港的海滩上捡到了这个瓶子，那里距西乔普约 2 英里。

《莫斯科绅士》以著名的莫斯科大都会酒店为背景，讲述了亚历山大·伊里奇·罗斯托夫伯爵 32 年的生活。一家布尔什维克法院于 1922 年判处他在这家酒店接受终身软禁。罗斯托夫天赋异禀，他因根深蒂固、顽固不化的贵族作风被人告发。于是就在这家酒店六楼的阁楼里，他独自一人度过了几十年的时光，而外面的世界早已变得面目全非。他没被判处死刑，只因为宣判委员会非常欣赏他在 1913 年创作的一首诗歌。

如果你读过这本书，你或许会发现“6 月 21 日”这个日期多次出现，几个重要事件都发生在不同年份的这一天。这只是潜伏在整本书中的数学结构的冰山一角，托尔斯称其为手风琴结构。故事的时间跨度是 32 年，你或许觉得这与 2 的幂有关（因为 32 是 2^5，即 $2\times2\times2\times2\times2$）。的确如此。整本书开始于 1922 年 6 月 21 日，那一天是夏至，罗斯托夫从此开始了他的软禁生活。之后我们看到他来到酒店一天后发生的事情，然后是 2 天、5 天，接下来是 10 天、3 个星期、6 个星期、3 个月、6 个月，最后是整整一周年，即 1923 年 6 月 21 日。时间跨度（大致）成倍增长，这种增长还在持续：我们在 2 年后夏至的那一天又见到了罗斯托夫，然后是 4 年、8 年，最后是他在大都会酒店被软禁的第十六年，即 1938 年。这是整本书的中间点，正如夏至处于一年的正中：白天最长，夜晚最短。接下来托尔斯以这个时间点为中心，呈现了一个完美对称的时间线。时间跨度被逆转过来，我们一下子来到了 8 年后的 1946 年（距结尾还有 8 年时间），然后是 4 年、2 年……以时间跨度减半的规律呈现故事情节，直到书的结尾，依然是 6 月 21 日，伯爵进入酒店的周年纪念日。我在这里不会透露大结局，但一定会令你满意。

显然，如果你和我一样，你或许会觉得把 1, 2, 5, 10, 21（3 个星期）这样一个数列称作“两倍等比”总有点儿不那么合理。不管怎么说，2 加 2 只有在奥威尔笔下《一九八四》中的酷刑室里才能等于 5。但是你可以试着从一年开始，将其近似到距离最近的单位时间。一年的一半是 6 个月，6 个月的一半是 3 个月，3 个月的一半是 6 个星期多一点儿，我们就近似到 6 个星期好了，再一半是 3 个星期，或者 21 天。21 天的一半是 10 天多一点儿，再一半是 5 天，5 天的一半是 $2\frac{1}{2}$ 天，我们就算它 2 天。最后，2 天的一半是 1 天。我特此为这个“等比数列”加盖我的教授印章！

正如《明》中的数学结构，这种正反向的等比数列出现在《莫斯科绅士》中也并非巧合，它为叙事服务。在小说的一开始，托尔斯所说的那种“颗粒度”具有存在的必要性，因为读者和罗斯托夫都需要从头开始认识大都会酒店，包括崭新的阁楼和生活在那里的其他人——顾客和酒店员工。随着时间的流逝，情节的推进速度显然要快一些，你肯定没有兴趣了解 30 年里每一天的生活细节，但是也不能无限制地加速。故事的结局即将到来，我们再次需要“颗粒度”，让它带着我们走向最终圆满的结局（放心，我不会剧透）。先加倍后减半，无疑是实现这个目的的绝佳方法。这其实也有点儿像人类的记忆，以及我们如何体验时间的流逝。我们对童年都有非常清晰的记忆，但成年后，时间似乎在加速流逝。在眼下的时刻，我们都记得今天、昨天和近期发生的事情，但是当我们探索过往的经历时，时间缩短了，记忆也褪色了。

加倍和减半数列都沿数轴方向延伸，但是对于文学中的二维数学结构，我们只需要看看乔治·佩雷克广受赞誉的《人生拼图版》。我在前面提到，这本书中的所有故事都发生在一个精确的时间点。它颠覆了所有的世俗叙事结构，同时对其他文学准则敞开了怀抱。故事发生在巴黎西蒙－克鲁贝利埃街 11 号的一幢公寓楼里，那里许多居民的生活以各种方式交织在一起。其中有巴特尔布思，一位脾气古怪的英国人，学习绘画多年，周游世界，在不同的港口绘制水彩画，然后把这些画制作成拼图版，计划用一生的时间将其拼完整。拼图版的制作人是巴特尔布思的绘画老师，他也住在西蒙－克鲁贝利埃街 11 号。遗憾的是，巴特尔布思的计划未能如愿，因为他在 1975 年 6 月 23 日晚 8 点前突然死去，差一点儿就完成了所有拼图。

在这部小说中，结构建筑的可见部分是，公寓楼有 100 个房间，以 10×10 方阵排列，其中包括阁楼、地下室和楼梯间。每一章讲述一个不同的房间，到此为止一切还算可以理解。但其真正的结构极其深奥，背后隐藏的数学故事包括纸牌游戏、俄罗斯帝国、早期计算机，以及世界上最伟大的数学家之一犯下的一个错误。

你玩过数独游戏吗？如果玩过，你肯定多少了解一些所谓的

“拉丁方”概念。如果没玩过也无须担心，我在下面列出了一个较为简单的数独游戏，借此说明它的原理。（这是一个 4×4 的数独矩阵，报纸上通常是 9×9 的数独矩阵。）我们最终需要呈现出的结果，是让从 1 到 4 的数字在每一行和每一列都只出现一次。我已经列出了一些数字，你的任务是把这个矩阵填写完整，确保每一行和每一列都只有一个 1、一个 2、一个 3 和一个 4。（如果是 9×9 的矩阵，我们就需要使用从 1 到 9 的数字。）

3	1		
		1	3
4	2		
1		2	

你可以用“插空”法来尝试解题。例如，第一列必须有一个 2，于是第一列的空格处一定是 2，这又让第二行第二列的空格处必须是 4，以此类推。完整的数字矩阵是这样的：

3	1	4	2
2	4	1	3
4	2	3	1
1	3	2	4

类似这样的正方形矩阵，所有的数字在每一行和每一列只出现一次，就叫作“拉丁方”。

如果你是 17 世纪的法国贵族，想要寻找一种能挑战逻辑思维的游戏，你可以尝试另一种在当时极为流行的拉丁方游戏。同样是一个 4×4 的矩阵，但要使用纸牌。将 4 张不同花色（红桃、黑桃、方块、梅花）的最大纸牌（J、Q、K、A——在英国我们称其为“宫廷牌”）以特定的方式摆放在这个矩阵中，要使得每一行和每一列都有且仅有唯一花色和唯一点数的纸牌。下面是正确的摆放方式之一。

A♠	K♥	Q♣	J♦
K♦	A♣	J♥	Q♠
J♣	Q♦	K♠	A♥
Q♥	J♠	A♦	K♣

这里出现的并不是一个拉丁方，而是两个：一个花色拉丁方、一个点数拉丁方。除此之外，它们之间存在完美的互动关系，即每种组合只出现一次，例如，我们并没有两个红桃 Q。所以，这其实是一个“双重”拉丁方：具体来说，它包含了两组不同的数字或符号，并以每对组合只出现一次的方式重叠而成。它们有时被称为“正交拉丁方”、“双重拉丁方”或“希腊拉丁方”，最后一个名称的来源是其中一组符号取自希腊字母，另一组符号取自拉丁字母。但我更喜欢“双重拉丁方”的称呼。

这类纸牌游戏有多种解法，但准确的 1 152 种解法直到几个世纪后才被英国数学家凯瑟琳·奥利伦肖发现。她是个了不起的女人，出生于 1912 年，从小喜爱数学，8 岁时因病失聪，之后她在学习上遭遇严重的挫折，而数学是仅有几项不受耳聋影响的学科之一（就我们当时所接受的教育而言）。在漫长的数学职业生涯中，她还发表了第一篇有关三阶魔方的论文，阐述了一种能从任何起始位置将魔方还原的方法。伴随这项成就而来的是她长时间摆弄魔方而导致拇指受伤，后来《读者文摘》将这种疾病描述为已知的第一个“数学家拇指”的病例。对了，她还当上了曼彻斯特市的市长和英格兰冰球队的队员。你完全可以说我是个老派的浪漫主义者，但她与青梅竹马的罗伯特·奥利伦肖结为终身伴侣的确令我很开心，当他送给她一把计算尺作为礼物时，她说这一定是爱的表示。

回到我们的纸牌游戏，如此众多的解法足以让你愉快地度过漫长的冬夜。但不久之后出现了一个更大的挑战，那就是 18 世纪 70 年代开始流行的另一个解谜游戏“三十六军官问题”。这一次你有 6 个不同的兵团，每个兵团有 6 名不同官职的军官，包括中尉、上尉、少校等。你还是需要把它们放置在一个正方形的矩阵中，但这一次是 6×6 的矩阵，规则是每一行和每一列都有且仅有一个隶属于某个兵团的某个职位的军官。也就是说，你需要完成一个 6×6 双重拉丁方。这个游戏颇受圣彼得堡贵族的青睐，据说俄国女皇叶卡捷琳娜大帝对其深为着迷，但不知道该把手中的上校、准将和将军放在哪里。于是她请数学高手莱昂哈德·欧拉帮忙，他当时在俄国圣彼得堡科学院任职。奇怪的事情发生了，欧拉也不知道该怎么做。

关于欧拉这个人，你需要知道两件事：首先他名字的发音是“oiler”，其次，他是有史以来最受尊崇、最具影响力的数学家之一，著有 92 卷数学著作。他一手开创了“图论”的数学研究领域，还做出了不计其数的伟大的数学贡献。他介绍了很多现代数学符号，包括我们书写函数的方式。另一位著名的法国数学家皮埃尔－西蒙·拉普拉斯也曾告诉我们：“读欧拉的著作吧，读欧拉的著作吧，他是我们的大师。”所以如果连欧拉都搞不定这件事，我们就要注意了。和所有数学家一样，当我对某个问题束手无策时（如果你从未有过束手无策之感，那只能说明你还未遇到更深奥的问题），我必须做出决定：究竟是我自己愚钝无能，还是问题本来就无解？下一步就是用某种猜想把这种感觉具体化：这个问题无解，即不可能找到答案。当然，如果你在论文或会议上公开说出这样的结论，如果有其他人找到解决方法，你就会觉得自己有点儿傻。所以当做出任何猜想时，你一定要百分之百确定自己的结论。而这就是欧拉面对三十六军官问题时做出的猜想：他认为并非自己力所不及，而是问题无解—— 6×6 双重拉丁方不存在。

判定某个问题无解的唯一途径就是用数学的方法做出证明，你总要给出一些原因来说明为什么无解。为了让你深入理解这件事，我可以向你证明“四军官问题”无解，也就是不存在 2×2 双重拉丁方。我们有两个职位和两个兵团，假设一个将军和一个少校，来自兵团 1 和兵团 2。你需要把这 4 名军官放在 2×2 的正方形矩阵中，使得每一行和每一列都有一个来自不同兵团的将军和少校。首先你不能把两位将军放在同一行或同一列，所以他们只能处于对角线的位置。因此存在两种可能，我用下图来表示。

无论躲在哪个角落，兵团 1 的将军都要与一位少校处于同一行，与另一位少校处于同一列。哎呀！这意味着兵团 1 的少校与兵团 1 的将军必然处于同一行或同一列，从而违背了“每一行和每一列都有一个来自不同兵团的将军和少校”的规则。这真是个大问题。数学家都有一股打破砂锅问到底的精神，作为一名数学家，欧拉开始寻找一项能令双重拉丁方存在的一般性规则。他知道 2×2 不成立，还知道无法找到 6×6 的解法。之后他设法证明了奇数矩阵（3×3、5×5 等）均存在双重拉丁方，4 的倍数矩阵（4×4 和 8×8 的纸牌游戏等）也存在双重拉丁方。欧拉于 1782 年提出了他的猜想：2, 6, 10, 14, 18 等公差为 4 的等差数列中的数字均不存在双重拉丁方。即使要解决 6×6 的双重拉丁方问题，需要排除的可能数量也是个天文数字：数百万个。最终，加斯顿·塔里在 1901 年用数学家所谓的“穷举法”证明了这个命题。别担心，他并没有逐一检查数百万个组合，而是采用了一些聪明的方法批量排除不可能的组合，把问题缩减到一个较小的规模，但余下的依然是一个极为庞大的数字。最终的结果是，叶卡捷琳娜大帝和更伟大的欧拉的结论是正确的：三十六军官问题无解。看来欧拉的猜想站稳了脚跟。

接下来，不可思议的事情发生了。1959 年，E.T. 帕克、R.C. 博泽和 S.S. 施里坎德利用早期的数学计算机，发现了 10×10 的双重拉丁方！更为神奇的是，他们证明了所有其他大于 6 的数字，即使是麻烦的 14、18 等数字，都存在双重拉丁方。欧拉最终还是错了，但他的错误在近两个世纪之后才被发现。这个消息引起了巨大的轰动，1959 年 11 月的《科学美国人》杂志在封面放置了一张 10×10 双重拉丁方的图片。这里我们就回到了乔治·佩雷克。他始终乐于探索数学结构对构建新的文学体裁所具有的潜在意义，因此，欧拉一度认为不可能存在的双重拉丁方在研究上出现了令人兴奋的突破，这件事自然而然就进入他笔下的那幢公寓楼。

《人生拼图版》的故事发生在一幢 10 层的公寓楼里，每一层有 10 个房间，100 个房间组成了一个 10×10 的正方形矩阵。佩雷克随机创建了几个列表，每个列表都包含 10 个显著的特征元素，就像混合了 10 种面料的一摞布。小说的每一章讲述发生在一个特定房间里的故事，因此对应着10×10矩阵中的一个格子。通过叠加相关的双重拉丁方，每个章节都从10个列表中抽取不同的特征元素，形成独一无二的组合，从而产生了极其丰富的叙事结构。不仅如此，还有最后一抹色彩要添加在如此绚烂的烟花表演中。各个房间在故事中出现的顺序，严格按照国际象棋中骑士在棋盘上移动的路线。在国际象棋中（8×8的棋盘），骑士是唯一一个不能移动到相邻格子的棋子。它的行进规则是先向一个方向移动两格，再向与之垂直的方向移动一格（如右移两格、上移一格）。"骑士巡游"指的是骑士走遍整个棋盘但只在每个格子落足一次。我们似乎不大容易看到完成这项任务的可能性，最早有据可查的一个解法是由9世纪中期居住在巴格达的阿德利·鲁米提出的。那么还有其他解决办法吗？在其他大小的棋盘上套用同样的规则也能找到解法吗？最早对骑士巡游问题的系统性研究来自欧拉，你猜对了，他对这两个问题的回答都是肯定的。

我要严正声明，做出一个后来被证明是错误的猜想并不是失败。欧拉的猜想引发了令人兴奋的数学发展，人们花了几个世纪才洞悉其中的奥秘。所以当我说他"失败"的时候，我纯粹是在开玩笑。我做梦都想成为像欧拉一样成功的失败者！《人生拼图版》的主题之一就是失败。巴特尔布思未能完成他组合所有拼图的人生使命；住在公寓楼里的一位画家瓦莱纳也未能绘制出一幅展现公寓楼所有房间、所有住户的全景图；故事还提到欧拉未能预见此类双重拉丁方的存在。至于最后一项失败，算是佩雷克的有意为之：骑士未能巡游所有的房间！整本书共有99章，不是100章——有一间地下室被遗漏了。我非常认同佩雷克对这本书的结构以及未能巡游所有房间的"解释"：这不是他的错误。他说："对于这个问题，出现在295页和394页的那个小女孩要负全部责任。”[1]

我们在这一章看到了埃莉诺·卡顿和埃默·托尔斯等作家如何利用数学概念营造小说中强大的时间结构。而乔治·佩雷克的《人生拼图版》更进一步，他通过错综复杂的情节设计将空间和时间结合在叙事的几何结构中。但佩雷克只是乌力波的成员之一，正如我在前面提到的，这个流派的作家在文学的类型和边界方面做了大量的探索和尝试。他们将是我们下一章的主题。

---

1. 佩雷克在他的文章《〈人生拼图版〉的四个人物》中说了这番话，这篇文章的英语译本发表在《乌力波纲要》的选集中（Atlas Press，2005）。文中还提到，他说的那个小女孩出现在英语译本的第 231 页和第 318 页。

第3课

潜在文学工厂：数学与乌力波

1960年11月24日，在巴黎的一家咖啡厅里，雷蒙·格诺和弗朗索瓦·勒里奥内与一群颇具数学思维的作家和一群颇具文学思维的数学家成立了 Ouvroir de littérature potentielle，即“乌力波”。这个短语大致可以被翻译为“潜在文学工厂”。该组织的目标是探索崭新的文学结构，无论是诗歌、小说，还是戏剧。由于数学是结构的磁石，他们尤其热衷于研究如何利用数学思维创作新文学形式和结构模式。格诺和勒里奥内在文学圈之外并不出名，但你现在已经熟悉了格诺的100万亿首十四行诗，你或许也曾接触过乌力波成员伊塔洛·卡尔维诺和马塞尔·迪尚，更何况我们已经跟乔治·佩雷克交了朋友。

如何进行艺术创新的问题并不是20世纪60年代的法国所独有的，也不是文学所独有的。乌力波成员所倡导的借用数学的方案在某种程度上可以说是对超现实主义者的回应，后者通常采用无意识写作等手法挖掘人类的潜意识，使其跃然纸上。乌力波的基本思想是，创造新的文学形式并在其中展开创作，是创造新的文学类型的一种形式。那么除了对文字施加某种约束，比如十四行诗的行数，究竟什么才是文学形式？即使是语言的基本构成要素，通常也被认为具有一定的规则，例如一个句子“必须”包含一个名词和一个动词。

当时，也有一些数学写作对乌力波成员产生了重要影响，其中就包括尼古拉·布尔巴基的系列图书，这些书自20世纪40年代陆续面世。说到布尔巴基，有一件非常有趣的事：布尔巴基从来都不是某位数学家的名字，而是一群主要来自法国的数学家的笔名。他们集思广益，共同匿名出版了一系列图书，从第一原理开始。这些书涵盖了你可以称其为现代数学的整个建筑基础。这是一个令人浮想联翩的故事——这些书被使用至今。我收藏的一本书讲述了我最感兴趣的代数学研究，已经被我翻得破旧不堪。

为研究课题设定游戏规则，并在这个坚实的基础上证明定理，这是一种具有崇高血统的行为方式，可以追溯到几千年前的欧几里得。游戏规则首先定义我们的语言，以确保我们口中的“圆”或“直线”表述的是相同的意思。然后确立一些起点，即我们一致认同的某些事实，并以此推导出更多的真理。数学家使用的这种方法与十四行诗等给诗人施加的约束如出一辙：它给你一个结构，邀请你去遨游、探索。那么我能从中获得哪些成就呢？在欧氏几何的规则下，我能证明毕达哥拉斯定理。在十四行诗的规则下，我能写出“我能把你比作夏日吗？/ 你更可爱，更温和”。

那么，究竟什么样的“定理”才能被文学采纳呢？一个简单的例子是所谓的“漏字文”（lipogram），也就是通篇文章不使用某些字母。（lipogram 这个词源于古希腊语，意思是“遗漏一个字母”。）最广为人知的漏字文是我们的好朋友乔治·佩雷克于1969年发表的小说《消失》（*La Disparition*），整部作品只遵循一个简单的“定理”：不使用字母 e。或许不敢称全部，但现在，对大多数（如果不是全部）欧洲语言来说，e 是最难被省略的字母，因为它出现的频率太高了。在法语中，超过$\frac{1}{6}$的常用词组都包含字母 e（也包括用于强调重读音节的 é、è 和 ê）。试着写出一个不带字母 e 的句子恐怕很难。

漏字文并非乌力波的发明，它的历史可以追溯到久远的古希腊。公元前 6 世纪的诗人赫尔莫伊内的拉苏斯至少创作过两篇刻意不使用字母 Sigma 的诗歌，显然是因为他不喜欢这个字母。我想人各有志，不可强求。公元 10 世纪的拜占庭百科全书《苏达辞书》把这种写作方式称为富有雄心壮志的事业。其中提到了一位名叫里斐奥多鲁斯的诗人，他生活在拉苏斯之后近 1 000 年的时代，他创作了一篇漏字文版本的《奥德赛》。《奥德赛》有 24 卷，当时的希腊字母表有 24 个字母。里斐奥多鲁斯的《奥德赛》（遗憾的是该书早已遗失）在每一卷都刻意不使用一个字母——第一卷没有 α，第二卷没有 β，以此类推。甚至《消失》也算不上第一本不使用字母 e 的小说，这项荣誉应授予一本几乎被人遗忘的作品《盖茨比》（*Gadsby*），由欧内斯特 · 文森特 · 赖特创作于 1939 年。乌力波的成员用一个厚颜无耻的词语描述那些带有乌力波色彩却诞生于乌力波组织成立之前的作品：反向抄袭。（《消失》就对《盖茨比》的反向抄袭行为做出了让人心照不宣的暗示，书中的一个角色名叫盖茨比 ·V. 赖特勋爵。）

对于赖特的作品，以及其他所有的漏字文，我们会浮现出一个问题：是的，这很聪明，但为什么要这么做呢？它有助于创作优秀的艺术作品吗？并没有什么特殊的原因让《盖茨比》的通篇不带字母 e，书中的故事情节也没有提到这么做的理由。我当然不反对智力上的挑战，但你总想认为这不仅仅是一场乏味的文字游戏。我认为，正是这一点让《消失》超越了几乎所有漏字文作品。佩雷克的这本书不仅克服了难以想象的技术挑战，放弃了自己语言中最常用的一个字母来呈现一部完整的文学作品，而且遵循了同为乌力波成员的雅克·鲁博所设定的两条准则之一：在给定约束内创作的文本必须以某种方式提及该约束。（我在后面还会提到另一条准则。）《消失》的故事情节围绕着寻找消失之物展开，书中的人物最终发现，那个消失的东西就是字母 e。读者能发现一些线索，比如全书共二十六章，唯独少了第五章（因为 e 是第五个字母）。书中的人物也发现了一些线索，比如一间病房里有 26 张床，但 5 号床一直没有人；一部 26 卷的百科全书唯独没有第五卷。鲁博称《消失》是“一部有关消失的小说，消失的字母 e，因此它既是讲述的故事，也是创造被讲述的故事的约束的故事”。

在这本书的后记里，佩雷克依然使用不带有字母 e 的语言，解释了他创作这本书的原因：“作为作家，我的野心、观点，甚至可以说我的执着，我不变的执着，就是要创作出一部既有启发性又有独创性的作品，一部或者可能对结构、叙述、情节、行动等概念起到刺激作用的作品，甚至能对当今的虚构文学创作起到激励作用。”（不带有字母 e 的英语译本来自吉尔伯特·阿代尔。）文学评论家和佩雷克研究学者瓦朗·F. 莫特认为，《消失》也是对损失的思考。佩雷克在二战期间失去了父母，他的父亲在战场上阵亡，母亲在大屠杀中被杀害。正如莫特指出的，缺少了字母 e，令“佩雷克在小说中不能提及 père（父亲）、mère（母亲）、parents（双亲）、famille（家庭），甚至不能说出自己的姓名 Georges Perec。总之，小说中的每一个‘空虚’都具有丰富的含义，每一个都指向佩雷克幼年时期和成年后早期一直在努力克服的存在主义空虚”。

现在我们来看看哪件事更难做到：一部通篇没有字母 e 的小说，如同佩雷克的《消失》，还是通篇只使用元音 e 的小说，如同他的续作《重现》（*Les Revenentes*）？格诺建议采取数学上的方法来测量“漏字文难度”。从直觉上我们都能理解，不使用字母 x 要比不使用字母 t 更容易一些，当然，文章的篇幅越长，不使用某个字母的难度就越大。格诺的想法是，利用书写一篇文字的语言中各个字母出现的频率对这个问题做出精确的测量。任何特定文本中不同字母的比例都会略有不同，但是如果你搜集、比较大量文字资料，你就可以相对准确地判断出每个字母出现的频率，并能预测一段英语中每个字母出现的概率。最常见的字母依次是 e、t、a、i、o，最不常见的字母是 z、q、x、j、k。这个知识点在过去的几个世纪里被用来破译密码，因为如果敌人编写密码的方法是用其他字母或符号来代替一段文字中的某些字母，那么你可以合理地猜测出现频率最高的符号代表字母 e，出现频率次高的符号代表字母 t，以此类推（除非敌人使用了漏字文）。我们在第 8 课还会详细讨论这个问题。

格诺判断漏字文难度的方法，是用被漏掉字母出现的频率 f 乘以文本的长度 n。用英语举例，标准文本中的每 100 个字母里有 2 个 y 和 13 个 e。这是因为 y 的频率是 0.02，e 的频率是 0.13，所以我们预测 $0.02\times100=2$ 个 y，$0.13\times100=13$ 个 e。当然我们也可以用更准确的数字来描述，取 5 个小数位，e 的频率就是 0.127 02，y 的频率就是 0.019 74。

我们来看看这个方法的实际效果。一篇 500 个单词的文章不使用字母 y 的漏字文难度是 $0.019\ 74\times500=10$（四舍五入到整数位）。但是如果不使用字母 e，篇幅再短难度也会很高。一段 200 个单词的文本不带字母 e 的难度是 $0.127\ 02\times200=25$（同样四舍五入到整数位）。那么《消失》这本书的情况如何？法语中的 e 比在英语中出现的频率更高，为 0.167 16，从而让 8 万个单词的小说《消失》漏字文难度高达 13 373。这本书被吉尔伯特·阿代尔翻译成英语版《消失》（*A Void*）之后，如果单从表面上看，8 万个单词的文本英语字母 e 漏字文难度应该是 10 162。但是千万别以为翻译比原创更容易。阿代尔作为一名翻译面对的挑战是在遵守漏字文约束的同时，还要忠实地表述原作品的内容。这真是一项了不起的成就。

较为合理的比较是《消失》和《重现》两部作品的漏字文难度。对于后者，佩雷克打趣说他用掉了《消失》中缺失的所有 e。这一次，要计算难度系数就必须加总法语中其他所有元音字母出现的频率。经过查询，我得出了一个总频率 0.280 18。我还粗略统计了一下《重现》的单词数，大约 3.6 万字，也就是说它的漏字文难度是 10 086。《重现》篇幅较短的原因显而易见，如果它和《消失》的篇幅不相上下，创作漏字文的难度就快要达到《消失》的两倍了。[1]

马克·邓恩 2001 年的小说《埃拉·米诺·佩亚》（*Ella Minnow Pea*）是带有自我指认特征的漏字文作品，就连作为书名的人物姓名也有所暗示，听起来像英语字母 l、m、n、o、p。这本书以虚构的诺洛普岛为背景，那里的居民崇拜内文·诺洛普，他被认为是“全字母短语”“The quick brown fox jumps over the lazy dog”（敏捷的棕色狐狸跳过了懒惰的狗）的发明人。（所谓“全字母短语”，就是一个短语或一句话包含了该语言字母表里所有的字母。）岛上有一个诺洛普的雕像，他的全字母短语就刻在雕像的下方。有一天，这句话里的一个字母脱落了，岛上的统治者认为这是神意使然，必须把这个字母从字母表中永久删除。从那时开始，书里的文字就不再出现这个字母。之后有越来越多

1. 伊恩·蒙克曾将《重现》翻译成英语，书名是 *The Exeter Text*: *Jewel*, *Secrets*, *Sex*，它的漏字文难度为 0.253 98 × 36 000=9 143。这样的比较同样不太公平，因为我们必须考虑文字翻译所带来的额外挑战。

的字母从雕像上脱落，他们无一例外地将其从字母表中删除。岛上当局最终决定，阻止事态进一步恶化的唯一方法，就是证明诺洛普并不是一个神。而要做到这一点，只能去寻找一个更短的全字母短语。在最绝望的时刻，雕像上只剩下 l、m、n、o、p 几个字母，主人公埃拉终于找到了一个包含 32 个字母的全字母短语（比诺洛普的少了 3 个字母），完整的字母表得以恢复，岛上的居民从此过上了幸福的生活。

在结束漏字文这个话题之前，我还想说一说加拿大作家克里斯蒂安·博克的作品《精神正常》（*Eunoia*），它在 2002 年获得了格里芬诗歌奖。书的主干部分有 5 章，每一章仅使用一个元音字母，且全书没有字母 y。A 章的一个句子是“A law as harsh as a fatwa bans all paragraphs that lack an A as a standard hallmark”（像《法特瓦》一样严厉的法律禁止所有缺少字母 A 作为标准标志的段落）。书名 Eunoia 是英语里包含所有元音字母最短的单词，它的意思是“精神正常”。法语里包含所有元音字母最短的单词或许更广为人知——oiseau，意思是“鸟”，《精神正常》的第二章就以它为标题。书的最后一章“The New Ennui”（“新的厌倦”）称，文本“展现出永无止境的伟大力量，它有意削弱语言的效果，似乎在表明，即使身在如此不可能的绝望条件下，语言仍然可以表达一种不可思议的，甚至崇高的思想”。此言甚善，书中肯定有一些美好的意象。但是我不得不说，尽管我们无比崇拜作者超凡的文字功底，并凭借它创造出诸多的漏字文杰作，但聪明的技巧与它所带来的情感冲击相比，比例似乎太高了。谈完了《精神正常》，我觉得漏字文的讨论应该告一段落了。

乌力波带有非常明显的法国色彩——还有什么地方比巴黎的咖啡厅更适合作为它成立的地点呢？然而，最著名的乌力波成员或许是一个出生在古巴的意大利人。他的母亲在给儿子起名时，希望他能铭记祖先的血统，但他们一家人在孩子出生后不久就回到了意大利，这意味着伊塔洛·卡尔维诺的一生都背负着一个在他看来带有“好战的民族主义”色彩的名字。

卡尔维诺最著名的作品是《寒冬夜行人》，这是那些较为罕见的第二人称叙事小说中的一部。故事的内容是一位读者（你）想读一本叫作《寒冬夜行人》的书，你把它买来，但是发现整本书只是在不断重复前16页的内容。当你去书店里把这本书退掉时，你发现这十几页的内容其实来自另一本名叫《马尔堡小镇郊外》（*Outside the Town of Malbork*）的书。但是在你寻找这本书的时候又发生了同样的事情，导致你的第三本书也只读了一个开头。小说讲述你试图寻找这几本书的过程，并在每一本书的开头部分不断切换。这样的结构既聪明又有趣，其中还包括了一些对这位积习难改的图书买家来说耳熟能详的图书列表（包括你现在虽不需要但今年夏天要看的书、你希望放在手边随时查阅的书、大家都读过因此好像你也读过的书）。

或许你已经把《寒冬夜行人》放在一边，可能打算今年夏天去看，那就让我说服你把目光投向卡尔维诺另一本优美而哀伤的书《看不见的城市》。借用他对图书的另一个分类标准，这绝对是一本“你需要放在书架上与其他图书一起看的书”。《看不见的城市》对马可·波罗的游记和托马斯·莫尔的《乌托邦》（*Utopia*）致以无上的敬意，还带有一丝《一千零一夜》的色彩。这本书以虚构的方式对被认为属于忽必烈帝国的55座城市进行了奇幻的描述，篇幅从一两个段落到几页不等。例如，对地下城阿尔贾的描述只有14行——地面上什么都看不到，根本不知道这座城市是否真的存在。“那地方空无一人，”卡尔维诺写道，“晚上，如果把耳朵贴在地面上，有时你会听到关门的声音。”马可·波罗讲述了所有这些城市的故事，只有一座城市从未提及，但是每座城市都是它的缩影：他的家乡。他对可汗说：“每次描述一座城市，我其实都会讲一些关于威尼斯的事。”

《看不见的城市》共分 9 章，但城市的划分和编号方式相当奇怪。每座城市都隶属于 11 个类别中的一个（比如“城市与死者”或“连绵的城市”），每个类别有 5 座城市。例如，第 2 章在目录里显示的内容是：

……2.

城市与记忆 ·5

城市与欲望 ·4

城市与符号 ·3

轻盈的城市 ·2

城市与贸易 ·1

……

省略号表示每一章未命名的小节，内容是马可·波罗与忽必烈的对话。从第 3 章到第 8 章的每一章也讲述了 5 座城市，编号为 5、4、3、2、1。但是第 1 章和第 9 章分别有 10 座城市，编号似乎是随机的（实际上并非如此）。第 1 章没有“5”，第 9 章没有“1”。为什么会这样？为什么要用 5、4、3、2、1 的降序排列？为什么就不能设置 11 章，每章 5 座城市，或者 5 章，每章 11 座城市？为什么一定要讲述 55 座城市的故事？我们先从最后一个问题开始回答。

《看不见的城市》的创作灵感部分源于托马斯·莫尔的《乌托邦》。托马斯·莫尔是都铎王朝时期的作家和政治家，后来成为亨利八世政府的英格兰大法官。不幸的是，他反对亨利将英格兰与天主教会分离的决定，并因此以叛国罪被处死。他于 1516 年出版的《乌托邦》讲述了一个想象中的完美国家。(托马斯·莫尔最早提出 Utopia 这个词，它源于希腊语，表示“不存在的地方”或“美好的地方”，这取决于你如何把 U 转化成希腊语。) 书中仅详细讲述了一座城市亚马乌罗提，因为我们被告知其他城市都与之相似。于是卡尔维诺尝试给我们讲述全部 55 座城市的故事，以填补莫尔留下的空白。

但是请先等一等，我看到的《乌托邦》的英语译本(原文用拉丁语写成)都说有 54 座城市。真奇怪。我不知道卡尔维诺是不是有一个意大利语译本，里面错误地把它翻译成 55 座城市。还是说我们应该理解为除了亚马乌罗提，还有 54 座城市？其中一个译本在脚注中说，《乌托邦》的 54 座城市“相当于莫尔时代英格兰和威尔士的 53 个县，加上一个伦敦”。我的拉丁语水平极为有限，但原文中的“quatuor et quinquaginta”看起来确实很像 54。我不想在这里引发国际争端，为了维护和平，我建议，如果《乌托邦》的 54 来自 53+1，以示敬意，也许《看不见的城市》就是 54+1。

现在我们(不管怎样)有了 55 座城市，该怎样把它们安排到每一章中呢？我们有 11 个城市类型，每种类型有 5 座城市。于是我们可以采用类似矩形的结构，每一行表示一章，每一列表示一种城市类型。如同下面的矩阵，这里的 1、2、3、4、5 表示每种类型中的 5 座城市。第一列是“城市与记忆”，第二列是“城市与欲望”，以此类推，直到第十一列“隐蔽的城市”。

第 1 章　1 1 1 1 1 1 1 1 1 1 1
第 2 章　2 2 2 2 2 2 2 2 2 2 2
第 3 章　3 3 3 3 3 3 3 3 3 3 3
第 4 章　4 4 4 4 4 4 4 4 4 4 4

第 5 章 5 5 5 5 5 5 5 5 5 5 5

于是第 1 章讲述每种类型的城市 1，第 2 章讲述每种类型的城市 2……我们还是别兜圈子了：这种结构无聊透顶。每一次都用同样的顺序把 11 个元素介绍一遍，缺少了层层递进的感觉，无法让每一章展现出独特的风格。而卡尔维诺选择的结构方式在书中有所暗示。忽必烈说：“我的帝国跟水晶的构造一样，它的分子式排列成完美的图案。在元素的激荡中，一颗璀璨坚硬的钻石形成了。”卡尔维诺所做的是让每一列相继下降一个位置，就像这样：

```
1
2 1
3 2 1
4 3 2 1
5 4 3 2 1
  5 4 3 2 1
    5 4 3 2 1
      5 4 3 2 1
        5 4 3 2 1
          5 4 3 2 1
            5 4 3 2 1
              5 4 3 2
                5 4 3
                  5 4
                    5
```

为了避免出现只有一两座城市的章，也为了展现一种令人愉悦的对称性，卡尔维诺让第 1 章和第 9 章分别包括了这个结构的前 4 行和最后 4 行。中间的章呈现出 5、4、3、2、1 的模式，我们首先看到某一种类型的第五座城市，然后是第四座城市，接下来是第三座、第二座、第一座。在每一章里，我们都会最后一次看到某种类型的城市，同时第一次看到另一种类型的城市。旧与新、熟悉与陌生的结合，为这本书的架构提供了微妙的动力。

	1										
	2	1									
第1章	3	2	1								
	4	3	2	1							
第2章	5	4	3	2	1						
第3章		5	4	3	2	1					
第4章			5	4	3	2	1				
第5章				5	4	3	2	1			
第6章					5	4	3	2	1		
第7章						5	4	3	2	1	
第8章							5	4	3	2	1
								5	4	3	2
第9章									5	4	3
										5	4
											5

我们还注意到，如果把第 1 章和第 9 章合并，就完美地契合成一个全部数字的“微缩宇宙”，也就是“5 4 3 2 1”结构的四重奏，这就是“璀璨坚硬的钻石”。的确，卡尔维诺也承认《看不见的城市》是他最满意的作品之一，因为他“用最少的单词讲述了最庞大的故事”。

对那些具备数学头脑的读者来说，这本书的结构还包含一个复活节彩蛋。在第 8 章，忽必烈沉思棋局中的奥妙（当然是第 8 章，因为棋盘是在 8×8 的方格上进行的）：“假如每座城市都像一盘棋，虽然我永远不可能完全熟悉所有的城市，但只要掌握了规则，我就可以真正拥有我的帝国。”我们已经看到整本书的结构模式，那么请留意——55 座城市加上 9 章等于 64 个棋盘格。巧合吗？别骗自己了。

就像任何成功的特许经销商，乌力波也有若干分支机构。你还记得，“乌力波”表示“潜在文学工厂”，任何一项富有创意的事业都可以有一个“潜在 × 工厂”，也就是“乌 × 波”。比如“乌漫波”（漫画——连环漫画）、“乌画波”（绘画），甚至“乌力波波”（潜在侦探小说工厂）。还有很多“潜在潜在工厂”，自然就出现了“乌乌 × 波波”，随之而来的就是“乌乌乌 × 波波波”……但我跑题了。

如果你喜爱乌力波，同时对谋杀故事情有独钟，那么你只需要读一读克洛德·贝尔热的《谁杀害了登斯莫尔公爵？》（*Qui a tué le Duc de Densmore?*）。贝尔热是一位受人尊敬的法国数学家，在图论领域做出了突出贡献，也是乌力波的长期成员。他同时热爱着数学和文学（此举深得我心），在面临职业抉择时他犹豫不决：“我不知道自己该不该研究数学，我还有一股强烈的冲动去学习文学。”贝尔热在《谁杀害了登斯莫尔公爵？》的故事中不但运用了数学思想，还采用了该思想所产生的一项数学结果。从这个意义上讲，他遵守了雅克·鲁博提出的第二条准则。

如果你还记得，第一条准则是说，在给定约束内创作的文本必须以某种方式提及该约束。第二个准则称，如果文中使用了一个数学思想，那么这个思想的结果也应当被呈现出来。贝尔热的故事讲述了一位著名的侦探试图侦破一个老案子——登斯莫尔公爵在多年前被害，罪犯依然逍遥法外。嫌疑人的范围已经被缩小到公爵的 7 个异性朋友（委婉的说法），她们都曾在案发前到访公爵的家。在这期间的几年里，她们都声称忘记了到访的具体日期，但是都记得当时还有哪些人在场。如果两个人相遇，必然说明她们同时造访，哪怕只是擦身而过。那么，我们的侦探最终得到的是一组时间段，以及哪些时间段重叠了。

这些信息似乎对案情的侦破作用不大，但是我们有一种聪明的方法能在视觉上呈现出这样的关系——它被称为“区间图”。“区间图”有点儿像地铁图：你已知若干个不同的点（地铁站或时间段），然后把相互之间存在关系的点（相邻的地铁站或重叠的时间段）连接起来。我们用《小妇人》中马奇家的女孩来举例。假如梅格、乔、贝丝、埃米去探望她们那脾气暴躁的姨妈。梅格说她看到了乔和埃米，乔说她看到了梅格和贝丝，贝丝说她看到了乔和埃米，埃米说她看到了贝丝和梅格。这些信息可以用下面这张图完整地表述出来，如果所有人讲述的都是实情，这就是一个真实的区间图。

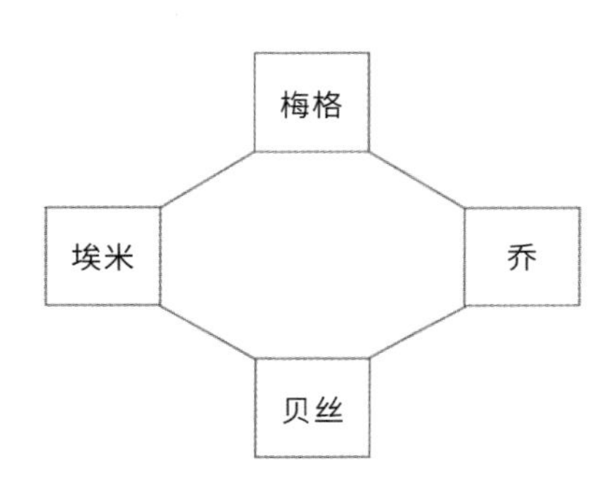

但是这里出现了一个问题，这张图形成了“梅格—乔—贝丝—埃米”的循环。图论中有一个定理称，每个区间图都是“弦”的。意思是说，每个循环中都存在一条弦，即连接两个点的一条中间线。如果不具有这项特征，它就不是一张真正的区间图。在上图中，这意味着要么有一条线连接梅格和贝丝，要么有一条线连接埃米和乔。因此结论就是，我实在不想这么说，马奇家的女孩至少有一个人在说谎，妈妈要气坏了。借用这个例子，我们无法判断究竟是谁在说谎（我猜肯定是埃米）。但是在登斯莫尔的故事中，嫌疑人的数量更多，因此形成的区间图必然具有一个特征，即存在那么一个人，如果我们把她移出图形就会剩下一个真正的区间图。除了杀害公爵，还有什么更好的理由能让她说谎呢？侦探深谙区间图的原理，从而抓到了凶手。

我们在这一课中看到，乌力波成员的行为既有趣又真诚——这是我最喜爱的组合之一。正如他们所说，生活太重要了，让人无法认真对待。作为乌力波观光游的最后一站，我也受到一些启发，创作了一篇自己的潜在文学作品。这件事或许从未有人做过，如果有，我要向他们精彩绝伦的“反向抄袭”行为表示祝贺。

雷蒙·格诺在1976年发表了一篇文章，题目是《文学的基础（戴维·希尔伯特之后）》。戴维·希尔伯特是19世纪和20世纪一位著名的数学家，他的工作为数学，尤其是几何学奠定了坚实而严谨的基础。在几何学领域，人们花了两千年中的大部分时间试图理解欧几里得的“平行公设”。这个公理表明，给定一条直线，取直线外的一点，有且仅有一条直线穿过该点与原直线平行。没有人能证明这件事，因此它才被当成一个公理。然而，其他一些公理就没有那么显而易见了。19世纪的人们发现几何学还存在多个版本，也就是所谓的“非欧氏几何”，“平行公设”在其中并不成立，这意味着欧氏几何的某些公理不再牢不可破。例如，我们在地球上画一个三角形，从北极出发直抵赤道，沿赤道行进$\frac{1}{4}$个圆周，再回到北极。这个三角形竟然有三个直角！我们这算是毁灭了几何学吗？非也，事实是我们发现了曲面几何与平面几何的不同。还有另外一个例子——透视图。透视图中的平行线在一个“消失点”相交。如果你对“平行线”的定义是“永不相交”，这就有点儿令人沮丧了。

希尔伯特的卓越贡献是为几何学设定了一些规则或公理，它们足以涵盖以上这些不同的例子和许多其他例子，并同时保留了它们的共性。下面是希尔伯特的两个公理：

（1）对于给定的两点，总有一条直线能穿过这两点。

（2）对于给定的一条直线，直线上的任意两点都确定且唯一地定义了这条直线。

总之，这些规则表明，经过两点有且只有一条直线。这些公理不但在标准几何学中成立，对球面上的“曲线”和透视图中的直线同样适用。实际上，“直线”和“点”的概念在很多情况下都非常有用。重要的一点是，无论多么不同寻常、稀奇古怪，只要这些公理在我们设置的特定条件下成立，那么从这些公理中推导出的结果都必然成立。于是我们可以一次性证明诸多定理在不同的条件下都成立，而不需要逐一证明。

让我们回到《文学的基础》上来。格诺认为，文学作品的创作可以遵循特定的文学公理。数学里的点和线，现在变成了文学里的单词和句子。预先设定一些公理，你的新文学形式将由满足这些公理的文本组成。格诺称，前面的两条几何学公理可以转变成以下的文学公理：

（1）对于给定文本中的两个不同的单词，总有一个句子能包含这两个单词。

（2）对于给定文本中的一个句子，文本中的任意两个单词都准确且唯一地定义了这个句子。

正如格诺所指出的，描述这两个公理的文本本身并不满足这些公理，这很好，因为我们不一定要用押韵对句的方式来给“押韵对句”下定义，但我有一股冲动想去尝试一番。

现在让我给你展示一个真正奇怪的“几何学”，它被称为“法诺平面”，以发现它的意大利数学家吉诺·法诺的名字命名。（其实至少有两名反向抄袭者在他之前独立发现了这个平面，但我相信法诺并不知情。）法诺平面包含 7 个点和 7 条“线”，在下图中表现为 6 条直线和一个圆。每条线都穿过 3 个点。

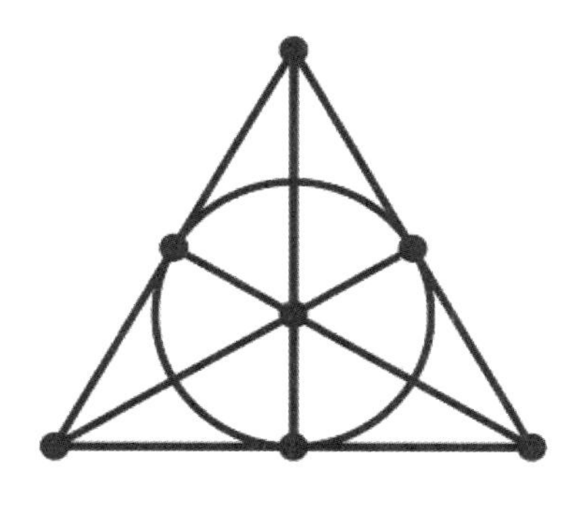

法诺平面

这张图呈现出惊人的对称性。任意两个点都出现在同一条线上，任意两条线都相交于一点，每条线都穿过 3 个点，每个点都位于 3 条线上。太美了。而且，这种结构可以应用于约 100 万种场景，从密码学到彩票，从集合论到实验设计，无所不包。它还与一种我们更加熟悉的图形相关——经典的维恩图，展现出 3 个集合相交的所有可能性，图中的 7 个区域分别对应法诺平面上的 7 个点。但是我钟情于法诺平面的原因与它的实际应用无关，只是纯粹欣赏它那简单的对称性。

为了向格诺和乌力波致敬，我独创了一种新的文学形式，我把它命名为“法诺小说”。法诺小说的规则很简单，每篇文章仅使用 7 个单词（我们的“点”），只有 7 句话（我们的“线”），每句话包含 3 个单词。每两个单词都出现在一个句子中，每两个句子都有且只有一个相同的单词。我还要求每个句子都要符合传统的语法规则，即包含一个动词。仅凭这 21 个单词，我猜我不得不讲述一个极其简单的故事。我的首部法诺小说就包含在下面这张法诺平面图中。

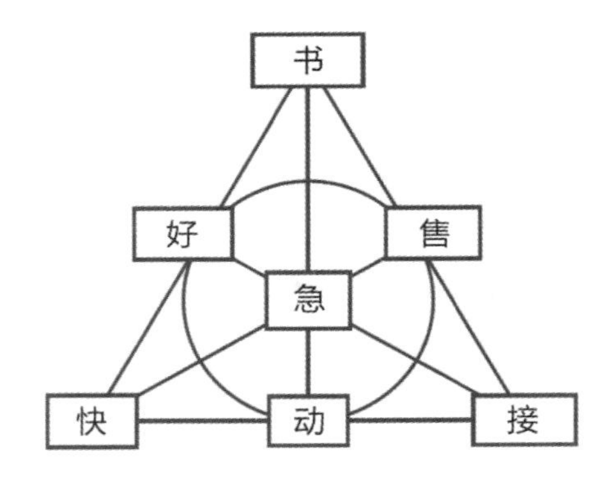

故事的内容是，你作为一名人才经纪公司的员工，被要求留住一个重要的人才，而且要尽快与她签约。她代言的一款 T 恤被迅速卖光，她的自传也掀起一场竞购战。你敦促她尽快完成后续作品，再创佳绩。她做得很好，你现在可以卖掉手里的股份，以百万富翁的身份退居二线。下面就是这部法诺小说：

书急动！
好书快！
急售快。
接，书售。
“动快——接！
接：急售！”
好动：售。

现在的我已经功成名就，就等着诺贝尔文学奖找上门来。

我在上一课的结尾处提到，乌力波成员把约束的运用发挥到了极致。那么他们是否有过犹不及之嫌呢？针对他们的作品，有一种指责称，这些约束只是被用来创造巧妙的谜题。乌力波成员最初的回应是，没有人说巧妙的谜题就不能成为伟大的艺术。然而更重要的是，乌力波成员也曾多次提醒文学评论人士，乌力波是一个潜在文学工厂，它的目的是探索各类可能的文学结构，而不是创作文学作品。雷蒙·格诺说："我们让自己置身于艺术的审美价值之外，但这并不意味着我们鄙视它。"

历史上有大量蹩脚的十四行诗，但这并不能说明十四行诗的规则存在固有的缺陷。在被约束的条件下，总会出现一些枯燥乏味的作品，就像那些枯燥乏味的小说一样。但约束也带来一些精彩绝伦、充满想象力和创造性、令人兴奋的作品，就比如包括佩雷克、卡尔维诺、格诺在内的很多人创造了我们仍在谈论的艺术。所以，这就是我为乌力波做的辩护。对于艺术与花架子之间的界限，每个人都有不同的理解和认知，但我真诚地相信，乌力波创造的某些东西能让众口不再难调。

第4课

让我逐一细数：叙事选择的算法

你可曾在手机上玩过一款故事类游戏，你要在每个场景结束前做出一个选择，之后的剧情会根据你的选择发展下去。当我的女儿在决定她所控制的角色要跟查德还是凯尔参加舞会的时候，我甚至能听到她大脑细胞溶解的声音。我自然而然地想到，这类游戏究竟会有多少种剧情走向，需要准备多少个场景。很多图书、戏剧，甚至诗歌都让我们有机会选择阅读它们的方式，而数学能帮助我们理解其中的含义。你可以想象一本情节互动式的故事书，在每一页的内容结束时你必须在两个剧情走向中做出选择，每个选择都将把你带到不同的一页。从表面上看，你只需要 2 个不同的第二页，但是接下来就需要 4 个不同的第三页，然后是 8 个不同的第四页，以此类推。即使这本书只给你 10 次选择的机会，它的厚度也超过了 2 000 页！显然这类书的结构不可能是这样的。

这一章我们就来探讨一下叙事选择中的数学问题。我们将学习如何创作一个剧本，既让观众可以选择剧情的走向，又不需要演员事先准备数百个场景。我们还会探讨当你用默比乌斯带的方式编写一个故事的时候会发生什么。

我们在第 2 课看到了一些有趣的例子，用图表来展示故事中的情节。但还有一种不同形式的图表可以用于戏剧、图书或其他文学载体，在这些作品中，创作者可以通过文本提供多条故事线索。这种图形可以带领读者走上通往不同方向的道路，让读者（或观众）在情节发展的关键时刻做出选择，或者引入某种随机机制。我说的这种图形，是点或“顶点”以及代表它们之间存在某种关系并将它们连接起来的线段所组成的一个网络，就像我在上一课展示的区间图一样。我当时用地铁网络地图来举例，对于这类图形，我们真正关心的是连接方式，而不是准确的距离或精确的位置。当今世界另一类非常重要的图形是，其中每个顶点都是一个网页，如果一个网页上有另一个网页的链接，我们就能把两个网页连起来。这类图形代表了互联网的连通性，有助于确定网页在搜索引擎中的排名，拥有大量链接的网页在排名中会比较靠前。最后，如果你尝试过“凯文·贝肯的六度分割”，你就会发现，我们还可以用一张图来表示整个社会的连通性。在这张图里，每个人都是一个顶点，如果两个人曾经出演过（或执导、参与）同一部影片，他们就被联系在一起。

现在让我来展示一个由乌力波成员保罗・富尔内尔和让 - 皮埃尔・埃纳尔设计的图形，叫作“剧场树”，它的作用是帮助编剧编写互动式的剧本。它的基本思路是，在一部话剧每一幕的结尾，演员请观众在两个不同的情节发展中做出选择。比如，一个蒙面人走上舞台，画外音问现场观众：这个人是国王的私生子还是王后的情人？观众的回答决定了下一幕将要演出的内容。这样的安排的确提升了现场观众的兴致，但是想想可怜的演员（更不用说布景师、服装师和道具师了）：每多一个选择，演员们需要学习、排练的内容和场景数量就会增加，而且会急剧增加。如果观众做出 4 次选择，他们就会看到 5 个场景（从第一幕到第四幕每次做出一个选择，加上最后的第五幕)。但是演员们要准备多少个场景呢？第一幕只有一个场景，之后观众做出选择，他们就要为第二幕准备两个场景。观众继续选择，第二幕的两个场景分化为第三幕的 4 个场景，然后是第四幕的 8 个场景，最终是第五幕的 16 个场景。把它们都加起来，一共有 31 个场景。（2^5-1？没错。）这些场景的结构可以用一张图来表示，从位于最上方的第一幕开始，直到最下方第五幕所有的可能性：

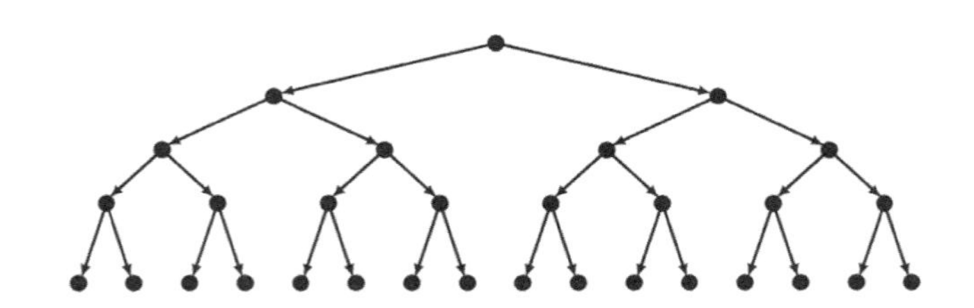

富尔内尔和埃纳尔就在这时登场了。他们发现有一些图形也是从单一的顶点（第一幕）出发，每个点的下方也分为两条路径，但点的总数没有那么多。这意味着观众依然可以体验到与剧情的 5 次互动，但是演员没那么辛苦了。

让我们来看看富尔内尔和埃纳尔建议的图形——剧场树。你会看到一共只有 15 个场景。

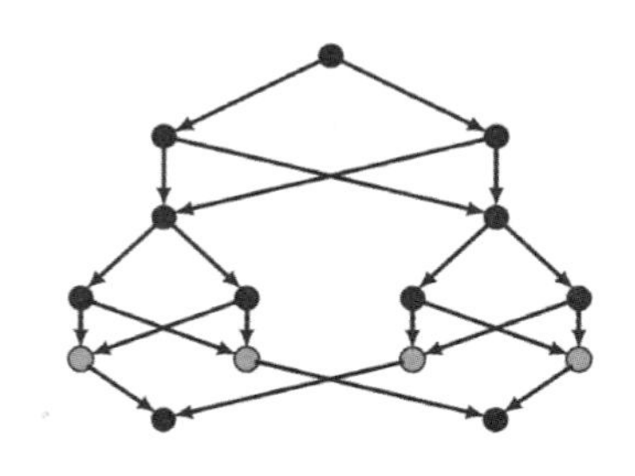

这是怎么回事？在剧场树中，我们从第一幕的顶点开始鱼贯而下，在每一幕都做出选择。按照原先的安排，我们要准备4个版本的第三幕，然而剧场树中只有两个版本。为什么是这样？编剧要确保一点，无论第二幕上演的是哪个版本，在这一幕结束时，观众只能在第三幕同样的两个版本中做出选择。举个例子来说，如果观众在第一幕结束时认为蒙面陌生人是国王的儿子，那么在第二幕会出现一个新的人物——王后的情人。同样，如果观众说蒙面人是王后的情人，他们看到的第二幕就会出现国王的儿子。这样一来，无论观众在第一幕怎样选择，在第二幕结束时选择都可以是："国王的儿子应当与王后的情人决斗，还是二人本来就是至交好友？"当第四幕结束时，观众再一次面临选择："你想看到一个大团圆的结局，还是让这部剧以悲剧收场？"为了让4个版本的第四幕最终汇总到两个版本的结尾，最后一幕需要分为"桥接幕"5A（灰色）和"大结局"5B（黑色）。把所有的场景和"半场景"加总，我们就得到了15个场景。

观众在两种安排下都看到了5个场景，那么他们有可能体验到多少种剧情走向呢？答案就是路径的数量，在这两种情况下，答案都是16。因为每一次选择都会把剧情一分为二：一次选择产生两种剧情，两次选择产生4种剧情，3次选择产生8种剧情，4次选择产生16种剧情。保罗·富尔内尔指出，创作一部有16个分支剧情的五幕戏剧需要写80个场景。即使采用不那么有效的互动式剧本也能将场景数量缩减到31个。而剧场树的效果更明显，图论提供的方法让演员减少了65个场景的工作量：效率提升约81%。

我想知道还有没有更好的方法。答案是肯定的，但有一个限制性条件。假如你去观看一部利用剧场树构建的互动式戏剧，你的体验——4次选择、5个场景——跟使用31个场景结构剧场树创作的戏剧的观看体验没有什么不同，至少在你只观看一次的情况下是这样的。如果第二天再次来到剧场，很有可能你会看到与前一天相同的场景，即使你做出了不同的选择。完整的树结构假象只对一次性观看有效，当然，这很好。在那一次观看中，你感觉不到你的选择其实毫无意义。然而，还有另一种更有效的结构，它也能让观众进行 4 次选择：

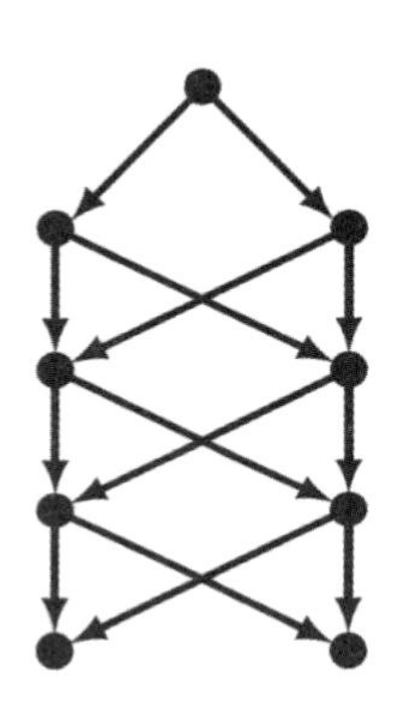

这一次，我采用了与剧场树避免出现 4 个版本的第三幕同样的方法，而且将其应用到每一幕上。也就是说，观众每做出一次选择，我都要想办法让他们的选择并无实际意义。两个人应该决斗还是应该成为好朋友？接下来的一幕要设法让两件事都能成立，无论观众怎样选择，这样才能让后续剧情的发展不受观众选择的限制。每一幕只有两个版本，所以无论选择的顺序如何，这两个场景都必须有合理的情节。假如观众选择决斗，那么二人拉开架势以死相拼，之后发现是好友之间闹了一场误会。假如观众选择二人成为好友，那也没问题，他们互相问候，随后发生了矛盾，进而演化成一场决斗。你可以作为一名观众参与这部戏剧的演出，然而你的选择并未对剧情走向产生任何影响。我的这张图虽然更有效，但剧本的质量显然远不如剧场树。

我并未发现市场上有大量的剧场树作品，但的确有一些互动式的电视节目，其中一个例子就是2018年的《潘达斯奈基》，它是网飞系列剧《黑镜》的一部。它共有150分钟的脚本，被天才地剪辑成250个剧情片段，观众的选择决定了以什么样的顺序播放哪些片段。据说故事有超过1万亿种剧情走向，每个剧情平均时长90分钟。这类影视作品的制作成本是个天文数字，除非他们采用高效的剧场树结构。如果不使用剧场树，每一次选择都会让创作和拍摄的场景数量增加一倍，正如我在本课开头提到的，即使只做出10次选择的11幕剧也会产生2 000多个场景（准确的数字是$2^{11}-1=2\ 047$）。与之相比，超级高效但无比乏味的剧情走向是，在第一个场景之后的每个场景只有两个版本，一共只需要20个场景——但观众肯定会察觉到可疑之处。最好的方法是介于这两个极端之间。

有这样一类文学作品，它利用自由选择和隐藏式的结构推进情节的发展，但是其规模要比互动式的戏剧大很多。我说的这类作品就是“选择你自己的冒险”，我们很多人在小时候都读过这样的书。这类作品在20世纪80年代非常流行，后来随着计算机游戏的兴起而逐渐没落，但近年来它们又有了些许复兴的迹象。如果你还不大熟悉这类作品，我可以简单说一下，就是你作为读者也是书中的一个角色：你被卷入故事情节，时常要决定下一步的行动。你如果想调查眼前这个神秘的洞穴，就翻到144页；你如果想走上通往城堡的道路，就翻到81页；你如果想跨过一座大桥与巨魔战斗，就翻到121页。有时候还会出现随机因素——你需要掷骰子来判断是否能击败你决定与之作战的巨魔，如果获胜，前往94页；如果失败，前往26页。你在阅读的过程中可能会遇到数百个选择（除非你愚蠢地选择与巨魔发生无谓的争斗，这样一来，用不了几页你的故事就以主角身亡而结束了）。这些选择所隐含的数学结论明白无误地告诉我们，肯定会有很多页的内容重复出现在多个情节中。否则，一本书里有 100 个选择，即使每次只有两个选项，这本书也要达到 $2^{101}-1$ 页。即使每页纸的厚度只有 1/10 毫米，你打开手电筒（我假设你在偷偷读这本书，因为你父母在几个小时前就让你上床睡觉了），从里面射出的光线从第一页照到最后一页，也需要 268 亿年。因此，在现实中，我们无论如何都要使用某种扩大版本的剧场树结构。

为了一探究竟，我需要找到一位专家。在我 9 岁生日那天，我收到的一份礼物是一本书《火焰山的魔法师》（*The Warlock of Firetop Mountain*），这是广受欢迎的“你是英雄”类互动式丛书《战斗幻想》（*Fighting Fantasy*）中的第一卷。[1] 这本书于 1982 年出版，作者是伊恩·利文斯通和史蒂夫·杰克逊。他们的名字已铭刻在我的脑海里 40 多年，所以当伊恩爵士（他现在的称号）同意给我讲述他如何构建冒险故事的分支情节时，我感到很兴奋。利文斯通是《战斗幻想》系列作品的联合创作人之一，这套图书在全球的销量超过 2 000 万册。他还是游戏界的传奇人物，作为游戏车间（Games Workshop）的联合创始人，把《龙与地下城》引入英国，以及作为计算机游戏发行公司 Eidos Interactive 的联合创始人，推出《古墓丽影》系列游戏。

1.《战斗幻想》系列丛书的口碑毁誉参半。一个教会组织曾出版了一本 8 页的小册子，严肃警告阅读这本书会造成的危害。他们说你在书中与食尸鬼和魔族互动，因此会被恶魔附体：“一位忧心忡忡的郊区家庭主妇打电话给当地电台，称她的孩子在读过一本书后飘浮在半空中。”这个消息并未浇灭人们的购买热情。“孩子们想：什么？花 1.5 英镑就能飞起来？我也要买！”教师们则高兴地看到这些书能让孩子们沉浸在阅读中。有报道称，他们的识字率提高了 20%，而且这些书丰富了孩子们的词汇——“爸爸，石棺是什么意思？”

见面之后，伊恩爵士告诉我，他在撰写每本书时，都会用到手工制作的一张流程图。他还给我展示了《死亡地牢》（海雀出版社，1984）的原始流程图。他首先梳理出故事的梗概，然后陆续添加分支点，也就是需要做出决定的那些点。极少出现预先设定的情节。“我们把握住整体的故事线，其中穿插的情节是一个迭代的过程。”例如，“你可能决定要一扇铁门，然后你想：‘好吧，我们怎么进去呢？大门要不要开着？不，应该上锁，因为里面有重要的东西。’于是我们需要一把钥匙……这时，你就回到早先的故事情节里，在读者已经到访的一个房间里放一个箱子，钥匙就在箱子里”。每个事件或每个选择都有一个随机的编号，你将它们逐一从主列表中划掉。（《战斗幻想》丛书共有400多个分支剧情，或称“参考资料”。）很多故事线都会派上用场，但总会出现伊恩爵士所谓的“夹点”，你会回到一个提供重要信息的节点，并将故事重新带回一个情节中。这些夹点具有重要的意义，它们防止了各种可能的选择导致分支剧情呈指数级增长。

在写作的过程中，你必须随时查看，确保至少有一条故事线能贯穿整本书，还要确保不会出现死循环。接下来还有战斗难度的问题，设置恰到好处的挑战等级需要高超的技巧——怪物太少会导致难度过低，怪物太多又让人灰心丧气。“哦，不，不是一支不死大军！”伊恩爵士的书经过精心策划，以避免落入这两个极端，但他有时也喜欢捉弄读者。“引诱读者落入陷阱总让我乐在其中，”他打趣道，“比如，在地板上散落的花瓣下布满毒刺。”他还喜欢抛出一些混淆视听的诱饵：“在地牢里放置一些无关紧要的物品让他们去捡，然后他们就会错过重要的任务道具。”

这时我感到一丝内疚，因为当天早晨我跟女儿埃玛一起读《火焰山的魔法师》的时候，她在我的建议下做出了一些选择。“所以，你是说或许读者直奔那闪闪发亮的银色护符而去，但实际上……”

“你需要那个木鸭子，是的。”他说。

大家在这里要小心啦。

创作一本游戏书和制作一个计算机游戏还是有诸多不同之处的。在计算机游戏中，程序会跟踪物品所在的位置。假设有个提示信息是：“你进入一间密室，地板上有一袋金子，如果愿意你可以取走，之后从北边或东边离开。”在计算机游戏中，如果你取走这袋金子之后再次进入这个密室，程序就不会告诉你地板上有一袋金子。但是图书不知道你是否已经取走了金子，除非它为故事其余的部分设置了两个版本的情节，从而让后续部分的长度增加一倍。即使让提示信息的内容包含各种可能性也是既笨拙又不自然的做法，比如，“这个房间里有金子，除非你已经把它取走”，因此，唯一的办法就是图书不让你回到原来的房间。

如果你不能像这样后退或快进，那么在通常情况下一位读者要做出多少次选择，会看到整本书的多少内容？伊恩爵士说这个数字在 100 到 150 之间。对我来说，这是个令人印象非常深刻的比例——你每次都能读到一本书大约 1/3 的内容，同时可以做出大量的选择。

这里就引出了这本书结构设计的另一个重要原则：一个单一的选择不能略过大段的故事情节，否则 150 个选择就没有容身之所了。你应该还记得，作者必须把握整体的故事线，以确保整本书讲述一个激动人心的冒险故事。每个选择都必须有意义。向左走还是向右走，跟这个人谈话还是不跟这个人谈话，都必须产生相应的实质性后果。“如果你无论选择什么都是一样的，那么为什么还要采用互动的方式呢？故事的各个组成部分只有形成多层次的结构，才能让你作为主角体验到一段激动人心的冒险经历。”

效率、控制和选择之间存在真正的数学张力。我们已经看到，为了避免出现一本房子那么大的书，我们不得不安排一些能汇总多条故事线的“夹点”。这意味着，作者在这些段落的行文上需要特殊的技巧。读者经过不同的选择，从不同的地方来到这一段情节，这里发生的事情一定要对每个人都有意义。史蒂夫·杰克逊和伊恩·利文斯通从一开始就极为小心地选择了单词的另一个方面：“我们很骄傲地说，我们从未假设这些书的读者只能是男性……每当主角遇到什么人时，书中使用的措辞是‘陌生人’或者‘你长得很漂亮’……我们从1982年就开始这么做了，这真的让我们感到很自豪。我们觉得这也是作品广受欢迎的主要原因。”我认为他们说得没错。

最后，替朋友问一个问题，伊恩爵士对舞弊行为怎么看？好消息是他并不在意：“我管这种事情叫在角落里偷窥。”另一种策略是“五指书签法”，你用手指夹住最近几次做出选择的页码，如果发现最新的选择造成了糟糕的后果，你还可以回去重新选择。毕竟，勇猛并不意味着鲁莽。

在“选择你自己的冒险”这类书中，读者能自己决定故事情节的走向。但即使作者岿然不动地把持着方向盘，他们指引我们的叙事路径也远非一条笔直的大道。最简单的例子就是所谓的“回文诗”。这类诗歌的特点是先按正常语序从上到下阅读，之后从下往上反向阅读。通常来说，正向阅读的诗歌内容往往带有悲观色彩，而反向阅读的诗歌会挑战消极的世界观。乔纳森·里德创作的诗歌《迷惘的一代》前三句是：

我是迷惘的一代
我拒绝相信
我能改变这个世界

把这首诗倒过来读，前三句就变成了对可能性的乐观宣言：

我能改变这个世界
我拒绝相信
我是迷惘的一代

如果你也想写一首回文诗，有大量的现成模板可供选择。[1] 这里有一个诀窍，那就是要把“这是事实”或“并非如此”之类的话穿插在诗句中。比如：

数学就是数字
并非如此
数学很美

现在试着倒过来读一遍。

从几何学的意义上讲，回文诗的作用就是添加一条“镜像线”，将一首诗反射回自己身上，创造出具有诗意的回文。对几何学原理更明确的应用，是美国作家约翰·巴思一篇极短的小说《嵌套故事》，这个故事收录在他 1968 年的文集《迷失在游乐场》（*Lost in the Funhouse*）里。所谓嵌套故事，就是故事里的故事，类似于《哈姆雷特》的剧中剧。嵌套故事只有一页纸，它的两面分别印有一些字，还有一行提示信息：“沿虚线剪开，翻转一端，让 AB 连接 ab，CD 连接 cd。”剪开后得到一张狭长的纸条，第一面写着“很久以前”，另一面写着“有一个故事，它的开头是”。现在，如

1. 如果你想阅读更多的回文诗，我强烈推荐布赖恩·比尔斯顿的《难民》。你可以在互联网上找到这首诗。

果你把纸条的两端粘起来，你就得到一条带子，一面是“很久以前”，另一面是“有一个故事，它的开头是”。但是如果把一端翻转之后再粘贴，它就不再是一条带子，而是一个具有数学意义的平面，叫作“默比乌斯带”。

默比乌斯带是个相当奇怪而又有趣的物体，1858 年由德国数学家奥古斯特·费迪南德·默比乌斯发现。它有一个听起来似乎不大可能的特点：它可以用一张普通的纸制作出来，但它只有一个面！我恳求你现在就动手制作一个默比乌斯带。只需要找来一张狭长的纸条，翻转一端后将两端粘在一起。你在任何一个位置拿起默比乌斯带，必然是一根手指在正面，另一根手指在反面。但是如果你从纸条“正面”任意选定的一个点开始画一条线，使其与纸条边缘平行，你会发现这条线逐渐画到了纸条的“反面”，并且最终回到了开始的点。这意味着默比乌斯带只有一个面！尽管如此，我们依然可以看到对于纸条上的任意一个点，都有一个位于纸条背面的点与之对应，所以从局部来看，它还是有两个面——但这只是一种错觉。我现在请你沿着刚刚画出的那条线把纸条剪开，看看结果是什么。这与文学无关，但真的很有趣。而且，如果你把刚刚剪开的那个东西再沿中间线剪开，还会发生更神奇的事情——试试吧。

不管怎样，巴思故事中的指令的效果创造了一个无限循环的故事：“很久以前有一个故事，它的开头是‘很久以前有一个故事，它的开头是“很久以前有一个故事，它的开头是‘很久以前有一个故事……’”’”然而，这里出现了一个问题：默比乌斯带的特征（字面上的物理的情节转折）在这里并没有被派上用场。一个故事的结尾是它自己的开头，形成一个无尽的循环，这种效果完全可以用更简单的圆形表现出来。你只需要在一张纸条上写“很久以前有一个故事，它的开头是”，然后将纸条的两端粘在一起。

所以我想说，《嵌套故事》应当被归类为圆形循环故事，而不是默比乌斯带。

我读过的最优秀的循环故事，是阿根廷小说家胡里奥·科塔萨尔的《花园余影》，篇幅只有一页纸多一点儿，所以请原谅我把故事情节总结如下，希望不会破坏你阅读的心情。一个男人坐在书房里一张绿色的椅子上，阅读一部小说。在小说里，一对恋人正在策划一场谋杀。在最后一次幽会之后，他们在暗夜中分手，她从一个方向离开，他走向另一个方向。他悄悄走进受害者的家，爬上楼梯，进入书房。他的刀下之鬼正坐在一张绿色的椅子上读书……当然，你可以重新阅读一遍这个故事，这一次你已经知道了坐在绿色椅子上的男人的命运。

在循环故事中，每当我们回到故事的开头时，每个新的“很久以前”都增加了一层叙事距离。如果我们采纳希尔伯特·申克在第 2 课的见解，即每个叙事距离层级都给故事创造了一个新的维度，那么这类循环故事就有了无限的维度。然而，我们永远达不到这些维度，因为我们总要在某个时间点让故事告一段落。我不知道人类创作的最高维度故事是什么，从某种程度上说，针对此项称号的竞争永远不会出现最终的胜利者，因为我们总是可以重新写一个故事，开头是“我曾经读过下面这个故事”，然后完整引用现在排名第二的故事。[1]

还是让我们回到默比乌斯带，至少有一位作家曾以更完整的方式运用了这个概念。英国作家加布里埃尔·约西波维奇于

---

1. 顺便说一句，古希腊语爱好者可能会感兴趣，类似这种方式的嵌入式叙述有时被称为“转喻”。《迷失在游乐场》中还有一个故事采用了多层转喻的模式。《梅涅莱阿德》就包含了整整 7 个嵌套故事。梅涅劳斯（斯巴达王）在自己如迷宫般的叙述中左冲右突，无功而返，他在绝望中说：“我何时才能穿过这一层又一层的故事，达到我最终的目标？”

1974 年出版了一部文集，名为《默比乌斯脱衣舞者》（*Mobius the Stripper*）。文集中的同名故事分为上下两个部分，你可以根据自己的喜好选择阅读顺序。上半部分的故事讲述了一个名叫默比乌斯的男人在夜总会表演脱衣舞，他试图通过脱掉身上的衣服让自己甩掉沉重的社会生活负担，回归真实的自我。下半部分的故事讲述一位作家陷入创作的低谷期，想要拓展写作思路，获得新的灵感。一个朋友建议他去观看默比乌斯的表演，作家由此受到启发，决定创作一个有关默比乌斯的故事，尽管他从未见过对方——下半部分的故事就此结束。我们可以看到，它与第一个故事形成了无缝衔接，但是这一次第一个故事变成了作家笔下的作品。

看起来，这有点儿像另一个平淡无奇的循环故事。然而，约西波维奇比这更聪明。正如在默比乌斯带表面的移动过程中我们已经看到的，任何一个点都存在一个与之相对的反面的点，你会在行进到全程的一半时抵达这个点。《默比乌斯脱衣舞者》恰如其分地反映出这层含义：两个故事中的事件彼此渗透进对方的情节中，就像默比乌斯带上的一滴墨汁会隐约渗透到另一面。这些故事的情节紧密地交织在一起，你几乎无法判断哪一个才是“真实的”——作家为真实的默比乌斯创作了一个虚构的故事，还是默比乌斯完全是想象出来的？如果是这样，作家的创作灵感又来自哪里？顺便说一句，默比乌斯带还有一个高维度的版本——一个没有内外之分的“立体物”，叫作“克莱因瓶”（以数学家菲利克斯·克莱因的名字命名）。如果你听说过取材于克莱因瓶的小说，一定要写信告诉我！

读者在《默比乌斯脱衣舞者》中可以选择两种故事情节，在《火焰山的魔法师》里可以做出更加多样化的选择。但是就目前为止我们看到的所有例子来说，尽管读者可以做出选择，但他们总要遵循作者预先设定的路线。即使是对第 1 课里提到的 100 万亿首十四行诗，你也要遵循规定组合每一行的诗句。然而，还有这样一类书，作者彻底抛弃了路线图。我们的组合阵容依然在顽强地竞争有史以来最划算的买卖——英国作家 B.S. 约翰逊于 1969 年创作的一本书，他的传记作者乔纳森·科称他为“20 世纪 60 年代英国的一人文学先锋”。[1] 约翰逊于 1933 年出生在伦敦，是个充满神奇色彩的人物。他的父亲是一家书店的仓库管理员，母亲做过女仆和服务员。他的人生历程并未遵循我们所期待的文学巨匠的成长道路。14 岁的时候，他进入一所专门培养学生从事办公室工作的学校，他在那里学到了“速记、打字、商务、文书保管和其他一些常用技能”。17 岁时他取得了学校证书，从理论上说，凭这个证书他可以进入大学读书，但是“从来没有人从金斯顿日间商务学校直接进入大学”。于是他找了一份工作。

5 年后，他的一位同事（他在一家烘焙店的工资部门当会计）给他拿来一份伯贝克学院的招生简章。伯贝克学院隶属于伦敦大学，它的所有课程都安排在晚间，这样白天上班的人也有机会接受大学教育。伯贝克学院成立于 1823 年，直到今天依然在正常教学——约翰逊与伯贝克学院的缘分令我异常兴奋，因为我曾经在那里任教近 20 年，我一直强调让人们在人生的任何阶段都有机会接受高等教育的重要性。约翰逊提交了入学申请，并成功入学，于 1955 年秋天开始在伯贝克学院读书。他取得了优异的成绩，随后决定成为一名全日制学生，在 23 岁时他转学到伦敦大学的国王学院。（尽管伯贝克学院的注册员还试图阻止他，说国王学院里“都是 18 岁的女孩子”。）他尝试创作诗歌、戏剧、电影和电视剧本，还为全国性报纸做足球和网球比赛报道，但最终令他功成名

1. 科创作的 B.S. 约翰逊传记可谓精彩绝伦，我在本书中提到的约翰逊生平信息大多来自这本书，值得一读。Jonathan Coe，*Like a Fiery Elephant*（Picador，2004）.

就的是他创作的 7 部小说。

他在每本书中都尝试一种新的写作手法。例如《艾伯特·安杰洛》（*Albert Angelo*）这本书的 147 页和 149 页上有一个大洞，这样读者可以提前看到 151 页上发生的事情——我们或许可以将其想象成故事线被添加了一个环。在《家母一切正常》（*House Mother Normal*）中，约翰逊通过 9 个不同的视角在 9 章里讲述了一个故事，除了最后一章，每一章的篇幅都是 21 页。这本书还有一个额外的结构，故事里的每个事件都出现在每一章相同一页的相同的位置上。于是单一的故事线变成了一系列相互叠加的平行曲线，也就是从一条直线变成了一个平面。令人心酸的是，每一章的叙述者都逐渐陷入深度的痴呆状态，随着他们的记忆变得愈加杂乱无章、支离破碎，这种由外部强加的结构或多或少成了屡遭混乱衰老蹂躏之后仅存的某种秩序。

约翰逊并不是这类叙事结构的首创者，《家母一切正常》实际上回应了菲利普·汤因比于 1947 年创作的一部短篇小说《与古德曼夫人喝茶》（*Tea with Mrs. Goodman*）。这部小说让分别在不同时间段进入并离开一个房间的 7 个人物讲述他们所目睹的事件，例如，4 号时间段由叙述者 C 在 C4 页讲述。但是《与古德曼夫人喝茶》极度缺乏人性化色彩，只不过是另一部为结构而结构的作品，文学如同数学，单纯展现结构必然会遭遇枯燥乏味、毫无意义的风险。正如乔纳森·科所写："他（约翰逊）把汤因比作品中所有枯燥乏味、过分学术化的元素都赋予了人性化色彩：文学实验并不能代替情感和同情的参与，而是实现这些东西的手段。"

1969 年，B.S. 约翰逊出版了小说《不幸》（*The Unfortunates*）。这是一本"需要被装在盒子里的书"，它一共有 27 章，除了第一章和最后一章是固定的，其余 25 章可以采用任何顺序阅读。这些章没有编号，也没有被装订在一起，因此没有固定的阅读顺序。

你的阅读体验完全是随机的，每一种阅读顺序都能给你不同的阅读体验，因为在读到某个情节时，你有可能知道也有可能不知道某些事情。《不幸》也并非探索随机阅读方式的第一部作品。在这本书出版的几年前，法国作家马克·萨波塔出版了《作品第一号》，这是一本完全散装的小说，读者可以按任何顺序从任意一页开始阅读。但是这种结构让讲述任何一种类型的故事都变得异常困难，而且它削弱了随机性的吸引力，正如约翰逊所写，它为写作素材强加了一种不同的结构，“另一个‘任意的单元’——页面以及能与之相搭配的类型”。

《不幸》从一个调皮的智力游戏变身为一部广受赞誉、内涵深刻的虚构作品，主要原因就是它的结构形式并非无中生有，作品的意义因这样的形式而得到升华。这部小说讲述的是一名体育记者报道一场足球赛的故事，其情节源于约翰逊真实的生活经历，他曾是《观察家报》的一名体育记者，有一次前往诺丁汉报道一场比赛。当抵达目的地火车站时，他惊讶地发现这里竟然是他与好友托尼·蒂林哈斯特第一次见面的地方，而他的朋友不久前死于癌症，年仅29岁。约翰逊讲述了那一天他如何“把对托尼的回忆和例行公事的比赛报道，把过去和现在以完全随机的方式交织在一起，毫无时间性可言”。在提交了最终版本的手稿之后，约翰逊在写给编辑的一封信中说：“至少对我而言，它的确代表了现在与过去在我头脑中随机的互动方式：这是一种随机性的设定，是装订成册的图书无法实现的。”

每个人阅读《不幸》之后，根据自己选择的顺序，都会构建出一本不同的书。那么，《不幸》盒子里到底能派生出多少本书？你或许会想，肯定是个庞大的数字！就让我们用一个简单的例子来感受一下吧，想想晦涩难懂的艺术级电影《超人总动员》。或许你还不知道这部影片，它是皮克斯动画工作室2004年的作品，讲述一个超人家庭的故事：超能先生、他的妻子弹力女超人和他们具有不同超能力的孩子。如果想想这部影片以及它在 2015 年的续集一共带来了多少票房收入，超能先生和弹力女超人的原创故事电影与观众见面不过是时间早晚的问题。实际上，在一番查找之后我发现，迪士尼在 2018 年出版了一本官方图书《无限伸展：弹力女超人前传》（*A Real Stretch: An Elastigirl Prequel Story*）。让我们假设，未来你打算体验一次马拉松式的观影，影片包括《超人总动员》、《超能先生前传》和《弹力女超人前传》。观看的顺序将会影响每一部影片给你带来的感受，那么你一共能获得几种超人三部曲的观影体验？第一部影片可以有 3 个选择；第二部，你已经用掉了一个选择，只剩下 2 部影片可以选择；第三部，你已经用掉了 3 个选择中的 2 个，所以只剩下 1 个选择。我们可以用图表列出这些可能性：

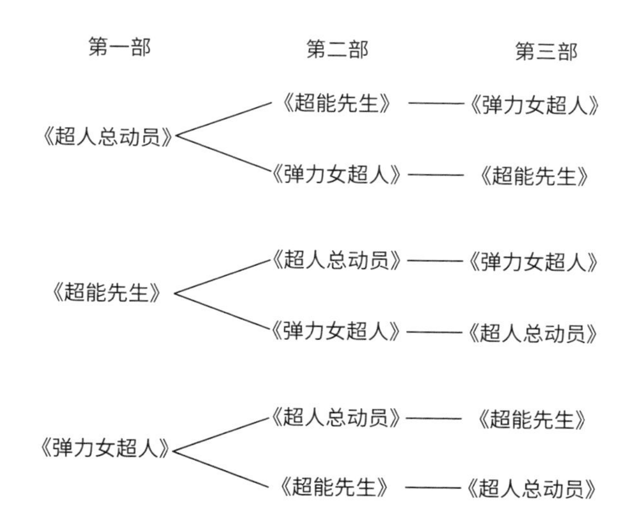

每个阶段可选择的影片数量都减少一个，因此三部曲的全部观影顺序是 $3\times2\times1=6$。

好了，热身结束，让我们从《超人总动员》回到《不幸》（可怜的作品）。根据这本书的阅读规则，第一章和最后一章是固定的，我们可以采用任意的顺序阅读中间的25章。这意味着你的第二章有25个选择，第三章有24个选择（你已经用掉了一个选择），第四章有23个选择，以此类推，直到第26章只剩下1个选择。因此阅读这本书就有以下这么多种方式：

$$25\times24\times23\times\cdots\times2\times1$$

对于这个计算过程，数学家有一种能节省笔墨的简略表达方式，我们将其写为25!（感叹号读作“阶乘”）。简单来说，数字N的阶乘就是该数字之下所有数字的乘积。正如我们看到的，$3!=3\times2\times1$。$N!$代表的数字就是将N个事物进行排列的所有方式，$N!$能在极短的时间内增长为极大的数字。如果真的把上面那个数字算出来，我们就会发现，$25!=25\times24\times\cdots\times2\times1=15\ 511\ 210\ 043\ 330\ 985\ 984\ 000\ 000$。

如果你真想知道，这个数字是15.5×10^{24}（我知道说不说都一样）。如果全世界的80亿人都放下手里的工作，每人每天阅读《不幸》的一个版本，也需要5万亿年以上的时间才能读完。所以想想我的读书俱乐部，有些人一个月连一本书都读不完（女士们，你们知道我说的是谁），我不得不遗憾地说，我们或许没有时间完成这项工作了。

或许某些《作品第一号》的粉丝想要抗议，称这部作品才是“有史以来最物有所值图书奖”的获奖作品，因为它能派生出更多的阅读版本，这倒是没错。它一共有150页，可以按任意的顺序阅读。这意味着（用我们炫酷的阶乘符号来表示）150!种可能的阅读方式，这个数字大得不可想象。用最接近的约整数来表示，它相当于6后面跟着262个零。但是，把一本书分成如此大量的零散碎片的确会损害叙事的质量，至少在我看来，也严重削弱了阅读的体验。因此，经过仔细、慎重的考虑，我依然决定把这个图书奖项颁给 B.S. 约翰逊。

介于完全以随机方式阅读一本书的各个章节与从第一章读到最后一章的传统阅读方式之间的，是胡里奥·科塔萨尔的实验性小说《跳房子》。科塔萨尔是 20 世纪最具创新精神的作家之一，以创作短篇小说著称，比如《放大》（米开朗基罗·安东尼奥尼于 1966 年执导了一部同名电影）和我前面提到的循环故事《花园余影》。《跳房子》的故事围绕着一位心怀不满的阿根廷知识分子奥拉西奥·奥利韦拉展开，书中的人物包括他与之交往的一群波希米亚乌合之众，尤其是他的恋人拉马加和小说家莫雷利（也是科塔萨尔的另一个自我），莫雷利正在创作一部“离经叛道、不拘一格、格格不入、稍具反小说意识（但并不反小说）的”作品。这本书的结构有点儿像跳房子游戏，你的双脚交替落在左边、右边和中间。整本书有 155 章，从第 1 章到第 36 章是“从另一边”，第 37 章到第 56 章是“从这边”，第 57 章到第 155 章是“从不同的边”——副标题是“可以放弃阅读的章”。读者被鼓励去“玩”这本书——从一章跳跃到另一章，成为故事的积极参与者。

科塔萨尔还用一页“导读表”指出了阅读这本书的两条路线。他写道：“根据其结构和读法，这本书包括许多本书，但主要包括两本。”第一本书可以按照正常的方式去读，从第 1 章开始按顺序阅读，到第 56 章结束。“这一章的末尾印有 3 个明显的星号，这等于‘结束’。因此，读者可以问心无愧地放弃阅读以后的各章。”当然，他其实并不想让你这么做，或者至少不只是采用这一种阅读方式。他想让你走第二条更有趣的阅读路线，我马上就会解释清楚。这本书包含了大量的文化典故，其中最明显的是许多相当微妙甚至直截了当的暗示，针对我在第 2 课提到的另一部伟大的曲折叙事作品《项狄传》。

而暗示的内容之一，就是令人厌恶的读者分类——严格按照图书装订顺序从头至尾阅读的书呆子，和充分享受阅读乐趣的创造性读者，也就是女性读者和男性读者。翻看我手里的《项狄传》，我发现第 20 章的开头部分就是让女性读者重新读一遍上一章，似乎她们错过了有关项狄母亲的重要内容。当她们回去重新阅读的时候，项狄告诫其余读者：

> 我硬要这位女士悔过，既不是出于胡闹，也不是出于无情，而是出自最良好的动机，因此，当她回过头重新阅读时，我不会为这个向她道歉——这是对已经蔓延至包括她在内的成千上万的人身上的读书恶趣的一种谴责，他们直接往前读，为的是追求冒险刺激，而不是从这类书中获得深刻的学识，而如果阅读得当，本书无疑会给他们带来更多益处——头脑应当习惯于进行明智的反思，并在思考的过程中得出严谨的结论。

科塔萨尔也说过类似的话："在《跳房子》这本书里，我指出并攻击了那些无力与这本书展开真正的爱情之战的女性读者，就像约伯与天使的那场战争。"我也许可以原谅劳伦斯·斯特恩（1714—1768）的此类命名法，但难以忍受胡里奥·科塔萨尔说出的这番话。

科塔萨尔在导读表里还介绍了《跳房子》的"跳跃"阅读路线。第二部从第 73 章开始阅读，"然后按照每章结尾处所指出的次序继续读下去。如果搞混或忘记了，可以查阅下表"，下面是阅读顺序列表：73—1—2—116—3 等等，其中掺杂了第 1 章到第 56 章的部分章节，以及"可以放弃阅读的章"中的内容。无论选择哪种阅读方式，你都会错过一些内容。"按部就班"地阅读能让你读到一个完整的故事，但你看不到 200 多页的"可以放弃阅读的章”，包括其中的脚注、题外话和报纸摘要故事。“跳跃”阅读路线似乎包含了全部内容，但其实巧妙地遗漏了一章——第 55 章。（如果你不守规矩非要去读这一章，我只能睁一只眼闭一只眼。）同样，如果严格遵循作者的指示，你永远也读不完这本书。当第 77 章结束后，你已经读过了所有的章，除了第 55 章、第 58 章和第 131 章。第 77 章把你带到第 131 章，第 131 章把你带到第 58 章，第 58 章又把你带回第 131 章。科塔萨尔让你陷入了一个无限循环！他创造了一个文学悖论——一本既有限又无限的书，如果你老老实实地依照他的指示阅读。当然，真正有创造力的读者绝对不会甘心受科塔萨尔的摆布，他们会选择自己喜爱的阅读方式。

* * *

假设你决定从第一章开始老老实实地读这本书，那么你会看到数学在诸多隐性文学结构中所发挥的作用。下次当你阅读一首诗时，你就知道它的格式和韵律中隐藏着重要的数学结构。你现在应该已经了解阅读一本书的不同方式，以及作家在创作一部作品时为读者提供的阅读方式，它们都对故事的结构和篇幅产生了数学层面的影响力。一路上，我们还探索了乌力波那美妙又神奇的世界，你知道了如何量化漏字文的难度，以及如何用 10 个诗节构建起 100 万亿个诗节。[1] 更重要的是，我希望我已经阐明了这个观点：每部文学作品都有特定的结构，而每种结构的背后都隐藏着值得深入探索的有趣的数学知识。

1. 我故意不说“sonnets”（十四行诗），就是想炫耀不使用字母 e 的漏字文功底。

代数学的引喻——数学的叙事用途

| 第二部分 |

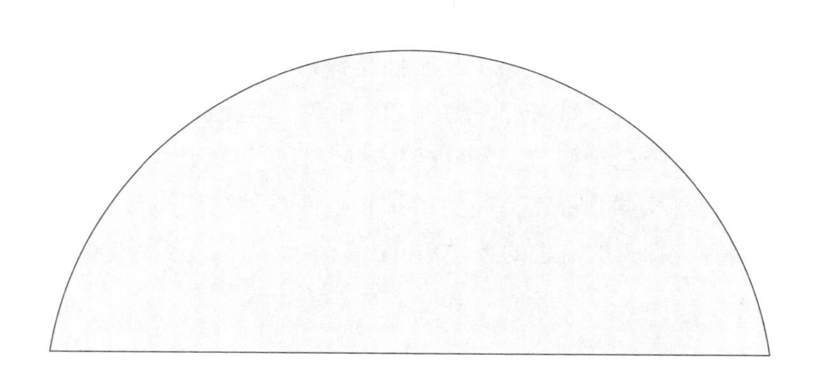

PART

II

第5课

童话人物：虚构作品中数字的象征意义

为什么一次要许下3个愿望？为什么是第七个儿子的第七个儿子会拥有魔力？有那么几个数字——包括3、7、12和40——似乎拥有极其特殊的含义，它们经常出现在宗教文献、童话故事、格言谚语和童谣里。我试着搜索大脑中的记忆，在习惯用语和寓言故事中翻找那些与科学沾不上边的数字，结果找到了麦克白的3个妻子，白雪公主的7个小矮人，古希腊神话里的命运三女神、美惠三女神和缪斯九女神，伊斯兰教的五大支柱，还有《圣经》里提到的七宗罪、耶稣十二使徒、以色列十二支派、挪亚洪水肆虐的40个日夜，第七封印，等等。有些数字所代表的象征性意义和文化意义远远超过了它作为一个单纯数字所具有的意义。这难道是一种巧合，还是说有什么数学上的特殊原因，给它们笼罩上一层神秘的色彩？而我想让你相信，至少在某种程度上，的确存在这样的原因。

在本书的第一部分，我们研究了数学如何出现在文学的基本结构中。如果沿用文学房屋的比喻，第二部分就是关于数学如何装修这所房子。无论是文字本身还是文学作品中的隐喻和修辞格，我们都能从中发现数学的身影。这一章我将从数学最容易识别的表现形式——对数字本身的使用开始。（我会把托尔斯泰的微积分隐喻放在后面。）

为什么在文学中某些数字比其他数字更有文化意义和文学色彩？对数学家来说，这是一个颇具挑战性的问题，再怎么说所有数字都是我们的朋友（我姐姐 5 岁时就曾对妈妈说过这样的话，那是在她投身物理学的黑暗势力之前）。数学家如果仔细思考任何一个数字，总能发现它独特又有趣的地方。几年前我曾接受英国杂志 *Oh Comely* 的采访，因为我是一名数学家，又恰逢该杂志即将出版第 22 期，于是他们问我对 22 这个数字有没有什么特殊的解读。一开始，我不确定——它既不是质数也不是平方数，之后我放弃了对 22 的纠结，决定谈谈近期遇到的一个妙趣横生的数学难题，它要求你说出以下序列 1, 11, 21, 1211, 111221, …的下一项是什么。你可以先停在这里，试着猜测一下。这样的序列被称为“外观数列”，即序列的每一项都是对前一项的描述。序列的第一项是“1”，也就是“一个 1”，于是第二项就是 11。而 11 是“两个 1”，下一项就是 21。21 是“一个 2、一个 1”，下一项就是 1211。接下来就是 111221，以此类推。你也可以随意挑选一个数字作为起始项，制作出这样的数列。[1] 信不信由你，在无穷多的数字中，有且仅有一个数字能以固定不变的方式出现在这个序列中。也就是说，当描述前一个数字的外观时，你总会得到一个相同的

1. 假设我们以 42 作为外观数列的起始项（毕竟《银河系漫游指南》把 42 这个数字作为“生命、宇宙和万事万物”的答案），我们就会得到这样一个序列 42, 1412, 11141112, 31143112。加拿大作家西沃恩·罗伯茨在 2015 年为才华横溢的数学家约翰·康威做传，其中提到他在仔细研究“外观数列”之后，发现了一些真正了不起的属性。如果你觉得自己有足够的脑力，可以试着上网去搜索，看看一个小小的谜题如何引导出了无数神奇的数学概念。

数字。猜猜这个数字是什么？没错，就是22。我大费周章地讲述这个极端巧合的故事就是要提醒大家，所有的数字都具有不同凡响的特征，只要你能给它们一个表现的机会。

还是让我们回到有关魔力数字的讨论上来，人类学家将它们称为“模式数字”。每个较小的模式数字都具有独特的个性，不同的文化有不同的喜好——尽管我觉得那些较小的奇数，尤其是3和7，似乎能引起更广泛的文化共鸣。而数值较大的模式数字之所以存在，并不是因为它们独特的个性，而是出于以下3个原因（又是“3”）。或许在你看来，要想让自己与众不同，肯定要挑选一个约整数，比如10、12、40（我们在后面还会谈到40具有更多的象征意义）、100或1 000。这些数字，尤其是10的更高的幂，通常都不表示字面上的数量（“我都跟你说过一百遍了”），而是表示一个非常大的数量。爱尔兰人通常会用十万个欢迎（céad míle fáilte）恭迎你的到来。英语的生日祝福语“Many happy returns”用中文表述就是“长命百岁”。在动物界，英语的“百足蜈蚣”（centipedes）其实只有42条腿。而同样的生物在德国就有了1 000条腿（Tausendfüßler），俄语的сороконожка还算比较贴近事实（сорок的意思是“40”）。

给大数赋予特殊含义的第二个方法是基于一个较小的魔力数字进行某种外推。在《旧约·创世记》中，我们读到如果该隐遭报7次，那么拉麦就要遭报77次。（拉麦活到777岁也算是另一个层面的外推。）《圣经》里还多次提到了数字70和7×70。

能让大数登台的第三个原因就是它接近一个约整数。99和999等数字在我们看来像是某种上限——它们都是在不需要增加位数的情况下就能得到的最大数字。（这就是为什么零售商利用心理技巧把商品定价为99美分或9.99美元。）在伊斯兰教的信仰中，据艾布·胡莱赖所转述的一道圣训，安拉有99个尊名（也就是 100–1），能说出所有这些名字的人就能升入天堂。在某些传统习俗中，这 99 个尊名都指向至高无上的第 100 个尊名（例如，在苏菲派中它是“我是”）。相比之下，一个稍大于约整数的数字也被用来强调巨大的规模。想想阿拉伯民间故事《一千零一夜》，还有我们习以为常的表达方式“一年又一天”，经常用来描述神话故事中的英雄人物历经千辛万苦回到家乡。甚至莱波雷洛在莫扎特歌剧的著名咏叹调中称唐·璜有“mille tre”（1 003）个情人，这还只是在西班牙！

较大的约整数以及与它们相邻的数字都与我们的计数系统有关，也就是以数字 10 为基础的进制。这不是数学上的原因，而是解剖学上的原因：10 是我们在手指用完之前能数出的最大的数字。有些文化采用 5 进制（一只手）或 20 进制（手指加脚趾），我们有时在日常用语中还能发现这类进制残留的痕迹——三个 20 和一个 10（又一个《圣经》中的 70），或者法语的 99——“quatre-vingt-dix-neuf”，直译过来就是“4 乘以 20 加 10 加 9”。一个老谋深算、有 6 根手指的女性火星人或许不会连续讲 1 001 夜（10^3+1）的故事，而只会讲 217 夜（6^3+1）的故事。

在我们列举的大数中，40 和 12 似乎有点儿不大合群。12 其实是个非常有意义的数量概念，因为从数学上看它有很多因子。12 可以被 1、2、3、4 和 6 整除，所以一打东西可以较为方便地在几个人中平均分配。在古老的英国货币体系中，1 先令等于 12 便士。这意味着你可以方便地铸造半先令（6 便士）、1/3 先令（4 便士或 1 格罗特）、1/4 先令（3 便士）和 1/6 先令（2 便士）的硬币。顺便说一句，如果你允许我在这里发发牢骚，《哈利·波特》中的巫师货币（从数学上看）是虚构故事里最不合理的货币制度，因为它不可能出现在一个自然演化的货币体系中。那里的货币有 3 种面额：29 铜纳特等于 1 银西可，17 银西可等于 1 金加隆。29

和 17 都是质数，它们根本不可分割，你甚至不能有半个加隆。真是胡来！

尽管我们这些麻瓜如今普遍使用十进制的货币制度，但我们依然一打一打地购买鸡蛋，依然把一年分成 12 个月和 4 个季度，每个季度有 3 个月，依然让钟面刻有 12 小时。我们古老的长度单位 1 英尺[1]等于 12 英寸[2]。1 英寸究竟是多长？很简单：英格兰国王爱德华二世于 1324 年宣布，它等于“3 个饱满、干燥的大麦粒的长度”。我不大熟悉制鞋业的发展趋势，所以不敢肯定他们是否依然沿袭爱德华国王的谕令，即鞋子相邻尺码间的长度差是一个大麦粒的长度。12 所具有的文化意义包括耶稣十二使徒、圣诞节的 12 天、格林童话《十二兄弟》中变成乌鸦的 12 个王子。你或许还记得那 12 个喜欢跳舞的公主，她们每天晚上搭乘 12 只船穿过魔法湖，与 12 个王子跳舞，直到黎明。

正如 12 是个“好”数字，12 加 1 产生的数字 13 受此牵连就变成了一个“坏”数字。耶稣十二使徒加上耶稣本人出席了最后的晚餐，我们都知道随后发生了什么。然而我们一家人都喜欢数字 13：不仅因为我的丈夫和女儿的生日都是 13 日，还因为至少在连续 3 年的时间里，由于女儿们狂热追捧泰勒·斯威夫特，我不得不在每年的 12 月 13 日制作一款生日蛋糕。与此同时，12+1 作为数字 13 的特殊属性，还派生出“面包师的一打”的俗语。这句俗语起源于英国早年间的法律规定，面包师必须整打出售面包卷之类的商品，而且不能低于标准分量。为了避免违规，面包师通常会在一打面包卷中多加上一个。

40 也是个极为有趣的数字。它所代表的重要文化意义让它出

1. 1 英尺 =30.48 厘米。——编者注
2. 1 英寸 =2.54 厘米。——编者注

现在从《阿里巴巴和四十大盗》到耶稣在沙漠中禁食 40 天，以及摩西在西奈山上度过的 40 个日夜等极为广泛的文化现象中。如果我们打个盹儿，通常会说“眨眼 40 次”。英国人都知道，如果圣斯威逊节那一天下雨，接下来的 40 天都会下雨。当然，我们也别忘了有 40 条腿的俄罗斯蜈蚣。再比如，“隔离”（quarantine）这个词就源于中世纪外来人士造访威尼斯时必须单独居住 40 天（quaranta），以防止瘟疫传播。[完全巧合的是，40（forty）还是“英语中唯一一个按字母表顺序排列的数字”。]

40 作为 10 的倍数，的确是个“约整数”，但这个解释还远远不够，因为 30 和 50 等数字并没有被赋予同等重要的意义。还有其他一些原因让 40 如此得势。首先，它的“约”并非仅适用于十进制，还适用于二十进制，它等于两个 20。有一项解释借用了时间跨度的概念，称 40 与 42 接近，而 42 天是 6 个星期。但或许真正的原因并不是数学层面上的，而是与生物学有关。我个人对有生以来曾两次数到 40 的经历极为敏感，因为人类的孕期就是 40 周。或许就是这个原因，数字 40 与一个准备期的结束并迎接重大改变的过程产生了关联。

我们来谈谈较小的模式数字。你应该还记得，在这一课开始的时候我曾搜肠刮肚地寻找一些模式数字，结果找到了很多 3 和 7 的例子，还有少量的 5 和 9。这是否意味着所有较小的模式数字都是奇数呢？并非如此，如果非要说这些数字有什么共同点，只能说我脑袋里的东西都很奇怪，我的家人和朋友本可以直言不讳地告诉你这一点。

我们所有人都是我们所继承的遗产的产物，但是从更广泛的传统中探索，民间故事和传说会产生一幅迷人的画面。在某些文化中，数字 4、6 和 8 扮演了重要的角色。我想先谈谈这些偶数，之后再来关注从 3 开始的奇数，因为我相信，在所有较小的模式数字中，3 对叙事结构产生了最为深远的影响。

数字 4 在欧洲的民间故事中几乎没有露面的机会，只能在英语小说作品里客串一两个角色：T.S. 艾略特的《四个四重奏》、约翰·厄普代克的“兔子四部曲”、苏格兰作家阿莉·史密斯的《季节四部曲》——4 本以季节为名环环相扣的小说。在儿童文学领域，你或许记得 C.S. 刘易斯《纳尼亚传奇》中的佩文西家四兄妹彼得、苏珊、露西和爱德蒙，以及霍格沃茨的 4 个学院格兰芬多、拉文克劳、赫奇帕奇和斯莱特林。这些作品存在明显的相似之处，我不是第一个注意到这一点的人——至少可以说，它们都把人性划分为勇敢、聪明、善良或邪恶。纳尼亚之神狮子阿斯兰称佩文西家四兄妹是罗盘上的 4 个点（例如彼得在北方），不言而喻地表明了为什么数字 4 作为一个神圣的数字出现在世界的 4 个角落（看到我们躲不开这个数字了吗？）。这个现象在美洲原住民的创世故事中极为普遍，当然，我会用 4 个例子来说明这一点。

在苏族和拉科塔族的创世故事中，创世之神通过吟唱 4 首歌曲建立一个新世界。第一首歌曲令天空下雨，第二首歌曲令雨势渐强，第三首歌曲令河水泛滥。之后他唱起第四首歌曲，并跺了 4 次脚，大地开裂，洪水淹没整个世界，吞没了所有的生命。然后，他派遣 4 个动物潜入水中去捞起一块泥土。潜鸟、水獭和河狸都未能完成这项任务，只有乌龟成功了。创世之神把这块泥土捏合成新的大陆，然后他用 4 种颜色的泥土——红、白、黑、黄——做出了男人和女人。

奇兰族的故事讲述了狼家四兄弟分别手持一股、两股、三股、四股钢叉，杀死了大河狸，将它的肉分成 4 块，从而形成了 4 个部落。切罗基人认为大地是漂浮在海洋中的巨大岛屿，由分别代表 4 个神圣方位的 4 根巨绳吊起，以免沉入海中。而根据纳瓦霍人的传说，我们都居住在第四世界里，我们的下方有 3 个世界，分别被动物、昆虫和灵魂占据。当人们来到第四世界（我们的世界）时，他们命名了4座圣山和4块圣石，将其作为大地的边界。太阳的妻子“不断变化之女”用自己的肌肤创造了4个部族，他们都是戴恩人的后代，后来演化成纳瓦霍人。我最喜欢的一个传说是纳瓦霍诸神布置天空的过程，在放置好4座圣山之后，他们把太阳和月亮放在天空，然后依据精心设计的图案来摆放星星。然而郊狼等得有些不耐烦，他们扯过陈列着星星的毯子，将它们随意丢向天空。这就是为什么虽然神祇都钟爱秩序，但星星却混乱地散布在夜空中。

罗盘上的4个方位为我们指明了地表的方向，如果再加入上、下两个方位，我们就能在空中利用6个方位进行导航。然而，人类在空中翱翔不过是近代才获取的能力（伊卡洛斯的尝试毕竟以失败告终），因此，数字6在传统文化中所代表的意义远远小于数字4。犹太教和基督教的传统称，世界在6天内被创造出来，第七天是安息日，上帝需要休养生息。

数字6具有非常美妙的数学特征，它既是前3个数字的和也是它们的乘积，即$6=1+2+3=1\times2\times3$。而且它被早期的神秘主义者视为“完美的”数字，因为6能被1、2、3整除，6也是它所有因子的和（应该说“真因子”，因为从严格意义上讲，6也是它自身的一个因子）。这意味着6是其自身基本构成要素完美而精确构建出的产物。圣奥古斯丁曾说，这就是为什么上帝要选择在6天内创造整个世界，而且创世周期的时间结构恰好是$1+2+3$——第一天“要有光”，之后的2天创造大地和海洋，之后的3天创造所有的生物。继6之后的一个完美数字是28，因为$28=1+2+4+7+14$。古希腊犹太哲学家亚历山大的斐洛写道，6作为一个完美的数字使得创世的过程在6天内被完成，完美的数字28也使得一个阴历月有28天。

如果让我出个损主意，我建议你用一支笔和一张纸，试着找出接下来的 3 个完美数字。这恐怕要花点儿时间。6 和 28 之后的完美数字是 496，然后是 8 128，然后一下子来到了 33 550 336。我从未在任何神学作品中看到过后面这 3 个数字。至少在两千年前，人们就开始了解、研究、搜索完美数字了，但它们非常罕见。截至本书写作时，只有 51 个完美数字被发现——我们不知道还有没有更多的完美数字[1]，最后一个完美数字被发现于 2018 年。因此，从数学意义上讲，6 是一个极为特殊且罕见的数字。

说到文学，把数字 6 作为重要元素的民间故事并不多，而且我觉得即使出现 6，通常也被理解成“7 减 1”，而非 6 本身。有几个德国民间故事都出现了 7 个孩子：一个姐姐和 6 个弟弟。我还看到过 12 个孩子的故事：一个姐姐和 11 个弟弟。我觉得更合理的解读是强调数字 7 和 12，而不是 6 和 11，当然，我欢迎民俗学家把他们有关神话传说中使用数字 6 的论文寄给我。

在中国的传统文化中，有些数字因发音而被赋予或吉或凶的色彩，因为中文的发音随语调变化具有不同的意思。“8”的发音与“发”相似，因此被认为是个吉利的数字，人们往往会想办法让数字 8 出现在重要的活动里。而“4”的发音与“死”相似，于是它就被视为不吉利（糟糕，我的生日就是 4 月 4 日）。但这都是语言学上的意义，与数学无关。

有些文化虽然未曾给数字 8 赋予幸运的含义，但有时也会出现这个数字。波斯诗人阿米尔 · 库斯劳 12 世纪的诗作《八个天堂》，就得名于传统文化中 8 个来生天堂的概念（比 7 层地狱多一个，因为上帝是仁慈的），8 个天堂被 8 扇门包围。这部作品在以英语为母语的国家中并不出名，但你应该熟悉从这个故事里派生

---

1. 我相信肯定还有，但只是一种直觉，还没有人能给出一个圆满的数学证明。

出的一个词语“锡兰三王子”。（锡兰是古波斯语对斯里兰卡的称呼。）英国作家霍勒斯·沃波尔曾经冥思苦想一个词语来描述某个幸运的事件，他就想到了这个故事，其中的王子“总是凭借运气和睿智发现一些意料之外的东西”。于是从1754年开始，英语中出现了“机缘巧合”（serendipity）这个词。

我还没有提到最简单的数字，也就是1和2。它们的意义如此重要，以至我们往往对其视而不见。如果因为《美女与野兽》里有一个美女、一个野兽、一座城堡、一个女巫、一朵玫瑰，还有一只会说话的茶壶，我们就因此断定故事里全是数字1，那就太荒唐了。从某种程度上说，数字1有别于其他所有数字，这个说法在数学上也是成立的。尽管质数的定义是不能被分解成更小因子的数字（因此3是一个质数，因为它只能被分解成3×1或1×3，但6就不是质数，因为它能被分解成2×3或3×2），但我们把1排除在质数之外。然而，1是所有数字的基本构成要素。我们让1不停地与自身相加，就能构建出所有的数字，或者至少是整数。它是一切的起点。但与此同时，如果你只有一样东西，你就不需要“计数”的概念了。

数字2与之类似。尽管它的重要性毋庸赘言（比如它是第一个也是仅有的一个偶质数），但它作为模式数字似乎并不额外受宠。双重情节分支早已不足为奇，也就是说，几乎所有的童话故事都存在善与恶的对立，例如白雪公主与邪恶皇后。从数学的意义上说，数字2是第一个偶数，也是第一个能被分为两个相等整数的数字。二进制算法把所有的数字都表示为1和0的组合（或真/伪、或善/恶，取决于你的偏好），它是所有计算机系统的基础。（它还派生出一个古老的笑话，说世界上只有10种人：懂得二进制的人和不懂二进制的人。[1]）

偶数能被一分为二，形成一对相等的整数，我个人觉得，这个特点或许是让它们在作为较小的模式数字时，与奇数所扮演的角色稍有不同的原因之一。数字3、5、7之所以显得尤其“强大”，是因为它们不可分割。它们作为奇数无法被分成两个相等的整数，而且它们还是质数，根本无法被分解。与之相比，数字9不是质数，但我们只能把它分成3个3。如果数字3在你的文化中已经是一个模式数字，那么数字9就很可能被赋予了特殊的意义。莎士比亚在《麦克白》中就是用这种方式将9作为3的放大版的。3个女巫做出3个预言，分别用3个称谓赞颂麦克白（葛莱密斯爵士、考特爵士、未来的君王），她们算是邪恶版本的三位一体。下面是她们围着火堆唱的歌：

手牵手，三姐妹，
海洋陆地须臾间，

因此，请务必：

你三次，我三次，
再三次，成九次。

9还能被进一步放大。在第一幕第三场，女巫甲诅咒一位水手，因为他的妻子对她出言不逊：“疲劳星期9乘9，气断神疲精力消。”换句话说，妖法将持续81个星期。

---

1. 这里还有一个仅供数学家欣赏的高阶笑话，世界上只有10种人：懂得二进制的人、不懂二进制的人，和那些没想到这个笑话会出现在三进制上的人。

9 也可以用同样的方式被引申为 99 和 999——近似一个大的约整数。我们有时能在中国的民间传说里发现这些数字。在《九头鸟》的故事里，这只怪鸟绑架了一位公主，当英雄赶到鸟的洞穴时，发现公主正在给九头鸟疗伤。“因为天上的猎犬咬掉了他的第十个头，伤口还在流血。”

还有一些故事，讲从前天上有 10 个太阳（10 表示数量巨大），后来其中 9 个太阳被一名弓箭手后羿射落，从此天上只剩下一个太阳。

猫是个极其幸运的生物，因为它有 9 条命，至少是在以英语为母语的国家里。墨西哥、巴西、西班牙和伊朗的猫则有 7 条命，这是另一个吉祥的数字。数字 7 既是奇数又是质数，因此具有格外重要的象征意义。在望远镜出现之前，我们能看到空中的 7 个天体，它们能较为自由地移动。这 7 个天体是太阳、月亮和其他 5 颗行星：水星、金星、火星、木星和土星。数字 7 因此被赋予了重要的意义。加上 7 天组成一个星期，而 4 个星期恰好等于一个阴历月，几乎完美地阐明了我们为什么要让一个星期包含 7 天，以及为什么有那么多的创世故事称世界是在 7 天里形成的，或许也说明了为什么在一个不大具有开天辟地色彩的层面上白雪公主会遇到 7 个小矮人。

与数字 7 的天文学象征意义不同，数字 5 的象征意义出现在解剖学上：它就是我们的一只手掌。伊斯兰教的五大支柱、锡克教的五大符号，都是能用一只手数得过来的东西。古希腊人认为自然界由四大元素组成，但中国人偏重五大元素：火、土、金、水、木。对几何学家来说，5 与其相邻的数字相比算是一个另类。艺术家能用正三角形、正方形、正六边形组成富有规律的图案（蜜蜂也擅长采用最后一个形状），但是当面对正五边形时就束手无策了。然而，对于平面上的 5 个点，你可以画出一个星形。更有趣的是，你可以用一条连续不断的线条画出这个图形，从一个点移动到另一个点，而不需要让笔离开纸面。如果点的数量小于5，这件事就只能作罢。如果尝试连接6个点，你会发现只能画出两个相互交错的三角形。与炼金术相关的民间故事把五角星与召唤魔鬼等恶作剧联系在一起，因为人们相信它是一种护身符，能阻止魔鬼逃出它那连续不断的边界。在歌德的《浮士德》中，梅菲斯特无法离开浮士德的书房，因为门上画着一个五角星。但请稍等一下，浮士德问道：

> 那五角星禁锢了你？
> 为什么，现在告诉我，你这地狱之子：
> 如果它能挡住你，你又是怎么进来的？

梅菲斯特说，五角星的最后一条线还没有被画好——有个缺口还留着，两条线没有完全连上。就是因为这个小小的失误，梅菲斯特才能出现在房间里，但这个五角星也足以防止他肆意妄为了。仅用一把直尺和一只圆规就能画出一个完美的正五角星，这个技巧至少在两千年前就被数学家掌握了。如果浮士德多了解一些几何学，这次不愉快的遭遇就不会发生了。

在结束这一章之前，让我们把数字3彻底剖析一番。3在西方人的头脑中有着不可撼动的地位。如果你能找到，我强烈建议你读一读美国人类学家阿兰·邓迪斯在1968年写的一篇文章《美国文化中的数字3》[1]，书中列举了日常生活中铺天盖地的“3”。在

1. 文章标题为“The Number Three in American Culture”，in *Every Man His Way: Readings in Cultural Anthropology*，（Prentice-Hall，1968）。据说，邓迪斯作为一位美国民俗学者毫不畏惧争议，他写过一篇文章“进入得分区达阵得分”（“Into the Endzone for a Touchdown”），讲述了美国橄榄球语言和仪式中隐藏的同性恋潜台词，为此遭到死亡威胁。

儿歌中，三叠句屡见不鲜，无论是单字的重复（划、划、划小船）还是短语的重复（你认识那个松饼人，松饼人，松饼人吗？）。同样的现象延伸到我们的日常用语上——毕竟没人愿意接受“两次欢呼”（表示有保留地赞同）。我们识字都是从 ABC 开始的，而不是 ABCD。比赛开始前的口令是“各就各位，预备，开始”，前三名分别能得到金牌、银牌和铜牌。3 个字母组成的缩略词随处可见：JFK、VIP、SOS、DNA、HBO，别忘了还有 USA。服装的尺码是小、中、大（即使还有更多的尺码，也都要参照这 3 个字母——XS、XXS、XL、XXL 等等）。由 3 个词构成的短语比比皆是：“鱼钩、鱼线、铅锤”（有受骗的意思）、“扳机、枪托、枪管”（完全彻底）以及“美酒、女人、歌声”。我们还喜欢把重要的事情说 3 遍：真相，全部真相，只有真相。这本书共有 200 多页，邓迪斯在书的结尾处写道：“如果任何人胆敢质疑美国的三模式文化，让他至少说出 3 个站得住脚的理由。”

在文学作品中，我们最容易察觉到的“3”是故事里的 3 个角色：3 只小猪、3 只坏脾气的山羊、3 位善良的仙子、3 只熊。有太多的故事讲到 3 个兄弟去完成一项任务，前两个兄弟不出意外地都铩羽而归，第三个兄弟，最年轻、最勇敢、最聪明也最被人低估的那个往往成功了。或者是三姐妹（比如《美女与野兽》）：两位姐姐通常是虚荣、丑陋、愚蠢的混合体。有时候她们是同父异母的姐姐，比如《灰姑娘》。而最小的妹妹往往代表着谦逊、美丽，最终和英俊的王子喜结连理。三人物的故事甚至会派生出一些相同模式的笑话，比如一位部长、一位牧师和一位拉比之间发生的事情。数学家有时也会自嘲，他们会讲一个有关物理学家、工程师和数学家在遇到某个问题时反应不同的笑话。

无论是童话还是笑话，叙事结构基本上一致：角色遭遇两次同样的情形，两次的结果基本相同，当第三人遭遇同样的情形时，意外就出现了。在笑话里，两个“正常”人都做出正常的反应，最后的傻瓜必然有荒诞之举。在童话里，这个模式正好相反。前两个角色必然遭遇失败，第三个人必定成功。比如前两只小猪用稻草和木头盖房子，第三只小猪用石头盖房子。前两个兄弟拒绝帮助丑陋的老太婆，但最小的弟弟慨然相助，显然那是一个假扮成老太婆的美貌女神，她给最小的弟弟带来无尽的财富。采用这类叙事结构的原因也很简单，同样的现象出现两次让我们形成某种认知规律，而第三次的尝试打破了这个规律，既让我们感到惊喜，也给我们带来了满足感。

当然，包含数字的文学作品不仅仅是童话故事，但丁的《神曲》也充满了大量的数学隐喻，其中一些数字被赋予了特殊的意义。但是在书中，数字 3 无论是在结构设计上还是在象征意义上，其重要地位都不可动摇。毫无疑问，这来源于“3”的重要宗教意义，对但丁来说，就是三位一体（圣父、圣子、圣灵）。《神曲》共分 3 部：《炼狱》、《天堂》和《地狱》，前两部各有诗歌 33 篇，后一部特立独行，共有 33+1 篇（毕竟是地狱，我猜），合计 100 篇。每一篇诗歌所使用的体裁都是但丁的独创，叫作“三行体”：每节 3 行，采用相互交错的押韵格式：aba、bcb、cdc、ded、efe，以此类推，直到诗篇结束。（每一篇诗歌的结尾都是单独的一行，其韵脚与上一节中间那一行的韵脚相同——借用上面的例子，该韵脚就是 f。）相互交错的押韵结构，以及诗节与诗节之间优雅的衔接方式，为整部作品赋予了额外一层“3”的含义，因为除了第一句和最后一句，其余所有的韵脚都恰好出现 3 次。地狱有 9 层（3 乘 3），并分为 3 类，分别对应 3 类罪行。天堂也有 9 层，即九重天。在《天堂》的最后一篇，第 33 篇，当但丁即将拥有上帝的视野时，他看到“3 个圆环，3 种颜色，一个容积”——换句话说，他看到了 3 道完美的彩虹。

怎样才能解释数字 3 在我们心目中如此重要的地位呢？我认为，三角形特殊的性质和数学上的三分法是令“3”得以功成名就的关键。几何学里的“3”极其特殊。首先，它是定义一个二维平面所需的最少的点数。如果你只有两个点，那么你只能得到一条直线，而 3 个点（前提是它们不能排列成一条直线）能形成一个三角形。不仅如此，假设你想用木棍搭建出一个坚固、稳定的结构。两根木棍什么都做不了，你只能把两根棍子的一端连在一起，另外两端毫无用处。但如果我有任意长度的 3 根木棍，我就可以把它们连接成一个三角形，而且只有一种连接方式。如果你手中木棍的长度与我的相同，也把它们连接成一个三角形，那么这两个三角形应该是一模一样的。这也是数字 3 的第二个特殊之处。任何比 3 大的数字都不具备这项特征。假如是 4 根木棍，它们能组成无限多的四边形。即使在极特殊的情况下，比如我让所有木棍的长度都相等，也存在无限多的可能性。你只需要先做出一个正方形，然后从两个对角开始挤压，一系列越来越狭长的菱形就会形成。三角形是唯一不能用这种方式改变形状的直线图形。这就是为什么钢结构的建筑物，比如房屋的圆顶，最基本的构件都是三角形，它是最坚固的形状。

数字 3 的第三个（当然）几何学特征在于，3 是一个平面上各点之间能形成等距关系的最大点数。一个等边三角形的 3 个顶点之间距离相等，你不可能在一张纸上画出相互之间距离相等的 4 个点。（三维空间里的 4 个点的确能形成等距关系，我们管这类形状叫作正四面体，但即使如此，这个形状也是由 4 个等边三角形组成的。）三角形的几何学特征或许让我们感觉到数字 3 具有某种完整、强大、平等的含义。正如 3 个火枪手所说：“人人为我，我为人人。”数字 2 只能表示上或下、左或右、北或南的直线状态，而有了 3，突然间我们进入了一个崭新的空间。

数字 3 的最后一层数学含义就是“三分法”。假设你面前摆着一条数轴，你用笔在数轴上标出一个点 x，那么所有的数字都与 x 存在某种关系，而且只有 3 种可能性（即三分法）：小于 x、等于 x，或大于 x。这种三分法广泛出现在数学研究的各个层面。任何一个角要么是锐角（小于 90 度），要么是直角（等于 90 度），要么是钝角（大于 90 度）。所有数字都可以分为正数、负数和零。时间分为过去、现在、将来。在统计学中，一个数据要么高于平均值，要么低于平均值，要么恰好等于平均值。

从这类想法中引申出的另一个三分法概念就是两个极值加一个中间值。最小、最大和介于二者之间的一切：日出、白天、日落，降生、活着、死亡。这类三分法在我们的语言和叙事结构中也极为常见。我们为形容词划分了不同的级别：原形、比较级、最高级——好、更好、最好，坏、更坏、最坏，勇敢、更勇敢、最勇敢。童话故事里三兄弟中最小的一个通常是最聪明的；三姐妹中最小的一个通常是最漂亮的；第三只坏脾气的山羊体格最强壮，最终打败了巨魔。要进一步说明三分法，还有什么例子比人人喜爱的坏孩子金发姑娘更恰当呢？熊爸爸的粥太烫了，熊妈妈的粥太凉了，熊宝宝的粥刚刚好。金发姑娘显然深谙亚里士多德的平均主义教条，他说所有道义上的美德都是两种恶习（一为过度、一为不足）之间的平均数（即刚刚好）。勇气是一种美德，过度的勇气是鲁莽，不足的勇气是懦弱。慷慨是一种美德，过度的慷慨是挥霍，不足的慷慨是吝啬。说到床铺，熊爸爸的床太硬了，熊妈妈的床太软了，熊宝宝的床完全符合亚里士多德的平均数——刚刚好。

一个故事本身也分为开头、中间和结尾 3 个部分。最常见的多卷作品是三部曲，当然只是事后来看的三部曲。常见的结构首先是一个相对独立的第一卷，接踵而来的第二卷必然在扣人心弦之处戛然而止，或者至少留下一些尚未解答的谜题，第三卷是结束语，把所有问题都交代清楚。这样看来，三部曲就像一个放大版的开头、中间、结尾结构。你还可以参考三幕戏剧，每一幕的情节必须有开头、中间和结尾。别忘了你手里的这本书，它也有3个部分。

虚构作品所包含的魔力数字，或许最形象地彰显出数学在文学中的意义。但这仅仅是一个开始，接下来我将让你看到更复杂的数学概念，从几何学到代数学，甚至包括微积分，它们是如何出现在从《白鲸》到《战争与和平》等伟大的文学作品中的。数字作为人类思想极其重要的组成部分，隐藏在文学作品的字里行间，甚至隐藏在最不起眼的位置。想想《名利场》中那一碗命中注定的潘趣酒（punch）是如何让蓓基·夏泼渴望荷西·赛特笠向她求婚的美梦化为泡影的。这里并没有数字呀？然而punch这个字源于梵文的“五”（panca），因为这种饮品最初由印度人将5种原料混合制成。数字的确是语言结构中不可或缺的一部分，并且以无数种方式存在。

第6课

亚哈的算术：小说中的数学隐喻

我在本书的前言中提到，当我听到一位数学家说《白鲸》里出现了一个非常有趣的曲线“摆线”时，我就萌生了写这本书的念头。奇怪的是，我在几年前给这位朋友托尼（就是那位数学家）发邮件表示感谢，他却回复我说是我把《白鲸》这本书推荐给他的——事实究竟如何恐怕永远搞不清了。不管怎样，一天早晨我在火车上拿起这本书开始阅读，没过几分钟就看到了一段非常精彩的描写，其中包含了明显的数学概念。以实玛利在鲸鱼客店过夜，那里的老板似乎对酒水极为吝啬：“令人作呕的是他倾注毒药的玻璃杯。尽管外表是真实的圆筒——而内里，这些混账的绿杯子呈骗人的锥形，越往下收缩得越小，直到杯子底部。这些好似拦路强盗的酒杯外壁，粗糙地刻着一圈圈平行的刻度线。酒斟到这个线上，你得支付一便士，再斟到那个线上，就再付一便士，如此这般，直到杯子被斟满——这种合恩角的度量方式，你能一口气喝掉一先令[1]。”真是活灵活现的描述，标有平行刻度的真实

1. 先令为英国的旧辅币单位。

圆柱体散发出令人难以抗拒的几何学气息，这引起了我的兴趣。

继续读下去，我不断看到数学的隐喻，其数量如此之多，让我觉得梅尔维尔显然沉浸在数学的海洋中流连忘返——这些东西不由自主地从他的脑海中流淌到纸面上。每当他想要使用一个比喻时，数学的概念就会出现。船长亚哈在表扬他的水手时说："孩子，你真像圆周对圆心一样忠诚。"一点儿不错，圆周上所有的点永远与圆心保持同样的距离。

数学世界无疑是一座隐喻的宝库，其中的一些内容已经演化成我们的日常用语，比如"化圆为方"——指的是一个古希腊的数学问题，即画出一个与给定圆形面积相等的正方形。会使用这个短语的人必定不少，但恐怕很少有人知道人们花了 2 000 多年的时间才从数学上证明其不可行。但有时你也会遇到像梅尔维尔这样的作家，他们显然对数学情有独钟，不自觉地在作品中运用数学的隐喻。在这一课中，我将带你饱览经典文学作品中那些美妙的数学引喻，包括梅尔维尔、乔治·艾略特、列夫·托尔斯泰、詹姆斯·乔伊斯等作家的作品。理解其中隐含的意义，能让我们在欣赏伟大的文学作品时获得额外的享受，让你对备受喜爱的书籍拥有全新的视角，你自然也会从另一个角度重新认识它们的作者。

在我开始介绍梅尔维尔的数学隐喻之前，我想先说说梅尔维尔这个人，以及他如何写出了这本甚至被 D.H. 劳伦斯称为"一本美丽至极的书……一本伟大的书，一本非常伟大的书，一本有史以来最伟大的海洋之书。它唤起了灵魂的敬畏"的书。梅尔维尔从事过各种职业（教师、工程师、捕鲸船水手），之后才创作了他的第一部小说《泰皮》（*Typee*），他用虚构的笔触讲述了他与一个以此为名的波利尼西亚部落相处的故事。他的第二部作品《欧穆》（*Omoo*，波利尼西亚语"流浪者"）与《泰皮》同样广受欢迎，于是他在之后的几年里陆续创作了3本有关航海的书。我会重点介绍他的第六本书《白鲸》，因为这是我最喜爱也是流传最广的一部作品。[1]但是梅尔维尔对数学的热爱在他的所有作品中都留下了痕迹，他的早期作品《玛迪》（*Mardi*）里有个人大喊："哦，伙计、伙计、伙计！你比微积分更难解。"出版商很担心，讨论哲学和数学可能不如描写衣着暴露的年轻波利尼西亚女郎赚钱。梅尔维尔向出版商保证，他的下一本书肯定"没有形而上学，也没有圆锥截面，只有蛋糕和啤酒"。然而他未能遵守这个承诺，这反而成为文学界的一件幸事。

《白鲸》创作于1850年，于1851年出版。当时的评论怎么说呢……毁誉参半。《哈泼斯新月刊》对之赞不绝口："作者对人类道德的真知灼见只有他那神奇的描述能力能与之媲美。"但是伦敦《雅典娜学刊》的一位评论人士认为，"当普通读者把这些恐怖、英勇的故事丢在一边时，梅尔维尔先生才应该感谢自己，因为这些都是最糟糕的疯人院文学流派的垃圾作品"。然而出人意料的是，梅尔维尔在这本书出版之后基本上放弃了写作，他在生命最后的20年里为美国海关工作，于1891年在默默无闻中去世。这部或许是19世纪美国最具影响力的小说在生前给他带来的收入只有556.37美元。我们对梅尔维尔的私生活所知甚少，或许是因为他极其谨慎地守护着自己的隐私。他经常在书房的门后挂一条毛巾，遮住钥匙孔，以防有人偷窥。他的书信几乎没有被留存下来，他的至交好友纳撒尼尔·霍桑所能提供的信息不过是说他虽然是位绅士，但"在净衣之事上颇喜特立独行"。但是请听好，你

1. 我在一篇文章中详细讨论过这个话题，"Ahad's Arithmetic: The Mathematics of Moby-Dick", *Journal of Humanistic Mathematics* 11, no.1 (January 2021): 4—32, https://scholarship.claremont.edu/cgi/viewcontent.cgi?article=1720&context=jhm。

如果尚未读过这本书，请忽略梅尔维尔的脏衣服，先找一本来读一读吧，它不同于其他任何作品。

故事的讲述者以实玛利到一艘捕鲸船“裴廓德号”上做水手，故事的主要人物包括船长亚哈、大副斯达巴克、二副斯塔布。后来人们慢慢发现，亚哈一心想要寻找并杀死一头大白鲸莫比·迪克（Moby Dick），因为在多年前的一次遭遇中亚哈为它丢掉了一条腿。（顺便说一句，小说的名字是 *Moby-Dick*，但白鲸的名字是 Moby Dick。如果你对此有任何不满，去跟以实玛利说吧。）最终，亚哈的傲慢和偏执让他变得精神错乱，全体船员都陷入危险，我们只能说，亚哈没有落得一个好下场。

这不是一个平淡无奇的冒险故事。书中的很多“摘录”讨论了鲸鱼和捕鲸的话题，并引用了一系列令人眼花缭乱的资料，包括莎士比亚、《圣经》和自然历史、航海书籍。作者用一整章讲述莫比·迪克白色的含义，以实玛利和其他人对此做出了许多哲学思考。以实玛利认为，完成这本书的创作必须有一个巨大的罗盘，因为它的主人公利维坦是如此巨大。他说：“给我一根秃鹰的羽毛笔吧！给我一个维苏威火山口做墨水瓶吧！”

如果我请你猜猜 19 世纪的航海故事会在哪里隐藏数学概念，你或许会想到象限和六分仪，并正确地判断出它们是航海故事中不可或缺的内容。我们的确看到亚哈在自己的“鲸骨假腿上”做计算，以实玛利也说“在桅顶的乌鸦巢里研究数学”，同时巡视着海面上鲸鱼的踪迹。但梅尔维尔的数学隐喻远不止于此。对试图破解这项“神秘发明”的新手来说，数学几乎是一种神奇的力量，船员带着敬畏和怀疑的心情谈论着它。“我听说能用达博尔的数学推算出魔鬼。”二副斯塔布说。一代又一代美国学生或许对达博尔的《算术》都不陌生，这是 19 世纪上半叶美国学校最常使用的一本数学教科书。作者内森·达博尔是一名来自康涅狄格州的数学教师，我们知道，梅尔维尔在做学生和教师时都曾使用过达博尔的《算术》。你可以把达博尔在算术领域的地位想象成欧几里得在几何学上的地位。

用现代的眼光来审视这本书，你就会明白难怪斯塔布要把数学比作炼金术了。它提供了大量需要死记硬背的运算技巧，从基本的数学运算和币值转换，到计算利率、年金、企业盈亏和轮船吨位。他甚至还介绍了手工计算平方根和立方根的方法。书中的计算规则就像魔法公式，例如，要把南卡罗来纳州的美元转换成马里兰州的美元，"既有的金额乘以 45，再除以 28"。还有神秘莫测的"三直律"，其内容是"根据已有的 3 个数字找出第四个数字，使得第四个数字与第三个数字的比等于第二个数字与第一个数字的比"。接下来是根据圆的直径计算周长："7 与 22 的比就是直径与周长的比。或者更精确地说，是 115 与 355 的比。已知圆的周长计算直径也可以采用同样的比例。"圆的周长的计算公式是直径 d 乘以 π，这里却没有提到 π。这些规则之所以成立，是因为 $\frac{22}{7}$ 和 $\frac{355}{115}$ 近似 π 的值，它们算是可以被信手拈来的魔力数字。

在斯塔布看来，数学不但神秘，而且邪恶。但是对以实玛利来说，数学，尤其是对称性，是美德的化身。抹香鲸"天生极其高贵并有尊严"，就是因为它的"头上有着某种精确的对称性"。在描写鲸的头部时，以实玛利甚至自己定义了一个全新的数学概念。他解释说："你可以把抹香鲸的头看成一个实心的椭圆体，在一个斜面上，把它横向分成两个楔形块，底面是骨结构，构成了颅骨和下颌，顶面是完全没有骨头的一团油腻物质。"他在备注中解释道："楔形块不是欧几里得术语，它纯粹属于航海数学。我不知道以前是否被定义过，楔形块是个立方体，有别于楔子，它的尖端是由一侧的斜面倾斜而成的，而不是由两侧斜面共同趋向尖端而构成的。”这完全就是一本几何学教科书呀。

你可能会说，在描述一个形状时引入一些几何学概念是合乎情理的（尽管它的确表明术语至少提供了一些便利性），但是欧几里得的名字还出现在书中其他几个地方。以实玛利提到鲸鱼的眼睛位于头部两侧，这导致它的大脑要同时处理两个完全不同的影像。如果鲸鱼真的能做到这一点，那么“这对它来说就是一件了不起的事情，就好像一个人能够同时演算两个截然不同的欧几里得几何学难题一样”。《白鲸》中最精彩的数学内容就在这样的地方，梅尔维尔总是能自然地抛出一个又一个隐喻。

例如，只有几何学者的大脑才能把鲸鳍与日晷的指针联系在一起，正如以实玛利所看到的：

> 当海面相对平静，只略微点缀着环状涟漪时，这晷针般的鳍矗立着，在微波荡漾的海面上投下阴影，它周围的大圆圈便非常像晷盘，有指针，有刻在水上的时刻线。在那个亚哈斯的日晷上，阴影经常往后退。

真是令人兴奋，这里提到亚哈斯让人想起《旧约圣经·以赛亚书》中最早提到日晷的文字。上帝让日晷的影子向后倒退 10 度，证明他治愈了犹大王亚哈斯之子希西家的疾病。

但或许《白鲸》中最引人入胜的几何学概念，就是我在本章开头提到的那类数学曲线——摆线。以实玛利在“裴廓德号”的甲板上清洗炼锅时想到了这个概念。炼锅是一个巨大的金属器皿——想想大型坩埚，鲸脂就是在里面被熬制成鲸油的。

> 有时会用皂石和沙子把它们擦得光灿灿的，像银制的潘趣酒碗……在分派打磨大锅的时候（一口锅一个人，并排干活），两个

人就会隔着锅沿没完没了地窃窃私语。这也是一个适合做深奥的数学思考的地方。就是在“裴廓德号”左手边的那口炼锅里，皂石在我周围不停地转圈摩擦时，我第一次间接地被一个明显的事实打动了。那就是在几何学上，所有沿摆线轨迹运动的物体从任何一点上落下来都将耗费同样的时间，我的皂石就是一个例子。

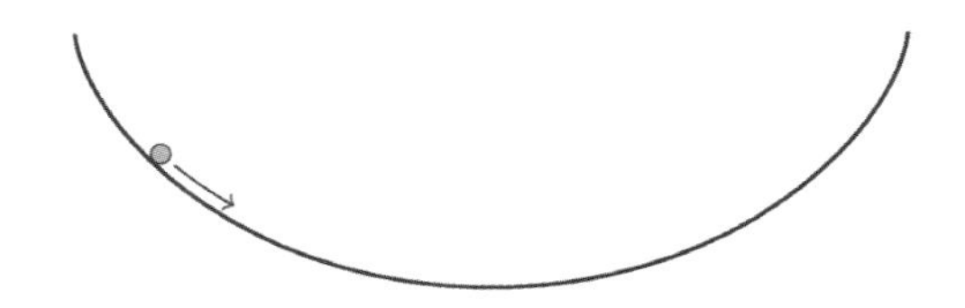

倒摆线——一个物体从倒摆线上任何一个点被释放，到达底部的时间相等。

摆线，如果你还记得，是一个圆沿直线滚动时边缘上一个点形成的曲线轨迹。

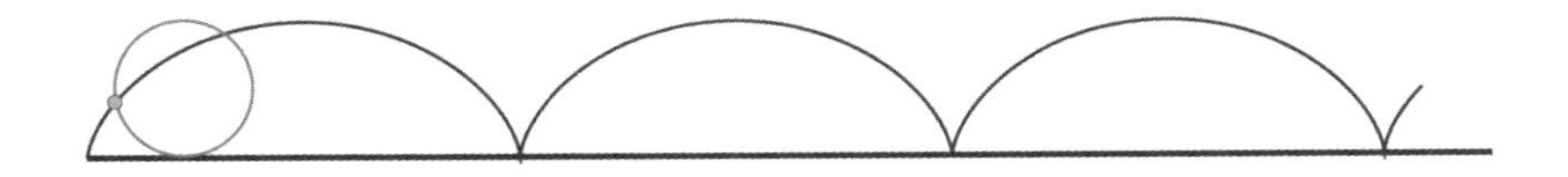

学校里不一定会教授摆线的知识，但它的确是数学中最著名的一条曲线。我在前言中提到，它之所以被称为“几何学的海伦”，就是因为它那美妙的性质。但绰号的意义不止于此，它还暗示了数学家曾为此展开旷日持久的争论。如果把曾经研究过摆线的人列出一张名单，那就像一份 17 世纪数学家的花名册，其中包括勒内·笛卡儿、艾萨克·牛顿和布莱兹·帕斯卡。作为一名才华横溢的数学家，从某种程度上说，帕斯卡开创了数学领域中概率这门学科。[1] 他一度放弃数学，转而研究神学。但是一天晚上他因牙痛难以入睡，为了分散注意力他开始思考摆线，结果惊讶地发现牙齿竟然不痛了。他自然而然地把这个现象理解成上帝准许他继续对数学保持足够的兴趣，于是在接下来的 8 天里他继续思考摆线。在此期间他发现了摆线的多种性质，包括弧形区域的面积问题。

过去，数学家经常为谁首先证明了一个问题而吵得不可开交，所谓的优先权之争往往会进入白热化状态。（如今这类事情很好解决，有太多的电子痕迹可供查询。）例如，一位名叫吉勒·德罗贝瓦尔的数学家证明了摆线的很多性质，但他拒绝发表这些结论。而一旦有人宣布一项新的发现，德罗贝瓦尔就怒气冲冲地说他在很多年前就已经知道了，比如他知道摆线弧度下的面积恰好是生成该摆线的圆的面积的 3 倍。

这种愚蠢行为的部分原因是，作为教授，德罗贝瓦尔每 3 年就需要参加一次竞聘，而竞聘的问题由现任教授提出。因此，他有强烈的动机解决一系列只有他自己知道如何解决的问题，而寻

---

1. 或许布莱兹·帕斯卡在数学界以外的名声更响亮，就是因为他的“帕斯卡赌注”，它本质上是在赌人类是否应该相信上帝的存在。共有 4 种可能性：你相信上帝，且上帝存在；你相信上帝，但上帝不存在；你不相信上帝，但上帝存在；你不相信上帝，上帝也不存在。如果你相信上帝且上帝存在，那太好了（假设你安分守己），你将在天堂里永享幸福。如果你相信上帝但发现希望落空——上帝不存在，你或许会在有限的生命里失去某些乐趣，或许会遭到人们的嘲笑，也或许每个星期日都要早早起床去教堂做礼拜，但你的损失毕竟是有限的。假如你不相信上帝，而且上帝的确不存在，同样没什么问题。但如果上帝真的存在，你将会堕入地狱，永世不得轮回，这个损失是无限的。即使你觉得上帝存在的可能性微乎其微，这个概率也不是零。任何非零的数字乘以无穷大，结果还是无穷大。因此帕斯卡认为，如果你是个非常理性的人，你就应该相信上帝，并按上帝的旨意做事，因为预期收益是无穷大的（不管上帝存在的概率是多么小），而不相信上帝的预期损失也是无穷大的。

找给定摆线的面积，至少在几年内是他要解决的问题。

而在我看来，摆线最神奇的一点是，它竟然会出现在一个与它的构造方式毫无关系的场合中。荷兰数学家克里斯蒂安·惠更斯为了改进钟表的设计，试图找到这样一条曲线：当某个物体沿曲线滑落时，无论它的起点在哪里，滑落到底部的时间都是相等的。这就是“等时降落问题”，他于1659年完美地解决了这个问题，如果你想了解更多的细节，可以参考他在1673年轰动一时的作品《摆钟论》。还有另一个问题，叫作“最速降线问题”：寻找给定两点间的一条路径，不计摩擦，令一个仅凭重力作用的质点从较高点到较低点运动的时间最短。神奇的是，以上两个问题的最终答案都是我们的好朋友摆线！

以实玛利所思考的就是“等时降落问题”。如果你有一口与某个摆线的弧度相吻合的炼锅（当然要把摆线倒过来），那么无论你在哪个位置松开手里的皂石，它都会在相同的时间里滑落到炼锅的底部。尤其重要的是，皂石下降的时间永远是$\pi\sqrt{\frac{r}{g}}$秒（g是重力加速度，r是生成摆线的圆的半径）。更为有趣的一点是，在地球上，重力加速度g约为9.8，它的平方根大约是3.13，而π的值近似3.14，二者作为分母和分子可以大致抵消。这意味着，如果不追求极度的精确，摆线下降的时间就是生成摆线的圆的半径的平方根。哇！

梅尔维尔/以实玛利是怎么知道这件事的？我们无从得知——摆线毕竟不是当时学校里常规的授课内容。但是一位名叫梅雷迪思·法默的研究人士发现，有一位杰出的数学教师曾在奥尔巴尼学院任教，而年轻的梅尔维尔曾于1830年到1831年间在该学院就读。有记录显示，每天下午的授课内容都是“算术”：每个学生“都要上一个小时的数学课，然后在下午剩余的时间里把计算结果写在一本厚重的答题书上”。这好像也没什么特别之处，但是法默还发现，梅尔维尔的老师不是别人，正是约瑟夫·亨利，数学和自然哲学（当时被称为自然科学）教授。他是一位才华横溢的教师，也是一位广受尊崇的科学家，后来成为史密森学会的第一任秘书。他发现了电感，电感的单位因此被命名为亨利。梅尔维尔在这几门课程中表现出色，还因“全班答题书第一名”而获奖（奖品是一本诗歌集）。约瑟夫·亨利在梅尔维尔获奖的几个月前曾致信学院董事会，要求让“高水平学生”使用一本高阶的教科书。他是一位充满激情、催人奋进的教师，有时他会把一些高阶课程变成公开讲座。虽然无法证实，但我觉得很有可能是亨利把摆线的知识教给了梅尔维尔和其他“高水平学生”，从而激发出梅尔维尔对数学的热爱。

《白鲸》还隐藏着一个更广泛的数学主题，那就是把数学的象征意义作为一种理解，甚至在某种程度上把它当成控制环境的手段。数学可以帮助我们在未知的宇宙中指明方向。以实玛利显然相当重视数据，他用自己的身体来记录这些数据。他说：“我现在准备记下来的（鲸鱼）骨架尺寸，是从我的右臂上逐字抄写下来的，我把它们都文在右臂上了；在我狂热地到处流浪的那段时间，没有其他安全的方式来保存这些珍贵的统计数据。”但是，把分析当成控制显然是错误的，就如同彻底否认数学的意义。亚哈就在这两个极端之间摇摆不定。他痴迷于研究鲸鱼浮出海面的图表和记录，坚信自己能预测白鲸下一次出现的地点。但是后来，随着他的心智慢慢流失，他拒绝使用数学方法计算捕鲸船的航向，还把象限仪踩得粉碎，而仅凭直觉导航。丢掉了数学，我们只能在大海上随波逐流。

亚哈执着地追捕白鲸，他盲目地相信只要掌握了鲸类的普遍活动规律，就能洞悉特定鲸鱼的行为方式。对鲸鱼来说，这个观点显然站不住脚，但人类社会的行为模式更加复杂。人类整体的活动规律在多大程度上能为我们揭示出人类个体的信息？个体行为与广义统计数据之间的相互作用，是另一位19世纪小说家乔治·艾略特作品的一大主题。她在1876年出版的小说《丹尼尔·德隆达》（*Daniel Deronda*）开篇场景是一家赌场，格温德琳·哈莱思正在玩轮盘赌，游戏的结果受概率法则支配，然而，生活的结果永远无法预测。如果相信下一次掷骰子的点数对我们有利，我们可能会失望。《织工马南》（1861）是艾略特的另一部作品，它的情节充满了偶然和随机因素。故事中的社区居民相信能用抽签的方式来判定赛拉斯·马南是否犯下了他被指控的盗窃罪行，但他根本没有偷过任何东西。

偶然事件，无论在赌桌上还是在生活中，都有一定的发生概率，但我们永远不知道它们会发生在什么时候，发生在谁身上。19世纪，统计学还只是数学领域中的一门新学科。“统计学”（statistics）这个词来自德语statistik，意思大概是“国家科学”。在英语中，它曾经被称为“政治数学”。起初，统计学只是被用来作为计数的一个方法：我们有多少人口？每年的小麦产量是多少？后来才出现了“统计分析”，即利用概率原理研究事物的偶然性，之后统计数据的类型急剧扩张，甚至包括了犯罪原因统计数据或死亡原因。这引发了对自由意志和命运问题的反思。查尔斯·狄更斯对平均法则大惑不解。如果今年到目前为止的死亡人数低于年平均水平，他写道：“在一年的最后一天之前必须杀死四五十个人（他们会被杀死的），这难道不是很可怕吗？”法国社会学家埃米尔·杜尔凯姆在1897年出版的书《自杀论》中说，即使像决定结束自己生命这样极端个人化的问题，也变成了“集体倾向”的一部分。

《丹尼尔·德隆达》中有一个情节，丹尼尔和他的朋友莫迪凯在酒吧里参与了一场讨论：

> 但是今晚，我们的朋友帕沙提出了社会进步的规律，让我们看到了统计数据；然后那边的莉莉又说，我们在拿起笔来计算之前就已经很清楚了，在相同的社会状态下，同样的事情必然会发生，而且不足为奇的是，数量应该保持不变而不是质量保持不变，因为就社会而言，数字就是一种特性——酒鬼的数量是社会的一种特性，数字是特性的统计学指标，它并未给我们提供任何有意义的指导，只是让我们思考造成社会状态差异的原因。

数字是“特性”（也就是属性），数字具有展现群体特征的能力。但数字不能告诉我们个体的命运，就像我们虽然知道轮盘赌的概率，却不知道下一个数字是红还是黑。

《丹尼尔·德隆达》以赌博和命运为主题，探索了概率理论的微观与宏观层面。格温德琳当天晚上在赌桌上输光了钱，回家之后发现家族的财产在经济的动荡中损失殆尽。她后来决定嫁给人品卑劣的格朗古，就像再一次把自己的生活押在赌桌上。小说中格温德琳命运的起伏如同一只旋转的巨大车轮，她赢了一局，然后再次输光。她的家族曾经富甲一方，继而一文不名。她遭遇了一段不幸的婚姻，格朗古却意外身故。然而，尽管概率的理论或许表明从长远来看，坏（失败、不幸、糟糕的婚姻）总要与好（胜利、幸运、幸福的婚姻）持平，但这部小说揭穿了在特定时间段内这样的平衡必然会出现的谎言。在小说的结尾，格温德琳并未嫁给她一直深爱着的丹尼尔。我们不知道故事的后续如何，只是知道她的决心：“我要活下去，我会活得更好。”

乔治·艾略特（原名玛丽·安·伊万斯）出生于1819年，与赫尔曼·梅尔维尔同年出生。她对数学有着持久的兴趣，尽管她不像梅尔维尔那样有机会接受正规的数学教育，但是从她的小说和留存下来的书信、笔记中我们可以明显看出，她有着深厚的数学功底。[1] 她经常借助数学理论来阐明自己的思想。实际上，莱斯特大学的一名学生德里克·鲍尔的博士论文就是关于乔治·艾略特小说中的数学思想的。[2] 只要足够留意，你就能随处发现数学的痕迹。在《米德尔马契》（1871—1872）这本书中，布鲁克先生的慷慨遭到了数学层面的讽刺："我们都知道慈善家是些什么人，他们的善心与距离的平方成正比。"当布鲁克先生试图搞清楚他那可爱的侄女多罗西娅为什么非要嫁给一个老家伙爱德华·卡索邦时，他觉得"女人就像一个谜……复杂程度不亚于一个不规则物体的旋转"。丹尼尔·德隆达本人曾在剑桥大学学习数学——"对高等数学的研究，对高强度思维活动的痴迷，让他变成了一个比以前更加心无旁骛的工人"。

艾略特所展示的数学才能并非只停留在文字表面。让我们用她的第一部小说《亚当·比德》（1859）对唐尼尚旅店老板卡森先生的描写来举例：

---

1. 乔治·艾略特积极主张提升女性的教育水平，她在《弗洛斯河上的磨坊》（1860）这本书中对此曾有暗示。汤姆·杜利弗和玛吉·杜利弗兄妹接受了完全不同的教育。《几何原本》对汤姆来说什么都不是，因为他根本不喜欢几何学。然而视几何学为人生乐事的玛吉却没有学习的机会。后来，"她开始用汤姆的《几何原本》和其他教科书自学。她开始慢慢消化知识巨树上结出的累累果实，用拉丁文、几何学和三段论填补自己空虚的生活。当她发现自己的见解竟然与那些男性学者不相上下时，常常有一种成就感"。

2. 截至本书写作时，德里克·鲍尔的论文《乔治·艾略特小说中的数学》可以在英国莱斯特大学的网站上找到。如果你对 19 世纪的数学、科学与艺术创作之间更广泛的联系感兴趣，格拉斯哥大学教授艾丽斯·詹金斯发表了多篇相关著作。她的书 *Space and the "March of Mind": Literature and the Physical Sciences in Britain*, 1815—1850（Oxford University Press，2007）是 19 世纪英国科学与文学对话的学术研究成果。

卡森先生的长相很不一般，不加描述就放过，那真是太便宜他了。从正面看，他的身材俨然由两个球组成，两个球的关系类似于太阳和月亮，也就是说，粗略估计，下面的球要比上面的球大 13 倍……但相似之处仅此而已，因为卡森的头一点儿也不像沉思忧郁的卫星，也不像弥尔顿不敬地称呼月亮那样，是个“有斑点的球体”。

真是个形象的比喻，我们的脑海里立刻出现了卡森先生的样貌。但是正如德里克·鲍尔指出的那样，专门使用 13 这个数字，其实表现出文学作品蕴含一个重要的数学元素。首先我们来看看这个数字究竟代表什么。地球的直径是 7 918 英里，大约是月球直径 2 159 英里的 3.7 倍，所以肯定不是直径。地球的体积大约是月球体积的 49 倍，所以跟体积也无关。但是当我们按艾略特所说，“从正面看”两个球体，我们看到的是两个圆，大脑的直觉反应是两个圆形面积的比较。所以，看哪，地球横截面的面积是月球横截面面积的 13.45 倍，13 就藏在这里。更加令人不可思议的是，艾略特一定是采用了极为精确的直径数值。如果你用地球直径的近似长度 8 000 英里和月球的近似直径 2 000 英里来计算，那么二者的面积相差 16 倍，而不是 13 倍。即使用我上面提到的“大约 3.7 倍”直径比来计算，你得到的数字也更接近 14 而非 13。这件事告诉了我们什么？艾略特借用了一个数学图像，极为明智地选择了一个比例，还能够精准计算出这个比例。

乔治·艾略特一生都热爱数学。她与当时的众多科学家和数学家保持着密切的交往，她在笔记中记录了各类有趣的话题，其中也包括很多数学内容。例如关于概率，她讲述了一个有趣的现象，今天被称为“布丰投针”。假设你脚下是木地板，你丢下一根针，如果这根针的长度与一块地板的宽度相等，那么这根针与地板拼接处相交的概率恰好是 $\frac{2}{\pi}$。你其实可以通过重复实验，并利用这个公式来推算出 π 的近似值。如果你丢下 25 根针，其中有 16 根针与地板的拼接处相交，那么你可以认为 $\frac{2}{\pi}$ 大致等于 $\frac{16}{25}$，于是 π 就约等于 3.13，差得不多。

艾略特通过正式和非正式的途径掌握了大量的数学知识，她曾于 1851 年参加过一个为期 12 周的数学讲座。即使在生命的最后几年里，她也在孜孜不倦地研习数学知识，她告诉一个朋友她每天早晨都在学习圆锥曲线。[用一个平面截取圆锥体之后形成的各类曲线：抛物线（parabola）、椭圆（ellipse）和双曲线（hyperbola）。我一直觉得，一件非常有趣的事就是这些曲线的名称为我们贡献了描述写作方式的形容词，也就是寓言式的（parabolic）、隐晦的（elliptical）、夸张的（hyperbolic）。] 她的作品反映出她对当代数学和科学知识的兴趣。亨利·詹姆斯曾批评《米德尔马契》，说它“是达尔文和赫胥黎的传声筒”。但实际上，艾略特只是把数学当作遭遇压力、心情沮丧时的慰藉。她在 1849 年的一封信中讲述了她是如何走出个人生活的艰难困苦时期的：“我会散步，弹钢琴，读伏尔泰的作品，与朋友交谈，每天还要学一点儿数学。”

在数学永恒的确定性和真理中寻找安慰，也是艾略特笔下的人物亚当·比德的习惯。亚当在父亲去世之后，告诉自己生活还要继续，并借用了数学中的比喻：“4 的平方等于 16，杠杆的长度必须随着你的重量的增加而加长，一个人不管是悲伤还是幸福，这些都是固定不变的。”

数学可以缓解生活中的痛苦，这种想法也出现在与艾略特相距甚远的一位作家的作品中：苏联作家瓦西里·格罗斯曼。他的名著《生活与命运》被《纽约时报》编辑和作家罗伯特·戈特利布在 2021 年的一篇文章中称为“二战以来最令人印象深刻的一部小说”。这部史诗级的作品讲述了睿智的物理学家维克托·施特鲁姆和他的家人在战争期间，在斯大林格勒战役期间，以及在共产主义时期生活的故事。格罗斯曼在大学里学习数学和物理，“施特鲁姆”这个名字就取自现实中的物理学家列夫·雅科夫列维奇·施特鲁姆（1890—1936），他在斯大林的“大清洗”运动中被处决。小说里的施特鲁姆发现，在一个混乱的世界里，只有数学和方程式才是理性的基石：

> 他的脑子里充满了数学关系式、微分方程、高等代数定律、数论和概率论。这些数学关系独立地存在于冥冥之中，超越原子核世界和星际世界，超越电磁场和引力场，超越时间和空间，超越人类历史和地球的地质史……不是数学反映世界；世界本身就是微分方程的投影，是数学的反映。

以此来看，数学才是世间唯一真实的存在，其余一切都是其苍白的复制品。例如，现实生活中的我们无力构造出一个完美的圆，但是数学意义上的圆代表更高层次的真理，在施特鲁姆看来，它就是真实的，它的完美抚慰了人类的灵魂。

* * *

生活杂乱无章，历史七零八落，人类的行为更是难以预料。数学对维克托·施特鲁姆和乔治·艾略特来说无疑是一种解脱。但是在《战争与和平》的作者列夫·托尔斯泰看来，数学能将混乱转化为秩序。他在小说中多次运用数学的概念，但是我在这里只能介绍两个例子，因为我不打算让这本书变得跟《战争与和平》一样长。

据说斯蒂芬·霍金在写作《时间简史》的时候，有编辑向他提出警告：书中每增加一个公式，销量就会减少一半。然而他侥幸逃脱了这句魔咒（我希望自己也能全身而退），同样幸运的还有托尔斯泰。他自己发明了一个公式，并将它放在《战争与和平》的一场战役中。请听我详细道来。

当法国军队从莫斯科撤退时，他们经常与俄国军队的小股部队发生冲突，并且常常失败，尽管法国军队的人数更多。托尔斯泰说，这似乎违背了传统的军事智慧，即一支军队的力量仅取决于它的人数。他说，这就像是说动量仅仅取决于质量，而实际上它是质量与速度的乘积。同样，一支军队的力量必须是它的质量和某个未知数 x 的乘积。军事理论通常把这个未知数定义为指挥官的才能，但是，托尔斯泰说，历史的进程不是由个人决定的。“这个 x 是军队的士气，也就是全体官兵与危险作战的准备程度，它与指挥作战的将领的才能无关。”托尔斯泰就像一位敬业的数学老师，甚至还给我们举了一个例子。假设有 10 个人（或者 10 个营、10 个师）击败了 15 个人，己方损失了 4 个人。也就是获胜一方损失 4 个人，失败一方损失 15 个人。“因此 $4x=15y$，也就是 $\frac{x}{y}=\frac{15}{4}$。”正如托尔斯泰指出的，这个等式并未告诉我们 x 和 y 分别是多少，但是断定了它们之间的比例关系。因为 $\frac{15}{4}=3.75$，我们就可以说获胜一方的士气是失败一方士气的 3.75 倍。因此他的结论就是:“我们可以把各种历史事件（战斗、战役、战争阶段）纳入这样的方程，得出各种数字，并发现数字中存在的规律。”哈哈，没错，资金申请报告中最典型的一句话就是末尾的“还需进一步研究”。

就在拿破仑的战场上，我们惊讶地看到托尔斯泰引爆了一个数学公式。但是先别急，他还有另一个重型武器：他利用微积分的隐喻来理解整个人类的历史。在《战争与和平》中，他有力地反驳了历史进程可以被某个人的行为改变的观点。他说，法国军队从莫斯科向斯摩棱斯克撤退并非在执行拿破仑的命令。相反，拿破仑下令撤退，是因为“影响整个军队，使其沿斯摩棱斯克大道撤退的那股力量也对拿破仑本人起作用”。

那么我们该怎样理解这些推动历史前进的力量？托尔斯泰首先给我们讲述了古老的阿喀琉斯和乌龟赛跑的故事——芝诺悖论。阿喀琉斯奔跑的速度是乌龟的 10 倍，所以他不惧怕任何比赛，即使让乌龟提前出发。但是当阿喀琉斯跑到乌龟的出发点时，乌龟已经前进了一段距离。等阿喀琉斯跑到乌龟所在的位置时，乌龟又前进了一段距离。似乎阿喀琉斯永远也追不上乌龟——这显然是个荒唐的结论。托尔斯泰认为，悖论的症结在于，它把阿喀琉斯和乌龟的运动刻意地分为离散的、不连续的阶段，而实际上二者的运动都是连续的。幸运的是，有这样一门数学分支学科能告诉我们如何把离散变为连续。

微积分这门学科出现于 17 世纪末，开创者是两位有史以来最伟大的数学家艾萨克·牛顿和戈特弗里德·莱布尼茨。（究竟是谁首先想到微积分的概念，这个问题引发了无休止的争论。）不管怎样，微积分的应用让人们无比欣喜地看到，他们终于能解决运动和变化的问题，比如行星的运动或物体的重力加速度运动（这是牛顿的另一个伟大贡献）。如果某物以恒定的速度运动，我们可以方便地计算出它的移动距离，假设它的速度是每小时 40 英里，那么过了一个小时，它当然就前进了 40 英里。但如果它运动的速度在不断变化，我们该如何计算它移动的距离？我们或许可以试着每隔一分钟测量一次速度，并假设它在这一分钟里都是以这个速度运动的，从而计算出这一分钟的移动距离，然后把它们加起来。如果还想更精确一点儿，我们可以每隔 30 秒测量一次，甚至每秒、每纳秒。这样一来，我们要把数量越来越多、距离越来越短、差异越来越微小（也就是“微分”）的数字加在一起。但我们面临的挑战是，当这个趋势被推展到无限时，你就要想办法把无穷多无限趋于零的数字加在一起。微积分作为一项工具，能让我们有效处理这些无穷小的数字，而不需要把它们刻意分成离散的部分。它是数学界最伟大的成就之一。

托尔斯泰认为，我们需要用同样的方式来研究历史：“人类的运动是连续不断的，产生于人类无数的主观意志。掌握这个运动的规律是历史学的目的。但是要根据人类所有意志的总和来总结规律，人类就不可避免地去追求那些任意和不连续的片段。”比如孤立的事件或者国王、指挥官的个人行为。“只有观察那些无穷小的单位（历史的微分、人类个体的倾向），并掌握将它们求积分的方法（把无穷小的单位加总），我们才有希望认清历史的规律。”

托尔斯泰借用《战争与和平》猛烈抨击了历史上的“伟人”理论。胜利之师的未知数 x 绝对不是伟大的领袖，而是集体的战斗士气。主导历史进程的人也不是国王或皇帝，而是更广泛的力量。他用士气公式和我们刚刚讨论过的微积分隐喻来反驳这一理论。对他来说，数学代表了严密的逻辑，是寻找客观事实的唯一手段，也是我们理解历史的唯一机会。

《战争与和平》集历史、哲学和叙事于一体，与其他小说有着明显的不同。托尔斯泰说，他从未把这部作品当成一部小说。在这一课结束之前，我想带你去另一本无法归类的书中寻找数学的踪迹，它就是詹姆斯·乔伊斯的《尤利西斯》。

我在前言中提到过，乔伊斯对数学情有独钟，但是如果我们想一想他那些著名的意识流风格的作品，比如《尤利西斯》，尤其是《芬尼根守灵夜》，他或许属于那种最不可能与任何形式的结构扯上关系的作家，更不用提数学了。然而，《芬尼根守灵夜》竟然引用了欧几里得的图表，《尤利西斯》中也有一个完整的章节专门讨论数学计算。

几何学的概念出现在乔伊斯第一部正式出版的作品《都柏林人》的第一页、第一段：“每天夜里，当我抬头看着那窗户时，我总是轻声对自己说‘瘫痪’这个词。这个词我听着总觉得很奇怪，像是欧几里得几何学里的‘磬折形’一词，又像是《教理问答》里‘买卖圣职’一词。”磬折形并非一个信手拈来的引喻，如今它往往被用来指日晷上能投下阴影的那个晷针（如同我们在《白鲸》里看到的），但它的几何学意义表示从一个平行四边形上切出一个较小的平行四边形。这种“缺少某个部分的形状”正是都柏林人的真实写照。有时候故事中缺少的部分是意义层面上的——模棱两可的语言让我们看不到人物的动机。其他时候还故意省略行为的一部分。在一个故事中，我们看到一个年轻的女人伊夫琳独自在家，她突然站起身来，叙事一下子跳到另一个完全不同的场景。我们无法了解她离开这座房子的理由，也不知道她要去哪里，如何到达那里。

乔伊斯对数学颇为尊崇，甚至是敬畏。与梅尔维尔一样，他在学校中也曾学习几何学。尽管成绩不像梅尔维尔那样出色，但乔伊斯对代数和几何都有深刻的理解，他的大量笔记表现出他对数学概念的痴迷。他对极限和无穷的概念情有独钟——他曾在一本书中写到 $0=\frac{1}{许多}$、$1=\frac{1}{1}$、$\infty=\frac{许多}{1}$。这些都代表了极限，因为当我们让 1 除以一个越来越大的数字时，结果将无限趋于零。同样，无穷也可以表示为 $\frac{许多}{1}$。有时候他的作品中也会出现“伪数学”，比如“$耶稣=\sqrt[3]{上帝}$”，这显然是为了表述三位一体概念而杜撰出来的搞笑公式。

评论界人士有时会借用数学类比来描述乔伊斯的作品，但或许跟我做这件事的理由相去甚远。例如在 1914 年，他的讣告执笔人似乎对数学一窍不通：

> 乔伊斯还是一位伟大的字母研究专家，他像爱因斯坦处理数学符号那样无拘无束、别具一格地处理单词。单词的发音、规律、词根和含义要比其表面上的意思更让他感兴趣。有人或许会说，他发明了语言学意义上的非欧氏几何，他的确以坚忍不拔和奉献的精神解决了这个问题。

我对这段文字有不同的意见。首先，爱因斯坦从未说过："哦，我觉得把 m 跟 c^2 放在一块儿很顺眼。"爱因斯坦的伟大成就并不在于摆弄数字符号，而是对数学概念的理解。这让我想到了有一次，有人请我想办法美化一篇报纸文章里的数学公式。显然，平面设计部门觉得这个公式在视觉上不那么具有表现力，问我能否让它变得更有趣味一点儿。我直截了当地说不可以，除非你愿意牺牲它的真实性。其次，"语言学意义上的非欧氏几何"究竟是什么意思？这位讣告执笔人或许只是信手拈来一个听起来很华丽的数学名词，来表示乔伊斯做了一些令人兴奋的新鲜事。

21 世纪的非欧氏几何尽管依旧激动人心，但早已算不上新鲜事物了。如今，我们的理解是乔伊斯发明了"分形学"。（我们会在第三部分深入探讨分形学。）近期我读了一篇文章，称分形学（诞生于 1980—2000 年的一个令人兴奋的数学概念）是"一个鲜活的乔伊斯式概念"，并称赞乔伊斯"预见了一种直到 20 世纪下半叶才被正式发现的分形学理论"。在我看来这有些言过其实了，让一名作家背负如此神奇的预言之名得极为谨慎才行。让我来举一个夸大其词的例子吧。物理学家默里·盖尔曼描述了詹姆斯·乔伊斯如何为一种发现于 20 世纪 60 年代的新型亚原子粒子命名：

“我偶然翻阅詹姆斯·乔伊斯的《芬尼根守灵夜》，竟然在‘向麦克老大三呼夸克’（Three quarks for Muster Mark）这句话中看到了‘夸克’这个词……3 这个数字也恰如其分地表现出夸克在自然界的性质。”（例如，每个质子都包含 3 个夸克。）我们能由此得出乔伊斯预言了量子物理学的结论吗？当然不能，我们同样不能说乔伊斯预测到了分形学。这真是一个遗憾，因为借用乔伊斯在《尤利西斯》中所做的类比，分形学的确很了不起。人们或许会说，即使把人类的生活体验无限放大，复杂程度也不会有丝毫的减少。大脑对一天、一个小时的体验，其丰富程度不啻一生的记忆。尽管如此，詹姆斯·乔伊斯也不是分形学的发明者。但即使没有发明分形学，乔伊斯也很伟大。

那么，詹姆斯·乔伊斯与数学的对话究竟能告诉我们什么？乔伊斯的作品内容丰富、意义深刻，也充满想象空间，这是否意味着我们可以随心所欲地添加自己的解读？为了说明这一点，我请你看看乔伊斯说过的一句话，他说，《尤利西斯》有整整一章都是“数学教义问答”。请允许我解释一下。

你或许知道，《尤利西斯》的结构基本上参照荷马的《奥德赛》。《奥德赛》是一部讲述伊萨卡岛国王奥德修斯在特洛伊战争之后历经十年返回家乡的长篇诗歌。“尤利西斯”就是拉丁语版本的“奥德修斯”。乔伊斯把这个故事搬到了都柏林，讲述一个普普通通的中年男人利奥波德·布卢姆（尤利西斯），他遇到一个年轻人斯蒂芬·迪达勒斯（代表奥德赛的儿子忒勒玛科斯）以及布卢姆的妻子摩莉（珀涅罗珀）在普普通通的一天里发生的事情。书中的每一章都在某种程度上对应了《奥德赛》的篇章：第十一章是“女妖塞壬”，整章都是歌唱与音乐；第十七章是“伊萨卡”，因为这里讲述了一天结束之后布卢姆在斯蒂芬·迪达勒斯的陪伴下回到家中的过程；最后一章是“珀涅罗珀”，即摩莉·布卢姆著名的入睡前的意识流大段独白。

数学在《尤利西斯》这本书中起到了什么作用？书中到处都是数学概念，但“伊萨卡”这一章包含了尤其明显的数学元素。乔伊斯曾说，这一章是“数学—天文学—物理学—力学—几何学—化学层面上的升华，让布卢姆和斯蒂芬……为最后一章‘珀涅罗珀’做好准备”。他还进一步做了阐释：这一章的读者最好是“物理学家、数学家、天文学家等专业人士”。“伊萨卡”这一章的结构采用问答方式，如同教理问答，以此来夸张地表现科学的严谨性。欧几里得的书被耶稣会学校奉为数学教育的基石，几千年来一直被视为完美逻辑的典范。“伊萨卡”这章中的笑话，就是试图把这种逻辑应用在非理性行为的事物上。

斯蒂芬·迪达勒斯和利奥波德·布卢姆在都柏林市区的夜间行走，在开篇的问答环节中被赋予一层体面的几何学外表：

布卢姆与斯蒂芬的归程，采取何种平行路线？

自贝雷斯福德里出发，二人挽臂同行，以正常的步行速度，按顺序行进，途经下加德纳街、中加德纳街、蒙乔伊广场，西……同时取直径穿过乔治教堂前的圆形广场，因为任何圆圈内的弦，长度均小于其所对之弧。

换句话说，他们抄了一条近道，因为这总比沿环路行走要快一些。他们到家之后，那是“第四个等差奇数”，这是乔伊斯表述布卢姆家的门牌号为 7 的方式。布卢姆用“不规则多边形”的煤块生火。厨房里“4 条方形小手帕，折成长方形，并排相邻而不相连”，搭在“曲线形绳子”上。这读起来就像一个让人发狂的数学问题。翻过几页之后，乔伊斯带着所有这些东西前往市中心。斯蒂芬比布卢姆年轻，于是他恰如其分地扮演了提问者的角色，想要知道“他们的年龄之间存在什么关系”。这个问题引发了一段精彩绝伦的回答：

> 16 年前的 1888 年，也就是在布卢姆和斯蒂芬现在一样大时，斯蒂芬为 6 岁。16 年后的 1920 年，当斯蒂芬的年龄与现在的布卢姆一样大时，布卢姆将为 54 岁。到 1936 年，当布卢姆 70 岁而斯蒂芬 54 岁时，他们二人起初的年龄比 16：0 将变成 $17\frac{1}{2}$ ： $13\frac{1}{2}$，随着任意年份的增加，比例将增大而差距将缩小，因为如果 1883 年的比例一直保持不变，假定这是可能的，则于 1904 年斯蒂芬 22 岁，那时布卢姆 374 岁，1920 年斯蒂芬 38 岁，布卢姆将为 646 岁，而至 1952 年斯蒂芬达到大洪水后最高的年龄 70 岁时，布卢姆将 1 190 岁，相当于出生在 714 年，比大洪水前最高年龄者玛土撒拉的 969 岁还大 221 岁。而如果斯蒂芬继续活下去，至公元 3072 年达到那个年龄，则布卢姆将不得不活 83 300 岁，出生年代只能是公元前 81396 年了。

这不禁让我想起了居斯塔夫·福楼拜（乔伊斯颇为仰慕的一位作家）提出的一道数学题。他在 1841 年写给妹妹卡罗琳的一封信中说：“你正在学习几何学和三角学，让我给你出一道题吧。一艘航行在大海之中的船从波士顿出发，满载羊毛，总重 200 吨。它要开往勒阿弗尔。船上的主桅断了，水手在甲板上忙碌着，船上有 12 名乘客，风向是东北偏东，时钟指向下午三点十五分。现在是 5 月，请问船长的年龄是多少？”题目中的已知信息的确不少，但都与最终的问题无关，我们似乎回到了亚哈船长的数据过量问题。

《尤利西斯》的大部分意识流写作风格，以及《芬尼根守灵夜》中更加肆无忌惮的意识流风格，掩盖了这样一个事实，即书中的每个字都是作者字斟句酌的结果。[1] 布卢姆在那一天的内心独白像所有人一样，充满了半真半假的事实、断章取义的引文、不清不楚的科学知识碎片。“伊萨卡”一章被定义为整部书的权威部分，但乔伊斯在教理问答写作风格的掩饰之下插入了大量的错误。这让我想到，即使词典和百科全书也并非绝对正确，它们毕竟也是人类的作品。（顺便说一句，我最喜爱手中这本《钱伯斯英语词典》给 éclair 所下的定义：“一种蛋糕，形状略长，保质期略短。”）

如同“伊萨卡”一章里的科学“事实”，书中的很多数学计算都是不正确的。部分错误是有意的，但有些可能不是。当利奥波德·布卢姆在一天结束之后汇总他的支出金额时，他“忘记”写下自己在妓院的花费或许不能算作乔伊斯的计算错误。但是布卢姆在与斯蒂芬讨论年龄问题时，有关相同年龄比例下布卢姆的出生年份，的确出现了一些计算错误。例如，布卢姆要在 1952 年达到 1 190 岁（斯蒂芬 70 岁的 17 倍），他的出生年应该是 762 年，而不是 714 年。我们可以看到这个错误出现的原因——如果布卢姆出生在 714 年，他 1 190 岁时是 1904 年，恰好是这本书写作的年份，但是二人的年龄比就不再是 17∶1。即使书中存在一些故意的错误，但乔伊斯数个版本的写作稿和校对稿多次修

1. 告诉你一个秘密，我没有完整读过《芬尼根守灵夜》这本书，只是这里看一段，那里看两句。但是当我读过塞巴斯蒂安·D. G. 诺尔斯的一篇文章《〈芬尼根守灵夜〉傻瓜指南》之后，心里觉得好受多了。我强烈建议你也读一读，如果你能想办法搞到《詹姆斯·乔伊斯季刊》2008 年秋季刊。文章开宗明义地说：“我要坦白，截至 2003 年 9 月，在连续出席了 20 年乔伊斯研讨会，教授了十几门有关乔伊斯的课程，写了一本全面评论乔伊斯作品的书，还编辑了另一本书之后，我尚未读过《芬尼根守灵夜》这本书。”在避无可避的情况下，他由于承诺要开设一本有关这本书的课程，才最终将其通读一遍。

改布卢姆的预算统计数字的事实，也明白无误地表现出他在应对这些数字时确实能力不足，尽管他在学校数学考试中的表现还算不错。

但算术并不等同于数学，就像拼写不等同于文学，“伊萨卡”一章还有大量算术以外的数学元素。这里是一个有趣的题外话，有关幂的问题，就是因为这段话，后来出现了一类以詹姆斯·乔伊斯命名的数字。下面是利奥波德·布卢姆在思考与计算恒星之间距离有关的数字问题：

几年前，在1886年，当他忙于圆积求方问题时，他知道了一个数字的存在，例如9的9次方的9次方，在计算到比较精确的程度时竟如此长，占如此多的位置，以至演算获得答案后，要完整地印出运算中的个、十、百、千、万、十万、百万、千万、亿、十亿等整数，需要用33册书，每册都得印密密麻麻的1 000页，需要动用无数刀、无数令的字典纸，每个系列的每个单位数字的星云体系中的内核，都存在一种压缩的潜能，都可以淋漓尽致地发挥潜力，进行其任何次乘方的任何次乘方运算。

布卢姆在这里的表现有点儿傻，因为他根本不需要计算出9的9次方（或者9^9），不管它是多少（好吧，它是387 420 489），都必然小于10的9次方，也就是1 000 000 000。因此9的9次方的9次方也必然小于（1 000 000 000）^{9}，即1后边跟着81个零。（这个数字是196 627 050 475 552 913 618 075 908 526 912 116 283 103 450 944 214 766 927 315 415 537 966 391 196 809，仅供参考。）我们还是仁慈一点儿，假设布卢姆的意思不是说“9的9次方的9次方”，而是说“9的9的9次方”。幂有一个饶有趣味的问题，如果你想取一个幂的幂，最好先讲清楚你到底想要做什么。3^{3^3} 究竟是什么意思？它表示 3^3，也就是 27 的 3 次方吗？如果是这样，那么 $27\times27\times27$ 就等于 19 683。抑或它表示 3 的 3^3 次方，也就是 3^{27}——将超过 7.5 万亿？在指数表达式中，括号的位置非常重要，因为 $(3^3)^3 \neq 3^{(3^3)}$。

为了纪念乔伊斯，数学家把 $3^{(3^3)}$ 这类数字命名为“乔伊斯数字”，第 n 个乔伊斯数字就是 $n^{(n^n)}$。如果你觉得 2 的幂增长得太快了，那么作为幂的幂的乔伊斯数字，增长的速度更快。第一个乔伊斯数字是 $1^{(1^1)}$，也就是 1；第二个乔伊斯数字是 $2^{(2^2)}$，等于 16；第三个乔伊斯数字就是 7.5 万亿；第四个乔伊斯数字已经没有必要写出来了，它有 155 位。如果布卢姆指的是第九个乔伊斯数字 $9^{(9^9)}$，那么他所预计的能写下这个数字的图书的数量，也与事实相去不远。很有可能乔伊斯听说过这个数字，因为数学家 C.A. 莱斯曾在 1906 年证明 $9^{(9^9)}$ 有 369 693 100 位。按布卢姆所说，让 33 本 1 000 页的书写下这个数字，意味着每页纸要写下 1.1 万个数字——使用最小号字体，取消行间距，采用大版面，把页边距缩减到最小，还是有可能的。

这当然不是乔伊斯全部作品中唯一的大数，它只不过具有数学意义上的微妙色彩，让我们用来当作一个传统“上限”数字的数学复杂例子，就像我们在第 5 课提到的 99 和 999。$9^{(9^9)}$ 固然很大，但并非无穷大，依然是有边界的。我们本应把解读《芬尼根守灵夜》中的数学概念的快乐留给那些晦涩难懂的学术期刊，但我忍不住要提到，在数字象征性意义的背景下，小说中著名的“百字单词”，比如下面这句：bababadalgharaghtakamminarronnkonnbronntonnerronntuonnthunntrovarrhounawnskawntoohoohoordenenthurnuk，我相信你能猜到它表示雷声。确切地说，是亚当和夏娃堕落时天堂的回响。书中共有 10 个这样的“雷语”，但并不都是 100 个字母。前九个的确都是由整整 100 个字母组成的，第十个“雷语”有 101 个字母，合计 1 001 个字母，恰恰是很多文化中的另一个具有象征意义的数字。

让我们回到“伊萨卡”这一章。斯蒂芬即将离开，当然也不乏几何学的概念：

> 二人分手时是如何告别的？
>
> 垂直站在同一门口，分立在门的两边，两条辞行的手臂的线条相交于任何一点，形成任何小于两个直角之和的角度。

这明显是对欧几里得第五公设的蓄意扭曲：如果一条直线与两条直线相交，在某一侧的内角和小于两直角和，那么这两条直线在不断延伸后，会在内角和小于两直角和的一侧相交。[1] 如果二人依然保持平行，如同这个章节开始时的描述，那么内角和应该恰好等于 180°，也就是两个直角。这两条线将不会相交，或者至少在标准的欧氏几何里不会相交。乔伊斯应该知道，令“平行公设”不能成立的那一类几何学已经被发现了，然而故事的背景已经交代出平行线的概念，因此数学的教理问答就出现了矛盾——这算是乔伊斯为数学爱好者贡献的另一个圈内笑话。

对于这一章提到的那些作家，数学不仅是一种沟通方式，也是理解整个世界的重要工具。数学是有意义的，无论你是亚当·比德那样的乡村木匠，还是以实玛利那样的捕鲸船上的水手，数学都是一个避风港，一种慰藉。当然，风险依然存在。梅尔维尔让

1. 我在第 3 课曾用另外一种方式介绍了欧几里得第五公设：给定一条直线，取直线外的一点，有且仅有一条直线穿过该点与原直线平行。这个版本叫作“普莱费尔公理”，以苏格兰数学家约翰·普莱费尔的名字命名。他于 18 世纪发表了这项公理，在逻辑上与乔伊斯表述的内容相同，但更简单。我们在第 3 课提到希尔伯特的两个公理，其中一个就使用了这个版本。乔伊斯的版本基于原始的希腊语文献。

我们看到像亚哈船长那样把命运完全托付给统计数字的人的悲惨结局。乔伊斯荒唐的计算提醒着我们，仅仅因为一个数字听起来令人印象深刻并不能保证它是正确的。这一课提到的那些小说，用数学的棱镜折射出生活的真谛，从最小的尺度到最大的尺度——从 18 世纪都柏林街头的午夜漫步到漫长的人类历史。对这些伟大的小说家来说，数学就是他们手中一把开启世界大门的钥匙。

第7课

神话王国之旅：数学之误

在乔纳森·斯威夫特1726年的小说《格列佛游记》中，勇敢无畏的冒险家莱缪尔·格列佛探访了小人国。他详细描述了当地居民的外形尺寸，还讲述了小人国国王如何给格列佛安排宴席：

> 国王手下的数学家们用象限仪测量了我的身高，计算出我的身长和他们的比例是12∶1，由于他们的身体与我基本一样，因此得出结论：我的身体至少能抵得上1 724个小人，所以我需要的粮食也足够养活这么多小人。

尽管我们通常不愿评判科学知识在讽刺类小说中的合理性，但它总有一种令人难以抗拒的诱惑力。1 724这个数字究竟是从哪里来的？它正确吗？剧透一下：不，它不正确！如果格列佛先生想要咆哮着质疑我的小人国同僚们的学术诚信，那么作为数学家的我有责任为他们辩护。在本书前面的内容里，我已经展示了数学如何以各种各样的方式出现在虚构作品中，从具有象征意义的模式数字，到可爱的数学隐喻。在这一课，我们将探索数学的另一种应用方式：叙事技巧，我称其为“行为算术”。就像上面的计算过程一样，它通常出现在叙述者讲述某些看似不合情理的问题的过程中。一些确凿无疑的事实，假以数学计算的形式，让故事变得更加合理。

格列佛后来造访飞岛国勒普塔时，恰恰就出现了这样的问题。他再一次谈到了数学运算。据他所说，这个岛“呈正圆形，直径有 7 837 码[1]，约 4.5 英里，面积有 1 万英亩[2]”。我们读者可以自行验算一下。1 英亩等于 4 840 平方码，所以 1 万英亩的面积对于这样的一个圆来说是个相当合理的数字——近似到最近的整数，精确数字是 9 967 英亩。这里的障眼法是算术可验证性与叙事可验证性中间环节的缺失。数学计算（大致）是正确的，但绝对无法证明这样一个圆形岛屿的存在。貌似精确而实际不然的 7 837 码，或许只是为了营造出一种故事真实性的错觉。它实际上让计算变得更不准确，因为凑个整，以 7 850 来计算，几乎能推算出恰好 1 万英亩的面积——误差不到半英亩。

在这一课我会提供一些工具，让你有机会推翻某些文学逻辑，并且勇敢地发问：这件事站得住脚吗？我们将会检验小人国数学家的运算，还将和伏尔泰一起嘲笑那些故作姿态、夸夸其谈的人类，当他们面对来自天狼星的巨人访客米克罗梅加斯时，发现自己竟然是微不足道的生物。这些幻想中的神奇土地有可能存在吗？那里的居民怎样生活？我将用数学向你证明这些生物的构造是多么异想天开。

正如彼得·潘对温迪说：“你瞧，孩子们现在懂得这么多，他们很快就不相信仙子了。每次有一个孩子说‘我不相信仙子’，就

1. 1 码 =0.914 4 米。——编者注

2. 1 英亩 ≈4 046.86 平方米。——编者注

有一个仙子在什么地方落下来死掉了。”我无意发动一场仙子界的大屠杀，所以必须在这里声明，如果因为我的缘故让你觉得飞马啦、巨人啦、小矮人啦都一概不存在，那么我只能说如果你真的遇到了某个神奇的东西，一定是发生了一些超出自然规律的事情。正如我们即将看到的，住在霍格沃茨禁林中的巨型蜘蛛，必然是违背了所有能“证明”它不可能存在的数学理论。这对我来说是完全可以接受的（只要别把我跟它关在一起）。

我想先讲讲巨人的故事，因为我感觉与其他奇幻生物相比，巨人历来被相对严肃地视为有可能真实存在的生物。例如《圣经》中就有不止一个巨人。在儿童文学作品里，我们看到了罗尔德·达尔的“好心眼儿巨人”、《哈利·波特》系列作品中的半巨人海格，还有其他许多人。巨人是讽刺类小说中颇受欢迎的角色。法国作家弗朗索瓦·拉伯雷（就是他给英语添加了一个形容词 rabelaisian，意思是“下流粗俗”）因他的作品《巨人传》而久负盛名，这是一部五卷本的作品，讲述了两个巨人的故事。仅凭第一次遇到巨人庞大固埃那一卷的名字，我们就能稍稍感受到该作品所包含的欢快格调：《伟大的巨人高康大之子、非常著名的渴人国国王庞大固埃可怕又恐怖的言行》。巨人夸张的体型凸显了我们自身无法摆脱的肉体，所以这是以一种有趣的方式来取笑我们对自己身体偶尔会产生的羞怯感。拉伯雷让自己沉浸在荒唐可笑的故事情节中。高康大出生的时候，是从他母亲嘉佳美丽的耳朵眼里爬出来，之后的蠢事就一发而不可收。书里经常出现数字和数学计算，比如给高康大做一个遮阴布需要多少布料（十六又四分之一埃尔[1]，大约 20 码，我知道你肯定要问）。但人们很快就在兴高采烈之中放弃了这个想法，就像我们开玩笑说某个不起眼的东西价值 100 万美元一样。

1. 埃尔，旧时量布的长度单位。

书中用来描述高康大体型的数字毫无逻辑性可言——只是为了表现他喜气洋洋的傻劲儿。我们被告知，婴儿高康大的牛奶要由“一万七千九百一十三头包提邑和泊来蒙的奶牛”来供应。他的鞋“用掉闪光蓝色丝绒四百零六埃尔，先把料子裁成样子相同的长条，然后编成两个同样的圆筒”。他用一把九百英尺长的梳子梳头，上面的齿都是整根大象牙。高康大来到巴黎，在街上撒尿，一下子淹死了“二十六万四百一十八人，女人和小孩还不算”。还有更令人发指的数字，高康大的妻子死后，他心心念念她身体上的一个“小”部位，“它整整占据了六英亩三杆五杖四码两英尺一英寸半的好林地”。这样的描写自然乐趣无穷，但是拉伯雷并未告诉我们巨人究竟有多大，所以探讨他们是否有可能存在的问题是毫无意义的，我们毕竟没有足够的信息来做出合理的推断。

接下来让我们前往布罗卜丁奈格（巨人国），因为这里出现了非常具体的信息。格列佛离开小人国之后就来到了布罗卜丁奈格，这里与小人国正好相反，布罗卜丁奈格的一切东西都比我们的世界里大 12 倍。这就方便了，因为这意味着通常 1 英寸的长度（比如一只黄蜂）现在就变成了 1 英尺。所以不仅人是巨人，植物和动物，甚至连冰雹都格外巨大。有一次格列佛不幸遇到一阵冰雹：“我立刻就被打倒在地。我倒在地上，那冰雹狠狠地砸遍了我的全身，就好像有好多网球打在身上一样……这也没有什么值得大惊小怪的，因为那个国家所发生的每一件事情，大自然都遵守同样的比例。那里的一颗冰雹差不多就是欧洲冰雹的 1 800 倍。”

“差不多 1 800 倍”，这个数字是从哪里来的？我们知道所有的尺寸都要乘以 12，所以那里的冰雹长度、宽度和高度都是我们的冰雹的 12 倍。这意味着它的体积并不是增长了 12 倍，而是 $12\times12\times12=1\ 728$ 倍，因此也可以说“差不多 1 800 倍”（尽管它的近似值应该是 1 700）。这就是巨人的问题的开始。如果所有长度都按同比例增长——这里是 12，我们也可以用一个固定值 k 来表示，那么体积增长的比例就是 $k\times k\times k$，利用数学符号表示就是 k^3，表示 3 个 k 相乘。换句话说，体积与缩放因子的立方同比例变化。同时，与此物体相关的任何面积则与缩放因子的平方同比例变化。请参考下图进一步理解。我在这里试图展示的是当一个盒子的每一条边都乘以 2 之后发生的变化。为了更形象地阐述，我们假设该盒子的长为 w、宽为 d、高为 h。

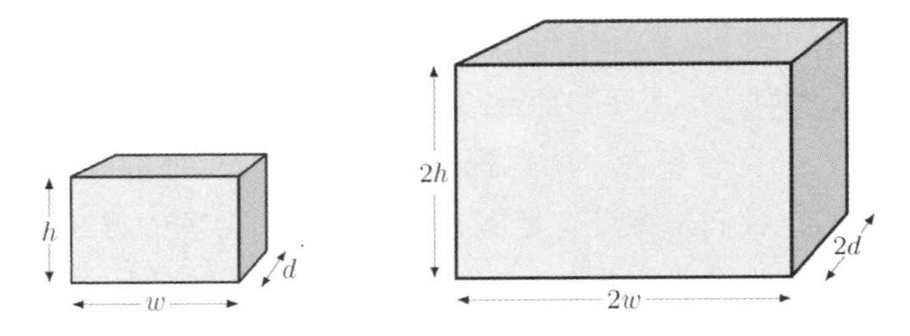

假设盒子的体积为 V，而 $V=w\times d\times h$。如果我们把它放大 2 倍，那么新盒子的长度是 $2w$，宽度是 $2d$，高度是 $2h$，它的体积就变成了 $2w\times 2d\times 2h=8(w\times d\times h)=8V$。没错，这与我们推断的结果一致，因为 $8=2^3$。再来看看盒子的底面积 A，它等于 $w\times d$，新盒子的底面积就是 $2w\times 2d=4A$，而 $2^2=4$。

我在前面说过，平方因子的规律适用于与此物体相关的“任何”面积。我的意思是，不仅盒子的底面积与缩放因子的平方同比例变化，而且其他的面积，比如盒子的任意截面以及它的表面积，都具有此项特征。我们并不需要列出表面积公式来验证这件事［但如果你想知道，公式就是 $2(wd+dh+wh)$］，只需要知道表面积就是几个面积之和，而每个面积都是长和宽的乘积，因此长和宽加倍之后面积就要乘以 4。总而言之，被放大 k 倍的盒子体积变成了 k^3V，面积变成 k^2A，这叫“平方－立方法则”。

巨人就是在这时遇到了棘手的问题。人类在行动时，支撑身体重量的是他们的骨骼，有研究显示，人类的大腿骨在遭受10倍于常规压强时将会断裂。你或许还记得高中的物理课，压强表示单位面积上受到的压力，即“$压强=\frac{压力}{面积}$”。这里的面积就是大腿骨横截面的面积，压力来自受地球引力牵引的人体质量，而人体质量与我们的体积大致成正比。所有这一切都意味着，大腿骨承受的压强与$\frac{体积}{面积}$成正比。如果我们把人体放大k倍，那么“平方－立方法则”告诉我们体积增加了k^3倍，而面积只增加了k^2倍。也就是说，放大后的人类大腿骨所承受的压强已经不是原先的$\frac{体积}{面积}$，而是变成了$\frac{k^3\times(体积)}{k^2\times(面积)}$。抵消掉几个$k$之后，就是$k\times\frac{体积}{面积}$。换句话说，放大后的人类大腿骨所承受的压强是原先承受压强的k倍。布罗卜丁奈格人的身体是格列佛身体尺寸的12倍，这意味着他们在站立不动时骨骼承受的压强是格列佛的12倍。但骨骼在10倍压强之下就会断裂，所以只要布罗卜丁奈格人一移动身体，他们的大腿骨就会断裂。

这样看来，布罗卜丁奈格人不可能是真实的存在。不幸的是，还有好心眼儿的巨人，以及约翰·班扬《天路历程》中的教皇巨人和邪教徒巨人，他们身高大约60英尺，是男主角基督徒（除非神意使然——所有希望都寄托在无所不能的神灵身上）身高的10倍。至于金刚，即使真的存在（电影对金刚体型的描述并不一致），他也是个极为孱弱的家伙——他连自己的体重都无法支撑，更不用说在摩天大楼上跳来跳去，还打落空中的飞机了。菲伊·雷或许都能轻而易举地击败他。

但希望还是有的，尤其是对那些体型较小的巨人来说。《哈利·波特》中的霍格沃茨魔法学院的钥匙管理员鲁伯·海格是个半巨人。书中说他的身高是正常人的两倍，关键的信息是说他身体的宽度是常人的 3 倍。让我们假设他身体的厚度也是常人的 3 倍，那么很有可能他的骨骼横截面积就是常人的 9 倍（3 的平方）。但他的体重只是常人的 18 倍，而非 27 倍，这表示他的骨骼只承受了正常人两倍的压强。行走必然没有问题，或许还能跑几步，但很容易发生骨折，而且他肯定不能再做他的标志性动作金刚跳了。同样幸运的还有巴山王噩，摩西在《申命记》中遇到的一个巨人。他准确的体格数据书中没写，但我们知道他的床有 13 英尺长，所以或许他只是正常人身高的两倍，骨骼要承受两倍的压强。同样，活下来没问题，但他无法成为一名强大的战士。[1]

在继续下面的内容之前，我想先跟你说说《米克罗梅加斯》这本书。它是伏尔泰创作的一部短篇讽刺小说，偶然听到这部小说让我产生了一种又爱又恨的感觉。我是那种不能让脑子闲下来的人，我经常听着有声书或电台广播慢慢入睡。当然，内容不能太过刺激。有声书公司 Audible 发现很多人都有这样的习惯，于是推出了一个能令人昏昏欲睡的“成人睡前故事”系列。然而我很震惊地发现，这个系列的第二本书竟然是 W.W. 劳斯・鲍尔的《数学史简论》（*A Short Account of the History of Mathematics*）。他们怎么能这么干！接下来的一本书就是伏尔泰的《米克罗梅加

1. 人类有记载以来最高的人是罗伯特・瓦德罗（1918—1940）。他患有脑垂体疾病，这意味着他的身体产生了过多的生长激素，而且分泌过程持续了一生。他 8 岁时的身高就超过了父亲，22 岁去世时他的身高是 8 英尺 11.1 英寸（2.72 米），体重 315 磅（199 千克）。他在国际鞋业公司找到了一份促销员的工作，该公司是想表明，它如果能做出瓦德罗脚上 37 码的鞋子，那么什么鞋子都能做出来。瓦德罗行走时需要腿部支架的辅助，而且他的腿和脚都丧失了知觉——这也是他最终的死因，因为他感觉不到一根腿部支架造成的擦伤，进而被感染，直到发展成无法挽救的败血症。

斯》，我从未听说过这本书。它讲述了一个来自天狼星轨道上的一颗行星名叫米克罗梅加斯的巨人造访地球的故事，你能想象我听到这个故事之后有多么兴奋吗？伏尔泰在书中描述了他的精确尺寸，还提到了数学家如何采用各种方式计算出他的母星的大小。好吧，伏尔泰先生，既然你让数学家插手这件事，那就让我们来看看你的计算结果如何。

《米克罗梅加斯》是对人类虚荣和自大心理的讽刺。我们这些渺小的生物自说自话，自以为很了不起，但是在米克罗梅加斯面前无异于一只小蚂蚁。他如此巨大，甚至都看不到我们。他来到太阳系后先遇到了身高 6 000 英尺的土星人，之后来到地球。他甚至听不到人类说话，因为人类的声音实在太小了，他只能借助一个助听筒——用他自己的指甲盖制成，原因或许只有他自己才知道。书中说米克罗梅加斯的身体是人类的 24 000 倍，根据“平方 - 立方法则”，他的骨骼所承受的压强就是人类的 24 000 倍。因此，在地球的引力之下，他和他的土星朋友必然会摔倒在地，动弹不得。但这件事不禁让我想起，或许在另一个星球上，在不同的引力条件下，巨大的类人生物也有存活的可能。

伏尔泰写道：

那些在民众中呼声很高的几何学家[1]会立即拿起笔，发现天狼星国居民米克罗梅加斯先生身高 24 000 步，相当于 120 000 英尺，而我们地球公民的身高不过 5 英尺，我们星球一圈的长度是 9 000 里格[2]。我会说，他们将发现能容纳他的星球周长绝对是我

---

1. 有些版本写作“代数学家”。
2. 里格是古老的测量单位，在陆地上，1 里格通常被认为是 4.827 千米。——编者注

们小小地球的 21 600 000 倍。自然界里再也没有比这个问题更简单、更明白的了。

就让我们来看看这个计算过程吧。我猜伏尔泰其实是在嘲笑这些几何学家对什么事都表现出胸有成竹的样子。他的意思是说，米克罗梅加斯的身高是人类的 24 000 倍，所以他的星球周长就必然是我们星球周长的 24 000 倍，因此就是 9 000 乘以 24 000。这里已经出现了一个问题，9 000 乘以 24 000 等于 216 000 000。真抱歉，伏尔泰，你少写了一个 0。而更重要的问题在于，这样的推论正确吗？还记得当我们讨论骨骼承受的压强时，我说压力来自地球引力对我们身体质量的作用。如果你来到一个引力为地球两倍的星球上，你承受的压强也将变为两倍。换个思考角度，如果说米克罗梅加斯来自这样一个星球，他的骨骼所承受的压强与人类骨骼在地球上承受的压强相当，那么这个星球的引力只能是地球引力的 1/24 000。

会有这样的星球吗？把地球的引力放大 24 000 倍将是多少？艾萨克·牛顿早已发现了万有引力定律：重力遵循所谓的“平方反比定律”。这意味着一个物体（比如地球）对你施加的引力取决于 1 除以你与该物体距离的平方。如果你与地球中心的距离加倍，那么重力就要除以 2 的平方，也就是 4。你或许会说，这样看来，珠穆朗玛峰上的重力要比海平面上的重力更小了？的确是这样。珠穆朗玛峰顶的重力是 9.77 米 / 秒 ^{2}，而北冰洋表面的重力测量值是 9.83 米 / 秒 ^{2}。所以如果你想瘦身，别一心想着控制饮食了，只需要搬到一个海拔高的地方去。

另一个影响引力的因素是星球的质量。如果质量加倍，引力也随之加倍。我们可以用这样一个简单的表达式来概括上面的内容：

$$星球引力 \propto \frac{星球质量}{(星球半径)^2}$$

符号∝的意思是“成正比”，即便表达式两侧的数字不一定相等，但它们会发生同比例变化。如果右侧的数字加倍，左侧的数字也相应加倍。所以，我们可以想象一个最简单的可能性，让地球的大小增加一倍。它的体积，也就是质量，将增加缩放因子立方的倍数，于是质量变成原来的 8 倍。但与此同时，与地球中心的距离（也就是半径）也会增加一倍，半径的平方增加了缩放因子平方的倍数，于是半径的平方变成原来的 4 倍。这就像“平方 – 立方法则”！最终引力的变化就是，加倍的地球产生的引力也是加倍的。

如果一个类地行星的半径是地球的 24 000 倍，那么它的引力也将是地球的 24 000 倍。但是这样一来，米克罗梅加斯的处境将比在地球上更糟糕。要让他获得与我们的骨骼在地球上所承受的同等压强，他的星球（如果除了尺寸各方面都与地球一样）就不能是地球大小的 24 000 倍，而应该是 1/24 000。米克罗梅加斯无论如何都不能生活在相当于地球大小 1/24 000 的星球上，他的身高是 120 000 英尺，而这个星球的周长才只有 5 478 英尺，这就像一个人踩在一颗葡萄上。伏尔泰的几何学家们彻底搞错了，我们毕竟不知道伏尔泰是否意识到这两个错误。或许他是有意为之，只为表明即使聪明如几何学家的人也会犯错——毕竟，这是对人类自大行为的一种讽刺。或者，他的算术可能不是很好。

我们还可以进一步思考更复杂的情形，例如“非类地行星”。要想让一个体积更大的星球产生同等的引力，我们可以降低它的密度，因为尽管星球的质量取决于它的体积，但也取决于它的密度。或许那颗巨大的天狼星系行星本身的密度就极低。人类已知密度最小的行星有一个颇具喜剧效果的名字——“超级蓬松”行星，它们的密度是地球的 1%。这意味着，那颗天狼星系行星的引力至少也是地球的 240 倍，这依然是一条死胡同。当然，其他星球上的生命形式可能与人类天差地别。所以下一次当你读到外星人入侵地球的科幻小说时，你就可以用专业的眼光端详这些外星人的形态，并以此推断出他们母星的大小，以及他们在地球上的旅行是否会让他们的腿骨折了。“平方 – 立方法则”可以给我们一些有用的基本规则。

* * *

“平方 – 立方法则”无疑是这个世界上的巨人们必须接受的一个坏消息，但由此也引出了一些与动物有关的问题。世界上最小的哺乳动物是大黄蜂蝙蝠，它的重量只有 1.7 克，体长 1.25 英寸。与之相对的是高康大式（谢谢拉伯雷为我们带来这个形容词）的蓝鲸，它的身体长达 98 英尺，重量超过 200 吨。这是怎么回事？大型动物不可能是小型动物的同比例放大，因为它们会被自身的重量压垮。问题的答案就在于进化。想想老鼠的腿，再想想大象的腿，象腿按比例来看一定更粗，因为它的腿骨横截面积必须跟上体积，也就是质量的增加。伽利略就是根据这个现象最早发现了平方 – 立方法则的（但他没有为其命名）。

我们都知道哺乳动物能进化出巨大的体型，但小说里还经常出现其他类型的巨大生物，比如改编自美国作家唐纳德 ·A. 沃尔海姆的短篇科幻小说，由吉尔莫 · 德尔 · 托罗 1997 年执导的影片《变种 DNA》中入侵纽约地铁站的 6 英尺长的蟑螂。谁又能忘记 1954 年的影片《它们！》（*Them*！）中横行新墨西哥州沙漠的巨型蚂蚁？或者，正如这部影片宣传海报上的广告词：“一英里深的地下墓穴中爬出一群恐怖的爬行巨物。”这种非自然进化的生物其实是核试验辐射的产物。巨型昆虫有可能存在吗？霍格沃茨森林中如大象般大小的魔法八眼巨型蜘蛛阿拉戈克有可能存在吗？

已知最重的成年昆虫是巨沙螽，它可以长到 8 英寸长，重量超过 2.5 盎司[1]，加上样子丑陋，看起来非常可怕。而巨型甲虫的幼虫可能更重，达到骇人的 4 盎司（但身体略短，为 4.5 英寸）。竹节虫可以更长，但体重较轻，就是因为它竹节状的形状。世界上最长的昆虫是收藏在中国成都华希昆虫博物馆中的一只巨大的竹节虫，它的长度达到了令人难以置信的 25 英寸。蜘蛛可以长得更大。亚马孙巨人食鸟蛛是已知体重最大的蜘蛛，能达到 6.2 盎司，体长 5.2 英寸。很抱歉，或许你们已经察觉到了，截至目前，我们都一心想要借用数学理论证明昆虫和蛛形纲动物不会变得太大。顺便说一句，请原谅我对昆虫的偏见。我和其他人一样喜爱蝴蝶或大黄蜂，但我依然要跟巨型昆虫划清界限，无论它们对生态环境有多么大的贡献。令“恐虫”人士深感欣慰的是，自然界已经设定了这条线，进化论可以在适应性方面进行调整，比如让动物长出更粗的腿。

第一个问题是昆虫和蛛形纲动物的骨骼都长在体外（外骨骼），尽管这能让它们具有一个坚固的结构，但这也意味着它们在成长过程中要多次蜕壳。当新的外骨骼尚未硬化时，它们处于相当脆弱的状态。如果超过一定的尺寸，周期性脱落外骨骼不利于幼虫存活。

另一个起作用的因素就是氧气。昆虫和蛛形纲动物与其他种类的动物一样，它们的生存都需要氧气，而且必须让氧气进入身体的各个部位。大型动物都有循环系统，比如哺乳动物和鸟类，心脏泵出的血液通过血管把氧气输送到全身。氧气通过肺进入我们的身体，被肺的表面吸收，因此肺表面有大量的褶皱，可以扩大吸收面积。根据美国肺脏协会提供的信息（他们应该知道），人类肺部的总表面积大约一个网球场那么大。如果把与肺连通的气

---

1. 1 盎司 =28.349 5 克。——编者注

管一根一根地接起来，能绵延 1 500 英里。

然而，昆虫和蛛形纲动物都没有肺。它们的确有类似血液的物质，但是不能运输氧气。于是它们直接利用体表吸收氧气，通过极其微小被称为“呼吸管”的管道运送给体内的细胞。这里就有“平方 – 立方法则”的用武之地了。一只昆虫吸收的氧气量与它的体表面积成正比，但它实际需要的氧气量与体内细胞的数量成正比，细胞数量又随着体积的增长而增长。我们知道，表面积取决于缩放因子的平方，但它很快就会被取决于缩放因子立方的体积超过，因此巨大的昆虫会窒息而死。

为了消除大家的疑虑，我们来尝试计算一下蜘蛛有可能出现的最大尺寸。加利福尼亚大学尔湾分校 2005 年的一项研究显示，当空气中的氧气浓度仅为大气中氧气浓度的 1/5 时，昆虫也能生存。根据“平方 – 立方法则”，如果我们把一只昆虫放大 k 倍，那么每平方厘米的体表面积就要多吸收 k 倍的氧气。因此从理论上说，一只昆虫在不窒息而死的情况下生长的上限是当前的 5 倍。我们的朋友阿拉戈克据说跟大象不相上下，也就是 2~3 米长。即使把一只亚马孙巨人食鸟蛛放大 10 倍也只有 4 英尺 4 英寸，所以，阿拉戈克必然是魔法世界里的生物。如果我们把亚马孙巨人食鸟蛛的 5 倍作为上限，出现在我们面前的就是一只长达 2 英尺的蜘蛛，还是不要让我碰到这样的东西吧。

古生物学家读到这里或许会表示抗议，因为他们发现史前昆虫要大得多（瑟瑟发抖）。例如，有一种类似蜻蜓的原蜻蜓目生物，其中最大者巨脉蜻蜓飞翔在 3 亿年前石炭纪晚期欧洲大陆的上空，那时恐龙还没有出现。一块化石标本显示，它两翅展开的长度为 2 英尺 4 英寸，重量估计超过 7 盎司。这怎么可能呢？一个原因在于，史前不同时期地球大气层中氧气的浓度比现在高很多，昆虫外骨骼吸收的氧气量大大增加。但或许更重要的原因在于天敌，这些昆虫完全霸占了那一时期的天空，它们可以肆无忌惮地拥有庞大的身体。当翼龙出现之后，情况发生了改变，2 英尺长的蜻蜓无疑成了翼手龙的美食。

正如昆虫和蛛形纲动物无法承受庞大的体型一样，温血动物也不能长得太小。或许这就是为什么昆虫和蛛形纲动物都进化得更小，从而填补了哺乳动物留下的空白。温血动物与昆虫不同，它们通过体表散发体内的热量，所以我们流失的热量与我们的体表面积成正比。当我们身体变小时，体内产生的热量迅速下降，要比表面积的减少快得多。因此，小型哺乳动物热量流失的速度快过它们体内产生热量的速度，当超过某个平衡点后，它们就无法继续保持身体的温度。小型哺乳动物的外形通常比大型哺乳动物更像球形，而且覆盖着浓密的毛发（比较一下小鼠与大鼠，小鼠看起来既毛茸茸又圆滚滚）。在寒冷的气候里我们找不到小型哺乳动物，我们能找到体型较大的北极兔，但找不到体型较小的北极兔。哺乳动物出生时的身体最小，它们通常有皮毛或其他进化特征来帮助它们维持体温，样子类似于“婴儿肥”吧。鸟类也是如此，刚刚破壳而出的小鸭子比成年鸭子看起来毛茸茸得多。而另一个极端是，大型哺乳动物必须面对体温过高的问题，相对较小的体表面积无法充分散发它们巨大的身体所产生的热量，因此出现了多种进化策略，比如非洲象巨大的耳朵。

看起来，巨人不可能征服地球（至少没有超自然力量的帮助是做不到的）。但是童话故事和寓言中的另一类主人公小矮人的命运又如何呢？我们已经见识过小人国的人，而且要感谢格列佛的详尽描述，我们知道了他们的具体尺寸。收缩射线、微型药剂或神秘的放射性雾气，都能让电影中的人物变成各种比例的小人。独眼巨人博士在 1940 年的同名电影中把惊恐万状的受害者缩小到身高只有 12 英寸的小人，而《不可思议的收缩人》（1957）则注定要永远萎缩下去。在近期的影片《亲爱的，我把孩子变小了》中，倒霉的发明家把孩子们缩小到 1/4 英寸——大约 1/200 的缩放因子。马特·达蒙在 2017 年的影片《缩小人生》中变成了身高只有 5 英寸的小矮人。

仙子、精灵和其他奇幻生物都很小，但他们既不是特定的微缩型人类，也从未被赋予具体的尺寸，所以很难推断出他们的物理特性。我的女儿曾经让我给牙仙子做一身衣裳，跟她掉落的牙齿一起放在枕边。通过这件事我得出了几个结论：（1）我不是一个好裁缝；（2）牙仙子身高只有 2 英寸；（3）如果她能穿上这身衣服，她绝对与正常人类身体的比例有所不同。

我们的确找到了一些与文学中颇受喜爱的小人家族相关的信息。波德、霍米莉·克洛克和他们的女儿阿莉埃蒂都是玛丽·诺顿的畅销儿童图书系列中“借东西的小人”，他们都是极小的人类，估计是我们的 1/16，栖息在人类房子里看不见的地方。克洛克一家人住在索菲姨妈家的客厅里，就在祖父留下的大座钟的下面。他们总要“借用”生活中的各种物品——针、大头钉、火柴盒、纽扣、纸张、线轴，就是那些每当你需要时总也找不到的小东西，现在你知道它们都跑到哪儿去了。你或许也看过吉卜力工作室制作的那部画面精美的影片《借东西的小人阿莉埃蒂》，其情节就改编自该系列小说的第一部。

这些小人的生活究竟是怎样的？我会主要讨论小人国人们的生活，因为格列佛给我们讲述了小人国居民以及他们所在世界的具体尺寸（我们世界的 1/12），但你也可以把同样的思路用在其他小人世界里。格列佛的船在航行中遭遇海难，他在小人国的海滩上醒来，起初被他们当作敌人绑在地上，后来小人社会接受了他，尽管他是个巨人。他甚至还帮助小人国与邻国的布莱夫斯库人打赢了一场战争，这两个虚构的王国分别代表英国和法国。爆发战争的原因就如同人类所有的战争一样微不足道：小人国的传统是在吃鸡蛋的时候要先打破鸡蛋较小的一端，而布莱夫斯库人则主张从较大的一头开始吃鸡蛋。庄重的礼仪遭到侮辱显然令人无法忍受。我们可以在见证双方荒谬争执的同时，反省一下自身对这类琐碎问题的纠结。

说到小人国的生活，首先值得一提的是，在谈到力量时，那里的人极大地受益于“平方－立方法则”。还记得我们谈到人体被放大后骨骼所要承受的压强吗？我们发现如果人体被放大 k 倍，骨骼所承受的压强也要变大 k 倍。而这里的缩放因子是 $\frac{1}{12}$，因此，小人国的人骨骼所承受的压强发生了同样的变化。相对来说他们更加强壮，能搬动数倍于他们体重的物体。在故事里，我们有时会看到站在高处的小人遭遇危险，比如他们站在人类的桌子上或者站在格列佛的肩头。从这样的高度掉下来，对我们人类来说虽然无关紧要，但必然会让小人国的人遭受致命的伤害，对吗？然而，关于坠落还有一个不同寻常的理论。坠落之所以危险，是因为我们在坠落的过程中积蓄的动能在接触地面的一瞬间被释放出来。但我们并不会无限制地加速，你或许听说过“终端速度”这个概念。我们在重力的作用下在坠落时会加速，但还有一小股与之相反的空气阻力形成了反作用力。空气阻力不但跟我们运动的速度成正比，还跟我们的身体与空气接触的面积成正比。随着速度不断增加，空气阻力也持续加大，直到两股力量（重力与空气阻力）在某一点达到平衡，这时我们就会停止加速——我们达到了终端速度。

人类的终端速度大约是 50 米 / 秒。经美国国家航空航天局验证，人类在遭遇速度不超过 12 米 / 秒的撞击时仍可安然无恙，而更高速的撞击必然会导致严重的伤害或死亡。降落伞的原理就是增加坠落物与空气的接触面，从而加大空气阻力，让平衡点尽早出现，形成较低的终端速度。那么小人的终端速度应该是多少？重力产生的向下的力与我们的质量成正比，与我们的体积也成正比，空气阻力与我们的表面积成正比。这意味着如果我们被放大 k 倍，重力产生的向下的力变成 k^3 倍，而空气阻力产生的向上的力变成 k^2 倍——“平方－立方法则”再次出现！也就是说，这两股力量将在 k 倍于原始终端速度时相互抵消。对小人国居民来说，缩放因子是 $k=\frac{1}{12}$，所以他们的终端速度只是我们的 1/12，即仅为 4.2 米 / 秒。

好啦，我们可以愉快地从空中坠落啦！那么当我们接触地面时会发生什么？我们积蓄的所有动能将被释放出来。我自己经过一番测算，发现人体所能承受的最大撞击速度按系数 k 缩放是 $\frac{1}{\sqrt{k}}$。人类撞击速度的极限是 12 米 / 秒，那么缩放后的人类就能承受 $12\times\frac{1}{\sqrt{k}}$ 米 / 秒的撞击速度。我们把 $k=\frac{1}{12}$ 代入这个表达式，就会发现小人国的人能承受 $12\sqrt{12}$ 的撞击速度，也就是 42 米 / 秒。但是等一下，他们的终端速度也只有 4.2 米 / 秒，这意味着无论他们从多高的地方掉下来，下落的速度都不会超过 4.2 米 / 秒，所以他们从任何高度坠下都会安然无恙。他们根本不需要攀住绳子从格列佛的腿上垂降下来——从他的头顶上一跃而下也能毫发无伤。科学家 J.B.S. 霍尔丹在 1927 年的一篇文章《论恰当的尺寸》（“On Being the Right Size”）中，运用形象的比喻对动物坠落的现象提出了与之相似的观点。他说，如果你把一只老鼠丢进 1 000 码深的矿井里，它肯定会安然无恙，但人从这个高度坠下必然无法生还。而如果是一匹马，霍尔丹说，结果将是“血肉四溅”。[1]

---

1. 这篇文章被收录在《可能的世界与其他论文》(*Possible Worlds and Other Essays*) 一书中，由查托 & 温都斯书局于 1927 年出版，互联网上有该书的电子版。霍尔丹在讨论飞行的问题时，还宣布了有关天使的坏消息。他说，如果你把一只鸟放大 4 倍，那么能使其继续飞行的力量就需要增加 128 倍。他还说，天使的“肌肉力量与其自身重量相比，并不比鹰或鸽子更强，因此天使需要约 4 英尺的胸部来容纳能挥动翅膀的肌肉，而为了节省重量，天使的腿必须变成高跷那样的细长条”。

收缩射线的受害者遭遇的另一个可怕的情形就是落入了一个巨大的容器中，比如一个果酱罐。但这也不是问题。实际上，跳跃到一定高度所需的能量大致与你的质量成正比，而肌肉所产生的能量也与肌肉的质量成正比。这意味着两个缩放因子可以相互抵消，一个被缩放后的人跳跃所能达到的高度，大致与正常人跳跃的高度相同，也就是 1 米左右，除非你是个跳高运动员。所以掉入果酱罐的“借东西的小人”根本不用担心，他们纵身一跃就能脱离困境。顺便说一句，这也表明，某些影视剧中真人大小的跳蚤能跃上一座摩天大楼的情节是多么荒唐。实际上，在可怜的巨型跳蚤因窒息或因自身重压而倒下之前，它也只能跳到它的标准尺寸的同类所能跳跃的高度，大约 7 英寸。

到目前为止，小人国居民似乎受尽了上天的垂青，但他们接下来也要为此付出代价。正如我在前面提到的，小型哺乳动物为了保持体温费尽了心机。他们体内热量流失的速度比正常的我们快很多，而体温下降意味着巨大的风险。格列佛造访小人国的几年后，这种热量流失现象彻底改变了 18 世纪格拉斯哥一位年轻工程师的生活。他负责的一项工作是研究大学里一台同比例打造的著名纽科门蒸汽机模型，这是由托马斯·纽科门设计的一台早期蒸汽机，被广泛用于从矿井中抽水的工作。这台蒸汽机的工作原理是对汽缸反复加热和冷却——蒸汽在冷却时体积被压缩，形成部分真空，推动活塞运动。蒸汽机的确能正常运行，但效率不高，因为很多热量在温度的频繁变化中流失了。然而，它的同比例模型根本不起作用，尽管每个部件都按照全尺寸蒸汽机的相同比例精确缩小。现在我们已经是“平方 - 立方法则”的专家了，你或许已经知道了问题出在哪里。导致全尺寸蒸汽机运行效率不高的热量流失因素，在同比例模型中被进一步放大，因为热量的流失由表面积决定，而热量的产生与体积成正比——和哺乳动物一样。

为了制造一个能正常工作的蒸汽机模型，这位天才工程师想到了分离冷凝器的主意，这是蒸汽机设计中一项突破性的创举，也为工业革命铺平了道路。詹姆斯·瓦特（这位年轻工程师的名字）一举成名，功率的单位“瓦特”就以他的名字来命名。这一切都要归功于“平方－立方法则”。

我不知道小人国居民有没有蒸汽机，但坦率地说，这恐怕是他们最不需要操心的问题，因为我更担心他们的新陈代谢速度。格列佛说，根据小人国数学家的计算，鉴于他比小人国的居民大12倍，那么他需要1 724倍的食物。我猜背后的逻辑是说，他的质量是小人国居民的12^3倍，因此也需要12^3倍的能量。但这个数字应该是1 728呀。（在某些年代接受基础教育的读者或许还隐约记得，我们在学校里学到过这个数字，它是1立方英尺转化成立方英寸的数量。）有些版本的《格列佛游记》把原文中的1 724改成了1 728，我们始终不知道这个错误究竟是如何产生的——小人国的数学家？（呸！绝对不是！）格列佛错误的记忆？乔纳森·斯威夫特糟糕的算术水平？也可能只是个印刷错误。如果非让我从中选择一个，我将不得不选择斯威夫特的算术。

我已经提到了他对勒普塔岛的描写：正圆形、直径7 837码，面积有1万英亩。如我所说，7 837这个数字或许是正确的，但并不精确。当然，我们要公平一点儿，纯手工计算这些数字绝非易事——先要把英亩转换成平方码，再除以π，取平方根得到圆的半径，然后乘以2得到圆的直径。谢天谢地，我的手机里有计算器应用程序，所以我在此以宽大之心原谅斯威夫特先生，尽管他在书中刻意丑化了数学家，说勒普塔的居民都沉迷于数学思考无法自拔，以至走在街上从来都不看脚下的道路。为了避免受伤，这些人通常会找一些仆人，让他们用一袋小石子不时地拍打他们的脑袋，让他们从数学幻想中分一分神。这真是太愚蠢了，数学家怎么能心不在焉……我说到哪儿了？啊！对了，1 728 这个数字其实也不完全正确，因为我们现在已经知道，动物的大小与它所消耗的能量之间存在较为复杂的关系。

温血动物，如人类和其他哺乳动物，其体内热量流失的速度与体表面积成正比，但动物体内的能量还要被用来完成其他工作，包括维持器官正常运行、输送血液、消化食物等等，我们或许会觉得这些活动所需的能量与动物的质量大致相关。这意味着，身体所需的能量，也就是新陈代谢的速度，既取决于体表面积又取决于质量。一个特定体型的动物的质量 m 与其高度的立方成正比，体表面积与其高度的平方成正比。所以，如果新陈代谢的速度完全取决于热量的流失（体表面积），那么它将取决于高度的立方根的平方，即 $m^{2/3}$，而如果它完全是因为维持器官的运作，那么它直接取决于质量。

瑞士科学家马克斯·克莱伯在 20 世纪 30 年代研究了不同大小的哺乳动物，他发现哺乳动物的新陈代谢速度在很大程度上与其质量 m 的 $\frac{3}{4}$ 次方成正比。这意味着，如果我们知道某个哺乳动物每天需要 100 卡路里才能生存，那么一个质量为其两倍的动物每天所需的就不是 $2\times100=200$ 卡路里，而是 $2^{3/4}\times100$，也就是大约 168 卡路里。这项经验法则被称为“克莱伯定律”。当前人类的饮食规律表明，像格列佛这样的成年男性每天需要大约 2 500 卡路里的热量。小人国的人作为迷你格列佛，质量是格列佛的 $\frac{1}{1\ 728}$，于是克莱伯定律告诉我们，迷你格列佛每天需要 $\left(\frac{1}{1\ 728}\right)^{\frac{3}{4}}\times2\ 500$ 卡路里，这样算下来只有微不足道的 9.3 卡路里。至此一切还算顺利。

但是这里出现了一个大问题。我在前面提到过，小人国所有的东西都是正常尺寸的 $\frac{1}{12}$，而不仅仅是小人国居民。树木、庄稼、牲畜，所有东西都像玩具屋那么大。有过节食经历的人都知道，食物中卡路里的含量取决于它的质量，100 克糖所含的卡路里是 50 克糖的两倍。这意味着小人国居民的农业数学计算是不合理的。为了便于大家理解，让我们以苹果为例。假设一个苹果含有 100 卡路里，那么格列佛每天吃 25 个苹果就能满足日常所需的卡路里。现在我们来看看迷你格列佛每天需要多少个迷你苹果。同样，每个迷你苹果的质量是正常苹果的 $\frac{1}{1\,728}$，这意味着每个苹果包含 $\frac{100}{1\,728}$ 卡路里，也就是微乎其微的 0.058 卡路里。以此推理所产生的结果非常严重。迷你格列佛要想获得每日所需的卡路里，就需要吃掉 161 个小人国苹果。[1] 比格列佛每天吃掉的苹果的 6 倍还要多。迷你格列佛们恐怕整天都要忙着摘苹果、吃苹果！想想一天吃 25 顿饭的情形——我虽然不是经济学家，但是我觉得小人国居民的农业生产必然难以支持如此庞大的消耗，他们或许再也没有时间去思考文化，更没有时间为了从哪一端开始吃鸡蛋而对邻国发动战争了。

---

1. 有一些真正从科学角度讨论小人存在的可能性的论文，比如小人国居民和借东西的小人，如果你有兴趣，找来读一读会非常有趣。（有谁会不感兴趣呢？）我不想把计算小人国居民卡路里摄入量的过程搞得过分复杂，但是 2019 年的一篇论文认为，小人国居民每天需要 57 卡路里，而不是我粗略估算的 9.3 卡路里，因为凯特莱曾经观察到质量随身高变化的规律。但是这样一来，小人国的经济更是雪上加霜。可以参考 T.Kuroki，“Physiological Essay on *Gulliver's Travels*: A Correction After Three Centuries”，*in The Journal of Physiological Sciences* 69（2019）：421—424。也可以参考“What Would the World Be Like to a Borrower?”（*Journal of Interdisciplinary Science Topics* 5，2016），J.G. 帕努埃洛斯和 L.H. 格林更为详细地描述了借东西的小人生活的方方面面，还讨论了他们的嗓音——可能调高声小，我们几乎听不见。

小人国居民所面临的最后一项挑战就是水。你知道，所有液体都有表面张力，因此形成了雨滴和气泡。不同液体的表面张力不同，但它是给定液体的固有属性，与密度一样，不随液体量的多少而改变。如果你把一个物体浸入水中再拿出来，它的表面会覆盖上一层薄薄的水膜，大约半毫米厚，所以我们才需要毛巾。更重要的是，这半毫米厚的液体薄膜仅仅取决于水的表面张力和黏合性能，与物体的大小无关。如果普通成年人的体表面积是 1.8 平方米，那么你从浴缸中带出的水量大约是 2 磅[1]。普通成年人的体重是 165 磅，所以增加 2 磅的水不是问题。

但是对小人国的人来说，他们的体表面积随缩放因子的平方数而变化。12 的平方是 144，他们携带出来的水量就是我们的 $\frac{1}{144}$，大约 1/4 盎司。但不幸的是，一个成年小人国居民的体重取决于其体积，而体积随缩放因子的立方数变化。因此，一个小人国居民的体重大约是 1.5 盎司。突然间他们要背负相当于自身重量 14% 的水，这就像我们穿上一件 23 磅重的外套。游泳对小人国居民来说无疑是一项极其繁重的运动。我可不想变成《亲爱的，我把孩子变小了》里的小孩，他们是正常人的 1/200，浸入水中必然是致命的——他们将被两倍于自身重量的水墙包围，肯定会被淹死。

同时，遭遇雨天的小人国居民必将面临严峻的挑战。雨滴的大小由水的表面张力决定，所以小人国的雨滴大小与正常世界是一样的。这意味着每一个雨滴的重量都是小人国居民体重的 1/600。这听起来也没什么大不了，但这就像我们遭遇一场"棒球雨"。想必那些仙子和精灵（当然是小精灵，而不是中土世界与正常人身材无异的大精灵）要想尽一切办法来躲避雨天。

---

1. 1 磅 ≈0.45 千克。——编者注

在结束这个问题的讨论之前，我还想说一说霍比特人的饮酒习惯。在J.R.R.托尔金笔下《指环王》三部曲中的虚拟王国中土世界里，比尔博·巴金斯这样的霍比特人的身高大约是3英尺6英寸，他们与人类的身体结构几乎无异，除了一双毛茸茸的大脚和两只尖尖的耳朵。彼得·杰克逊执导的三部曲影片的第一部里有一个场景，一个霍比特人兴冲冲地发现在布理村的人类酒吧里，啤酒的计量单位竟然是巨大的“品脱”[1]。霍比特人的身材并不比人类小多少，所以我们可能觉得1品脱啤酒对他们不会有什么特殊的效果。但是要知道，酒精的效力与你的体积大致成正比，我们必须取缩放因子的立方。这样一来你就会发现，1品脱啤酒对一个霍比特人产生的效果就如同人类一口气喝下5品脱啤酒。他们最好还是坚持半个人的计量单位吧。

在本书的第一部分，我们揭示了隐藏在文学作品中的数学结构。在第二部分，数学在文字和典故中变得显而易见。我们已经看到，故事中的数字都具有数学理论所赋予的象征性意义。无论是三个愿望、七个小矮人还是四十大盗、一千零一夜，它们的背后都存在坚实的数学原理。数学思想本身被乔治·艾略特、赫尔曼·梅尔维尔等作家利用精巧的手法塑造成绝妙的隐喻。数学计算也可以应用于实际，它在詹姆斯·乔伊斯的手中既是阐明事实的利器，又是混淆视听的帮凶。利奥波德·布卢姆在预算中的有意遗漏，其目的昭然若揭，而迪达勒斯与布卢姆那令人眼花缭乱的年龄排序看似合理，实则不然。

在这一课，我们看到了乔纳森·斯威夫特和伏尔泰等作家如何以不同的方式使用计算，他们不无幽默地利用了我们对数学“真理”本能的信任，为他们笔下的奇幻故事增添了一丝权威色

---

1. 1品脱（英）=5.682 6分升。——编者注

彩。不过，当我们把这一笔笔账目详细记录下来时，我们对肆虐的巨型昆虫群落和迷你世界文明的前景开了一些善意的玩笑。

数学的象征意义和隐喻出现在所有类型的文学作品中，从朴素的童话故事到严肃的《战争与和平》。它们就在那里，静静地等待着被人发现——现在你已经拥有了找到它们的工具。

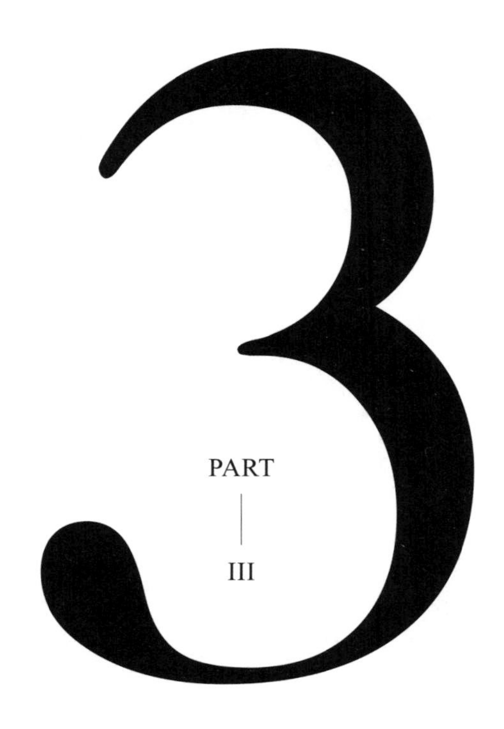

PART III

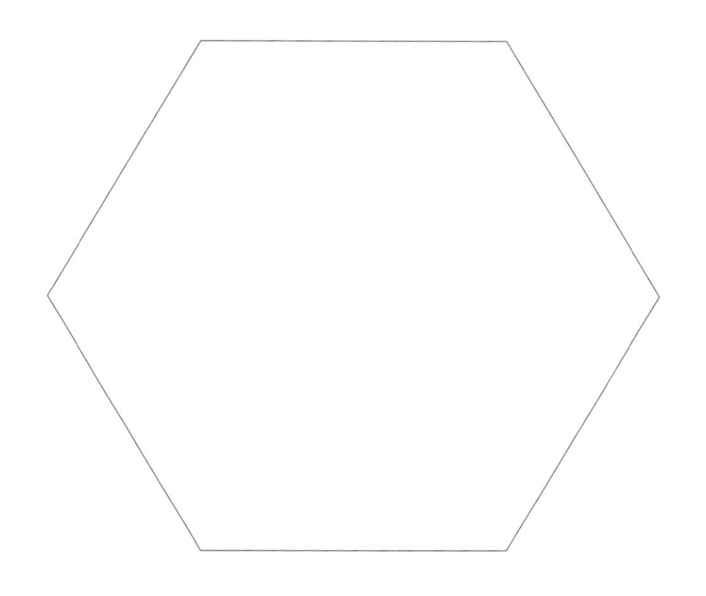

当数学变成故事

| 第三部分 |

第 8 课

思想漫步：激动人心的数学概念如何躲进小说的情节

一个数学概念的出现经常会引发民众无限的想象力。20 世纪的热门数学话题，比如分形学和密码学，成了很多小说关键的情节推动元素，尽管它们在书中并未得到十分准确的描述。（如果有人打算设立一个“糟糕数学奖”，恐怕会有大量的竞争者。）在 19 世纪，神秘的“第四维”新概念风靡一时。埃德温·艾勃特创作于 1884 年的畅销书《平面国》利用二维、三维、四维空间的概念讽刺了维多利亚时代的道德观，它还催生了无数的衍生作品和续集。《平面国》的主人公是一个活生生的几何体，以正方形的形式出现，大部分故事情节围绕着数学维度的概念展开。

作为这本书的最后一部分，我们来看看数学是如何成为人们关注的焦点的。我们已经用数学结构奠定了文学房屋的基础，用数学隐喻来装饰了房间，现在我们该把数学特征、思想和人物请进我们的房子里了。在这一课，我将让你了解那些走出教科书、走进公众意识的数学在虚构文学作品中扮演了什么样的角色，当然不仅仅是妙手偶得的与数字有关的隐喻（或者更明确地说“修辞手法”），而且是作为叙事中不可或缺的一部分。

我们将在《平面国》中游览一番，与稀奇古怪的多边形居民见见面。之后我们会看到其他作家如何铺就了一条条通往更高维度的道路。

埃德温·艾勃特是一名教师、牧师和作家。伦敦城市学校校长是他干的最久的一份工作，这是一所男子学校，他小时候曾在这里读书。艾勃特卸任几年后，当地成立了伦敦城市女子学校，我于 1988 年到 1993 年在那里读书。我们之间的另一层关系是，艾勃特的一位数学老师罗伯特·皮特·埃德金斯曾于 1848 年到 1854 年任格雷欣学院的几何学教授，因此，他算是我的学术前辈了。最令人兴奋的一件事莫过于我发现自己可能像他一样，也在尝试激发数学小说家的创作灵感。

埃德温·艾勃特在他生活的年代里，不仅是一名才华横溢的教师和校长，还是一位广受尊敬的思想家和作家。他一共写了 50 多本讨论神学和教育学的书，尤其是关于英语和拉丁语教学的书，其中包括《英语语法手册》（*Handbook of English Grammar*, 1873）、《大学校园牛津布道集》（*Oxford Sermons Preached Before the University*, 1879），以及 1893 年那本引人入胜的《拉丁领袖：第一本拉丁语释义书》（*Dux Latinus: A First Latin Construing Book*）。在这样的背景下，1884 年的《平面国》横空出世，令人拍案称奇。

《平面国》的故事出自"A. 正方形"之口，他是一位颇受人尊敬的平面国公民。他的世界完全是二维的，也就是一个平面，那里的所有居民都是几何图形。

在这本书的第一部分，A. 正方形描述了平面国的样子，以此来讥讽维多利亚时代社会的种种阴暗面：僵化的等级结构、对女性的偏见和蔑视，以及神权统治阶级的宗教教条主义。平面国里的男人都是多边形（三角形、正方形等等），女人都是线条，她们是生活在二维世界里的一维生物，从根本上就丧失了与男人享受平等待遇的机会。（我必须强调一件事，这绝对不是艾勃特本人的立场。他坚决支持提升女性受教育的机会，并与多位支持这项主张的著名女性保持联系，包括乔治·艾略特。）在平面国里活动的女性，从一端来看就是一个点，人们几乎看不到她们。对男人来说，这是一件相当危险的事情，因为粗心大意的女人经常会刺穿他们的身体，何况大多数女人都是粗心大意的。出于这个原因，每当女人离开家门时，她们都必须发出“和平叫声”来警告其他人。有些地区还要求女人必须持续不断地左右摆动臀部，或者在出门时有男人陪同。平面国里的房子都是正五边形，因为正方形的直角太尖锐了，会给无意中碰到它的人造成伤害。每栋房屋都有男人和女人的专用出入口，同样是出于安全的考虑：当男人进入房子而他们的妻子恰好走出来的时候，我们不希望男人被扎个透心凉。下面是这本书中的一张图，展示了一栋典型房屋的结构：

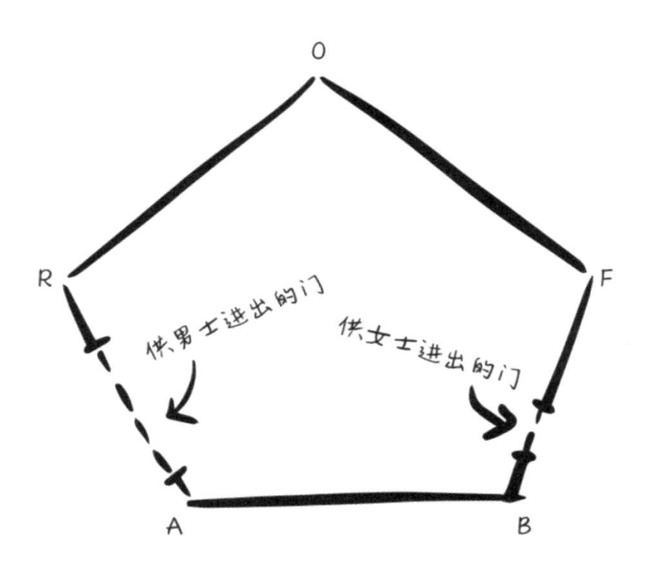

留意那个蹩脚的双关语——RO 和 OF 两条边连起来就是 ROOF（屋顶）。

对平面国里的男性公民来说，规律性和对称性是决定身份等级的重要因素。处于社会最底层的是可怜的体力劳动者等腰三角形，这些人身上的锐角能造成极大的伤害，因此，其中较为顺从的人可以去当兵。然而他们也有提升社会等级的机会："假如一个等腰三角形能够屡建军功，或者能够勤奋娴熟地劳动，那么一段时间后，这些士兵和工匠中的聪明人通常会发现他们的第三条边（底边）稍微增长了一些，而两条侧边稍微缩短了一些。"这种角度的增加是每一代人大约增加 0.5°，前提是家族中的每个人都做安分守己的良民。随着顶角的增加，等腰三角形变得越来越像等边三角形，即每个角都是 60°，每条边都一样长。A. 正方形的祖上曾经被强制退回五代人之前的角度，就是因为一个已经达到 59.5°的可怜老人无意中"沿对角线"戳穿了一个多边形。他的罪过报应在儿子身上——出生时顶角退化到 58°。

幸运的是，正方形的父亲终于成功晋升为等边阶级。"当一个等腰三角形的顶角达到 60° 时，他便摆脱了农奴的身份，成为等边阶级的自由人。"从那时起，他的所有后代都是正多边形，而且都会比上一代多一条边。（"正"多边形指所有的角和边长都相等的图形，所以等边三角形就是"正三角形"，正四边形通常被称为正方形，接下来是正五边形、正六边形，等等。）我们的主人公 A. 正方形是一个正方形，因为它的父亲是等边三角形，他的儿子将是正五边形，孙子将是正六边形。他们由此逐渐晋升到更高的社会阶层——平面国的法律不要求"尊敬父母"，而是要"尊敬儿孙"。我猜想这会让生儿育女的过程充满挑战。位于社会等级最高层的是有无数条边的多边形贵族，人们甚至都看不出他们的直线边，他们被称为"圆"。有教养的人通常不会尝试去数一个贵族究竟有几条边。“出于礼貌，我们总是假设当前的圆形首领有 1 万条边。”

读到这里，你或许已经有了一些问题。比如，既然每一代人都会增加一条边、一个角，那岂不是所有人都是圆形了？书中对此的解释是这样的，随着社会地位的提高，生育能力将会下降。下层阶级不停地生育（但极少出现等边三角形），而圆最多只能有一个孩子。正多边形的身份还有可能因道德败坏而被剥夺，出身“良好”的孩子也可能出现边不等长的现象，这类缺陷有时可以通过“圆形新疗法健身房”昂贵而又痛苦的治疗来矫正。维多利亚时代的英国盛行一种理论，人们普遍认为穷人必然会陷入愚蠢和贪婪的境地，因为这就是他们的本性。作为对这套理论的讽刺，A. 正方形侃侃而谈：“为什么要责怪一个说谎、偷窃的等腰三角形，我们不应该谴责他的行为，而应该谴责他各边不等长的顽疾。”那么我们应当赦免他们的罪行吗？当然不能。“在审判等腰三角形时，假设罪犯声称他的形状令他不能不偷窃，那么法官自然可以以此为由判处他死刑，因为他已经承认他的形状一定会让他继续祸害乡邻。只要处死这个等腰三角形，一切问题就都被解决了。”

考虑到平面国社会地位的重要性，当你遇到某个人的时候，你就必须知道他是什么形状的。在我们这个被 A. 正方形称为“空间国”的三维世界里，我们可以轻而易举地识别出正方形和三角形，因为我们能从上方观察到它们角和边的个数。但如果你处于一个平面，这就不大可能了，每个多边形看起来都像一条线段。艾勃特 /A. 正方形用一张比较三角形和五边形视角的图来阐述这个问题：“显而易见，假设我能让自己的眼睛正对着陌生人的一个角（角 A），并让我的视线把这个角二等分，那么此人正对我的两条边（CA 和 AB）就会与我的视点等距。此时，我能够不偏不倚地同时看到这两条边，并且这两条边在我的眼中长度相等。对空间国的居民而言，这个情景应该很容易理解。只要学过一点儿几何，就算是小孩也能听懂我的意思。”这两个形状在二维视角中是一模一样的。

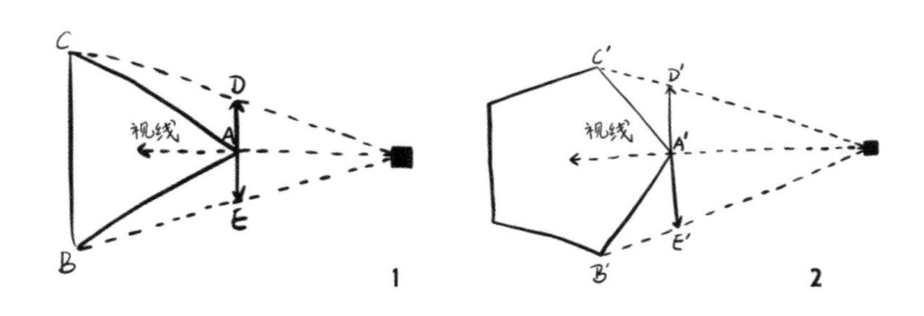

幸运的是，平面国的天气总是雾蒙蒙的，这意味着远处的物体看起来要比近处的物体模糊一些。由此我们就能分辨出三角形和五边形，因为三角形的边会比五边形的边更迅速地隐入雾中，变得更暗淡。经过多年的精心训练，人们可以学会理解这种光线层次变化所代表的含义，从而避免错把五边形当成三角形的尴尬局面。只有三角形和正方形能在特定的角度呈现出女性的外观（太可怕了），因为其他多边形从任何一个角度观察都会出现至少两条边。而这种利用光线进行分析和判断的方法有一个重要的前提——给定图形的所有角都相等。因此任何不规则形状都是社会中的危险分子。假如你看到一个120°的角向你走来，你把他当成一个正六边形，还邀请这位绅士到家里做客，之后你惊恐地发现他竟然是一个不规则的四边形！这种畸形必须在出生时就被消灭。

A. 正方形还提到，就是因为一起不幸的事件，平面国开始禁止使用任何颜色。一个低阶层的等腰三角形用颜料把自己装扮成正十二边形的样子，并设法诱骗了一位贵族的独生女。二人结婚后他的诡计才被拆穿，女孩当然只能选择自杀。《平面国》第一部分的结尾总结了女性在平面国的待遇，A. 正方形反对禁止女性接受教育的政策。在最后一句话中，他“谦卑地呼吁最高当局能够重新考虑关于女性教育的法规”。艾勃特在“空间国”的多个场合里也曾提出同样的请求。

书的第二部分在几何学的意义上更进了一步。A. 正方形遇到一个陌生人，名叫“球”，这个人带领他踏上一段精神启蒙之旅，让他发现了超越二维的世界。艾勃特想让我们知道，我们这些空间国人对四维世界的无知，就如同 A. 正方形对三维世界的认知局限。

在球出现之前，A. 正方形还梦见了“直线国”——一个只包含点和线的一维世界。男人都是线段，女人都是点。由于直线的局限性，这里的居民无法交换彼此的位置，因此没有所谓的“择邻而居”。他们的眼中只能看到点，所以社会等级取决于线段的长度。直线国的国王是最长的一条线段，有 6.457 英寸。既然每个人的相对位置都是固定的，生儿育女的过程显然就不能指望身体的接近，而是要通过歌声。一条线段有两个端点，这个世界的自然法则就要求每个男人有两个妻子。在繁育后代时，一个妻子会生下一对双胞胎女儿，另一个妻子会生下一个男孩。国王说：“如果不能保证每次都产下两女一男，我们国家怎么保持性别平衡呢？难道你连自然的基本法则都不懂吗？”

A. 正方形尝试给无知的直线国国王解释还存在另一个维度：除了南和北，还有左右。他首先说，他能看到国王的所有邻居，还能描述出他们的样子。国王不以为然，于是 A. 正方形“穿过”直线国，也就是让自己的身体穿过这条直线。在国王看来，令人极度不安的场景就是一条线段凭空出现又消失了。

在另一个梦中，A. 正方形来到了“点国”，整个王国就是一个点，点国的国王本身就是他所统治的整个宇宙。他根本理解不了任何其他的存在，所以也无法与他沟通——他觉得 A. 正方形的声音一定是自己头脑中某些怪异的念头。

我们见到“球”是在一天晚上，A. 正方形正在训斥他的六边形孙子提出了一些愚蠢的几何学问题。A. 正方形说 3^2，也就是 9，表示一个边长为 3 英寸的正方形的面积。所以一个数字的平方不仅具有代数学的意义，还具有几何学的意义。年轻的六边形说，那么 3^3 也一定具有几何学上的意义。“真是个傻瓜。”A. 正方形说。就在这时，球出现了。“这孩子可不是个傻瓜，”球说，“而且 3 的立方显然有几何学上的意义。”A. 正方形搞不懂这个陌生人怎么会突然出现在自己的家里。球与平面相交的截面是一个圆，所以 A. 正方形以为他是一个尊贵的圆形，因此摆出极为恭敬的姿态。球说他不仅是一个圆，而且是“许多圆合成的一个圆”。他穿过平面国，就如同 A. 正方形穿过直线国一样。这时，A. 正方形看到圆变得越来越大，然后开始缩小，直到彻底消失。

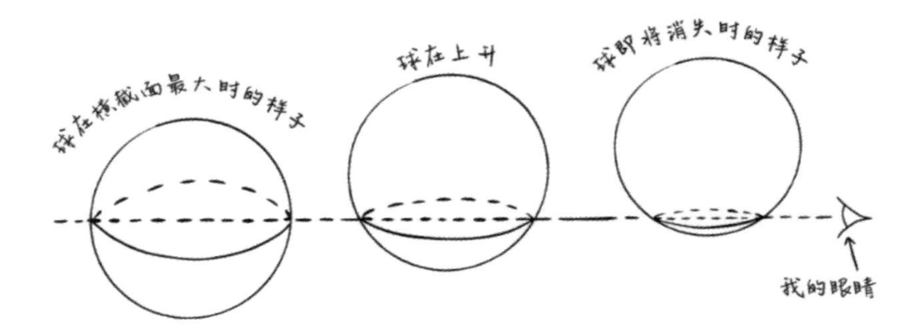

但是 A. 正方形不能理解“上”和“下”的概念，于是球只好借用类比的方法：“我们从一个点开始，它本身就是一个点，只有一个顶点。通过移动一个点，可以得到一条线段。一条线段有两个顶点。通过移动一条线段，可以得到一个正方形。一个正方形有 4 个顶点……1、2、4 显然是一个几何级数。那么这个级数中的下一个数字是什么？”A. 正方形胸有成竹地说下一个数字是 8。球说：“完全正确。所以说，通过移动一个正方形，能够产生一个新的形状。现在你还不知道这个形状的名字，但我们空间国的人把他叫作‘立方体’。一个立方体有 8 个顶点。”球继续解释，如果我们把一个形状的“边”定义为比形状少一个维度的“投影”，那么点就有 0 条边，线段有两条“边”（两个端点），正方形有 4 条边。所以遵循 0, 2, 4, …的规律，“立方体”就有 6 条边，的确，立方体有 6 个正方形的面。

A. 正方形还是理解不了这一切，球最终把他带离平面国，从上方俯瞰他的世界。这个过程终于让 A. 正方形接受了“三维空间的福音”。他的思想进入一个崭新的层面，于是他让球把他带到“四维宝地”。就像球能看到 A. 正方形的内部一样，A. 正方形也想进入四维空间看看球的内部。四维空间当然存在，根据前面的规律，我们可以通过移动立方体产生一个有 16 个顶点和 8 条边的图形。[如今，A. 正方形想象中的四维立方体通常被称为“超立方体”或者“四次元立方体”（tesseract）。这个单词或许源于拉丁语 tessera，意为“立方体”，因为它是由立方体构建出的形状。[1]] 甚至更进一步，去五维、六维、七维、八维空间去看看？球毫不犹豫地拒绝了这种异想天开的要求，他把 A. 正方形带回平面国，在那里，A. 正方形因宣扬更高维度的思想而被监禁。就像

---

1. 正如三维立方体的图形无法像正方形一样展示出所有的面一样，任何超立方体的绘画作品必然会导致某些长度发生扭曲。在二维页面上展现出三维立方体的一种方法，是画出所谓的“立方体网”。这是一张由 6 个正方形组成的图，这些正方形可以被裁剪出来，折叠成三维立方体。同样，我们也可以用 8 个立方体组成一个三维的网，让它们在四维空间中折叠，形成一个超立方体。萨尔瓦多 · 达利 1954 年著名的画作《受难》就用这种方式表现了超立方体的结构。

点国一样，直线国和平面国里的居民都傲慢地认为自己的世界包含了整个宇宙，我们得到的教训是，我们不能像球一样目空一切。我们应当勇敢地接纳四维以及更高维度的思想。

埃德温·艾勃特为什么要写一本解释四维空间的书？我在前面说过，这类作品在 19 世纪晚期风靡一时。要想了解其中深层次的原因，我们需要简单探索一下数学的历史。

“几何”（geometry）这个词源于 geo（地球）和 metros（测量）。如果你想知道一块土地的面积，或者想要将其平均分成 4 份作为遗产来继承，你就需要掌握几何学，或者更准确地说是要掌握平面几何。因为尽管地球的表面是一个曲面，但相对较小尺度下的曲率微乎其微，以至不会影响计算的结果。像通过两个角和一条边推断出另一个角和另外两条边的三角测量法等测量手段，充分依赖于欧氏几何的原理。后来出现了立体几何，为了满足探索天体的需求，又出现了球体几何。但四维空间的概念从未被人提及。

数学界有时会发生这样的现象，一项里程碑式的突破往往源于数学符号的一项小小的创新。人类开始用文字书写代数学，实际上并没有你想象的那么久远。你或许会说“某数的平方加上该数的 4 倍等于 12，求该数”。现如今我们可以把它写成一个等式 $x^2+4x=12$，继而利用二次方程或因式分解的方法求出 x。神奇的是，我们其实知道有史以来第一个被书写出来的等式是什么，因为等式就是通过“某物 = 另外某物”的形式来定义的。等号的发明者是一个生活在都铎王朝时期英格兰的威尔士人，名叫雷科德，他还发明了很多其他数学符号。他之所以决定用两条平行的线段来表示等号，是因为“再也没有比这更平等的了”。顺便提一下，世界上第一个等式就出现在雷科德 1557 年的一本书《砺智石》中，是 $14x+15=71$。你能解开这个方程吗？

在很长一段时间里，人们用不同的字母来表示一个数量、它的平方和立方数。我们常见的表达式 x^2+4x 可以写成 $Q+4N$（N 是一个数字，Q 是它的平方数）。这套符号理论无法让 x、x^2、x^3 “自然而然”地延伸到 x^4、x^5 等等。我们今天所使用的指数符号是笛卡儿发明的，他在 1637 年的《几何学》一书中，把几何与代数优雅地结合在一起。这本书还确立了我们用字母表末尾的数字 x、y、z 表示变量，用字母表开头的数字 a、b、c 表示常量的传统。所以，如果你不明白为什么数学家总是把 x 挂在嘴边，去找笛卡儿诉苦吧。

与此同时，另外一种有别于欧氏平面几何的几何学出现的时间就更晚了。用海明威描述“破产”的方式来说，它“逐渐地，然后突然”出现。正如我们在第 3 课的讨论，众人尝试证明著名的平行公设（给定一条直线，取直线外的一点，有且仅有一条直线穿过该点与原直线平行），纷纷以失败告终，最终人们意识到，它与欧氏几何的其他原理完全不相关（比如经过两点有且只有一条直线）。到了 19 世纪，数学家发现，有些几何中平行公设并不成立。这一发现打开了数学新思想的潘多拉魔盒。[1]

与此同时，物理学家开始研究电的问题，并发现了电磁场的存在。在电磁场中，三维空间中的每个点不仅有 3 个空间坐标，还有附加的信息或坐标，比如磁场的大小和方向。这意味着每个

---

1. 这类怪异的几何学在很多人看来完全无法理解，就连陀思妥耶夫斯基 1880 年的小说中的卡拉马佐夫兄弟中最聪明的伊万·卡拉马佐夫也难以参透其中的道理，伊万把理解非欧氏几何与洞悉神意相提并论。他说，有些几何学家和哲学家“梦想出欧几里得认为永不相交的两条平行线，事实上在无限延长之后竟然相交于某点。我不得不得出这样一个结论：既然我无法理解这件事，那么我也不敢奢望能理解上帝。我卑微地承认，我实在无力解决这类问题，我只拥有欧氏几何的世俗思维，怎么能解决超越这个世界的问题呢”？

点都有 4 个、5 个、6 个甚至更多的数字与之相关，为其服务的数学理论也把这些数字当作“真实的”空间维度。尤其是当人们面对越来越复杂的代数学理论时，探索更高的维度成为一件迫在眉睫的大事。如今，我们已经习惯“多维分析”这样的说法，它实际上就表示与数据点相关的很多数字，这里的“维”只是我们测量的不同数量。例如，在一个模拟地球气候的数学模型中，大气中的每个点除了具有 3 个空间坐标，还有其他很多反映气候特征的数据，如温度、气压、风速、风向——这已经是 7 个维度了。

纯粹的数学家并不在乎某件事物是否“存在”——一个七十四维超棱锥体的概念就足够引起他们的兴趣了。这意味着什么？这样的棱锥体意味着什么？我猜，那一定是一个七十三维的超立方体，它所有的顶点都连接到七十四维空间一个额外的顶点上。接下来我想搞清楚共有多少个顶点、多少条边、多少面、多少个超立方体，并且希望研究出一个能描述 n 维超棱锥体的通项公式，等等。如果你在野外发现了迷路的数学家并想收留他们，请一定要给他们准备好大量的纸和笔，他们会兴高采烈地接受你的好意。然而，尽管“有用”和“存在”并不是纯粹数学理论所营造的美好世界中的首要任务，但我必须提到一件事，在《平面国》出版后不久，四维空间的构想就出现了，它把时间作为 3 个空间维度之上的第四个维度，从而形成了一个完美的理论框架，爱因斯坦借此提出了他的相对论。近期的物理学家还提出了更高维度的设想。如果弦论是可信的，那么宇宙实际上可能是十维，甚至二十三维的。这些有趣的数学概念都有一定的科学价值，如果这类问题不让你反感。

在《平面国》里，A. 正方形想象中的四维是另一个三维空间。[1]一些作家也继承了这样的解读方式，并用它来解释鬼魂和其他超自然现象。奥斯卡·王尔德在1887年的鬼屋模仿作品《坎特维尔的幽灵》（*The Canterville Ghost*）中嘲弄了这类现象：“显然已经没有时间了，因此他匆匆采用四维空间作为逃生途径，（鬼魂）穿过护墙板消失了，房子完全静了下来。”我们这些三维生物可以在一个平面上任意移动，跨过构成任何建筑的墙壁的线条，还能通过改变我们与平面相交的部分来改变我们在二维平面上的形状。球能轻而易举地进入平面国的保险箱，偷走里面的东西，那么四维生物也应该能对我们的三维世界做出同样的事情。这个现象已经得到证明，例如无论多么复杂的结在四维空间里都能被解开。我不知道这些超级生物是怎么绑鞋带的，可怜的家伙。

一些作家已经探索了这类思想。在迈尔斯·J.布鲁尔1928年的短篇小说《阑尾与眼镜》（*The Appendix and the Spectacles*）里，布克斯特罗姆说自己是外科医生，他不需要手术刀，甚至不需要切开人体就能完成一项手术。但其实他是数学博士，而非外科医生。他研究过四维空间，书中说那是一个与三维垂直的世界，因此他掌握了一种方法能让病人“沿着第四维”移动，并且不需要切开人体就能切除病人的阑尾。

一个更令人毛骨悚然的四维生物描述，出现在福特·马多克斯·福特和约瑟夫·康拉德于1901年合著的小说《继承人》（*The*

1.《平面国》并非第一部借用试图理解三维世界的二维生物作为类比的作品。德国物理学家赫尔曼·冯·亥姆霍兹曾经提到，如果我们是生活在一个球体表面的二维生物，我们该怎样理解这个世界。《平面国》面世之前最重要的一篇文章是查尔斯·霍华·欣顿的《什么是第四维？》（“What Is the Fourth Dimension?”）。艾勃特显然读过这篇文章。欣顿是一名数学家、教师和作家，他积极为民众普及科学知识。他在这篇文章里请读者想象“一个被局限在平面里的生物”，并设想“一些图形，比如圆形或长方形，天生具有某种感知力”。听起来是不是很熟悉？

Inheritors）中。在小说的开篇，讲述者阿瑟遇到了一个自称来自四维世界的女人，“一个有人居住的平面——我们的眼睛看不到，但无处不在”。他起初不相信对方的身份，但逐渐改变了想法，或者至少是半信半疑：

我听到维度人这样讲述：一个目光敏锐、极端务实、令人难以置信的种族；没有理想、偏见或悔恨；对艺术没有感情，对生命没有敬畏；不受任何道德传统的约束；对疼痛、虚弱、苦难和死亡冷酷无情……维度人将蜂拥而至，像蝗虫一样吞噬一切，因无法识别而更加不可阻挡。不会有战争，也不会有杀戮；我们——我们整个社会体系——会像房梁断裂一样崩溃，因为我们已经被利他主义和道德败坏侵蚀殆尽。

维度人必将获得最终的胜利，因为他们不为情感所动。阿瑟称这种冷酷、麻木、没有是非观的人为“数学怪物”，这代表了一种特殊的反数学情绪的症状：数字和等式与所有让生活具有价值感的事物都是对立的，包括爱、欢乐、善良、艺术。根据这套理论，数学家都是只懂得算术的机器，人类的情感对他们来说只不过是枯燥乏味的调剂品。我当然拒绝接受这样的观点，这本书就是我的一部分辩词。

* * *

在前面的这些故事里，四维都被当成一个额外的空间维度。但也有一些与众不同的看法。在《追忆似水年华》中，马塞尔·普鲁斯特写道，一座特定的教堂“在我的心目中与城里的其他地方完全不同；可以说它占据了一个四维空间——第四维就是时间”。我们所有人都在以秒为单位沿着时间轴前进，如果你能改变它，你就发明出了一台时间机器。

有太多的小说涉及时间旅行的话题，但这类作品的祖先应该是赫伯特·乔治·威尔斯的《时间机器》。威尔斯在此之前曾在短篇小说《顽固的亚尔古英雄》等作品中探索过时间旅行和四维的问题，但直到《时间机器》，这个想法才真正有了具体的表达。“时间旅行者”（小说中的角色）用类比的方式向他的朋友解释道：“你们当然知道，数学上所谓的一条线，一条宽度为零的线其实并不存在。这个你们在学校学过吧？数学上所说的平面也是没有的，这些东西只是抽象的概念。”同样的道理，他说，一个只有长、宽、高的立方体不可能真正存在——一个“瞬时的立方体”不可能真正存在。“很明显，任何一个实在的物体都必须向 4 个方向伸展：它必须有长度、宽度、高度和持续时间。”

在这样的解释中，我们其实都是四维生物。我在任何一个时刻看到的你都是你在时间轴上的横截面，我毕竟是在特定的地点、特定的时间看到了你。正如时间旅行者所说：“这是一个人 8 岁时的肖像，这是 15 岁的，这是 17 岁的，还有一张是 23 岁的，等等。所有这些显然都是一个人的生活片段，是用三维表现出来的四维生命，而思维存在是固定的不可改变的东西。”于是时间旅行者制造了一台机器，让自己在时间中自由移动，就像我们制造的机器能摆脱地球引力，在空间的垂直方向上自由移动一样。

另一种完全不同的时空经历来自比利·皮尔格林。在库尔特·冯内古特的小说《五号屠场》中，比利于“二战”期间变成了“时间自由人”。他不停地穿梭于生命的各个阶段，无数次见证了自己的出生和死亡，还重温了生活中所有的事件。一个叫特拉法马多尔的外星种族进入这场时间混乱中，他们在比利女儿举办婚礼的那天晚上绑架了他，他们进入了四维，并试图帮助比利了解他身上究竟发生了什么事。外星人对生命和死亡抱有宿命论的思想，因为在特拉法马多尔星：

当一个人死去时，他只是呈现出表面上的死亡状态，他依然活在过去，所以在葬礼上哭泣是很愚蠢的。所有的时刻，过去、现在和将来，一直存在，也将永远存在。特拉法马多尔人能够看到所有的时刻，就像我们能看到绵延的落基山脉一样。

比利接受了他们的宿命论，将其作为自己的处世之道——当听说某人去世时，他只是耸耸肩，说出特拉法马多尔人的那句口头语："就那么回事。"我们深爱之人依然存在，他们只不过去往另一个时间维度。

尽管《平面国》只是一本不起眼的小书，但它的影响力不容小觑，好几位作家深入探索了它所表达的思想。1957 年，迪奥尼·比尔热创作了它的续篇《球面世界》（*Sphereland*），故事里，一名测量员发现一个三角形的内角之和竟然大于 180°。他与 A. 正方形的孙子六边形（现在是一名专业的数学家）经过一番调查，发现了其中的奥妙：平面国并不是一个平面。实际上他们生活在一个巨大的球体的表面上。[1]（这在保守的当权派中并不受欢迎）。

《平面国》并未过多关心二维生命存在的可能性。二维生命当然不可能出现……真的是这样吗？A.K. 杜德尼在 1984 年的《平面宇宙》（*The Planiverse*）中就曾尝试回答这个问题。他在书中构想了一个二维宇宙，而不是三维世界中的一个平面。这样的宇宙必然包含截然不同的物理学定律，杜德尼用深邃的思想和生动

1. 球面上三角形的内角和的确大于 180°，但我们在日常生活中不需要担心这个问题，因为内角和超过 180° 的量与三角形所包含的球体面积的多少成正比。这些知识对 19 世纪一项令人印象深刻的技术壮举至关重要：三角测量，这是一项历时 70 年的任务，旨在用高精度技术绘制整个印度的地图。由于测量的尺度过于庞大，以至在计算中必须考虑地球表面的弧度，以及它对三角形角度产生的影响。

的笔触揭示了其中的一些含义。故事的背景是杜德尼和一群学生设计出一个模拟二维宇宙的计算机程序 2DWORLD，但是有一天，不知什么原因，他们看到了一个并非出自他们之手的世界。于是他们与一个居住在阿尔德星球上的生物尼德杜沟通。阿尔德的世界是一个圆形，它的生命都生活在圆形的表面上——他们的两个方位是东 / 西和上 / 下。这本书呈现出纪实作品的风格，但其中很多有趣的隐喻暴露出它的虚构本质。比如“尼德杜”很有可能就是“杜德尼”的倒写，书中的一个学生名叫爱丽丝·利特尔，无疑是指代《爱丽丝漫游奇境记》中的爱丽丝·利德尔。（在这本书 2001 年的再版中，杜德尼称很多人对原作的解读是正确的，但这项声明本身也可能就是个玩笑。）

一旦开始认真思考二维文明，你就会发现一大堆需要回答的问题。假如你要在阿尔德建一所房子，人们无法绕道而行，因为他们被局限在上 / 下和东 / 西两个维度上。于是所有的建筑物只能被放在地下，用“荡梯”，也就是能上下移动的楼梯让人们进出家门。房屋的墙壁上不能开门，因为一旦开门房子就会塌掉。那该怎样盖房子呢？“钉子没有用武之地，因为它会让所有的东西变成两截，锯子也没有用，只能使用锤子和凿子来切割出房梁。”建筑物的各个部位主要是通过强力胶被黏合在一起。同样难以想象的是生理功能。贯穿体内的消化道会把身体分成两部分，气管也不可能存在，阿尔德人必须有外骨骼，因为内骨骼是体内不可逾越的障碍物，会妨碍体液的流动。能确保体液流动的解决方案是“拉链器官”，利用开关机制让物质气泡得以在体内传输。《平面宇宙》的想象力令人叹为观止——如果你想了解更多技术细节，强烈推荐你读一读这本书。杜德尼甚至还在附录中讲述了阿尔德人如何制造蒸汽机和内燃机等机械设备。二维宇宙能做的事情可真是不少啊。

《平面宇宙》为我们展现出一个能发挥创造力的新领域，因为它从一开始就没有否认二维宇宙存在的可能性。同样的态度也是令数学思想焕发出创新活力的重要基础。我们已经看到，19世纪的人们在《平面国》等图书的激发下，对四维的概念产生了强烈的兴趣。如今，我们可以随心所欲地畅想任何维度：一维、二维、三维、四维、五维……你想到哪里就可以说到哪里。但是想象一下，A. 正方形的孙子提出了一个问题：这些数字之间是否存在维度？他肯定会毫不犹豫地回答当然不存在——一维半的说法简直太荒唐了。19世纪的空间国居民也会表示赞同。然而到了20世纪，一种新的思想横空出世，到了世纪末，它掀起了公众想象力的狂欢。它出现在20世纪90年代最畅销的一部小说中，我们就从这里开始讲述这个故事吧。

迈克尔·克莱顿的《侏罗纪公园》讲述了一家生物科技公司从琥珀中抽取史前蚊子的血液，提取DNA，并利用基因技术培育出恐龙。作为书中的反面人物，他们决定不把这项神奇的发现用于科学研究，而是在哥斯达黎加附近的一座小岛上开设一个恐龙主题公园。当然，他们信心十足地认为一切都会按部就班地正常运行。多少有点儿神经质的读者现在需要把目光转移一下，因为我有责任郑重地告诉你，如果去那里游玩，你很有可能被一头迅猛龙吃掉。主题公园的老板傲慢地认为，这一切都是由他们自己设计并建造的，所以岛上发生的一切事情都在他们的掌控之中。看似不起眼的小事故和意外事件都被当成不可避免的小插曲，处理完之后照常运营。然而，大自然可不是一台精密的机器，小小的改变有可能被无限放大，直到整个系统陷入无法挽回的混乱。

克莱顿采用两种数学方法来强调这部小说的主题。首先，书中的人物伊恩·马尔科姆是一位混沌理论学家，他和两位古生物学家受邀来到岛上担任主题公园的顾问。马尔科姆曾提到，系统中微小的扰动将会导致不可预知的巨大事件，这就是著名的“蝴蝶效应”。在预测天气的过程中，微小的变化（比如蝴蝶扇动翅膀产生的微弱气流）所造成的积累效应最终可能会让晴空万里变成狂风暴雨。天气系统极其复杂，计算机模拟程序极少能准确预测几天后的天气。原因就在于，无论你的初始数据（气温、风速等）多么精确，它们与真实的信息总会存在微小的差别。比如，对于测量值 4.561 12…，你会录入 4.56，因为不大可能录入无穷多的小数位，所以它只能是个近似值。绝对精确是痴心妄想。

对某些数学模型来说，这并不十分重要。假如你要根据一个物体初始位置的测量值判断它在 24 个小时之后的位置，已知条件是它每小时移动 100 英里，你的初始测量值误差为 1 英里，那么物体将会移动 2 400 英里，你所预测的最终位置误差也是 1 英里。而且不管过了多久，你的预测误差永远只有 1 英里。从某种意义上说，误差完全可控。但假设你不是根据物体的初始位置，而是根据初始速度来判断它在 24 小时之后的位置。如果你测量速度的误差是每小时 1 英里，也就是说物体实际的移动速度是每小时 101 英里，不是每小时 100 英里。那么每过一个小时，预测位置的误差都会增大，24 个小时后，最终位置的误差就不是 1 英里，而是 24 英里。初始测量值只有 1% 的误差，却会导致预测值的误差每天都加倍。

如果误差与加速度有关，情况就更糟糕了。假设你对物体加速度的测量值仅有每小时 1 英里的误差，也就是说它并非以每小时 100 英里的速度匀速运动，而是每隔一小时速度就加快 1 英里，那么你可以猜猜，就算初始位置和初始速度的测量值完全正确，一天后你的预测位置误差将会达到多少？是 288 英里，一天内的误差就超过了 10%。以同样的趋势持续一周，误差将达到 14 112 英里。这的确很糟糕，因为北极和南极的距离也只有 12 440 英里，这个物体一周后有可能出现在地球表面的任何位置上。微小的初始误差有可能如野马脱缰般失去控制，这就是为什么我们在航行的过程中要不断修正航向。

在《侏罗纪公园》里，数学家马尔科姆博士用文字阐述了这个道理，但书中也提供了一些视觉线索，让我们了解正在发生的事情。每一章的开头都有一个奇怪的图形，随着故事情节持续推进，这个图形历经 7 个“迭代”，变得越来越复杂。“第一个迭代”是这样的：

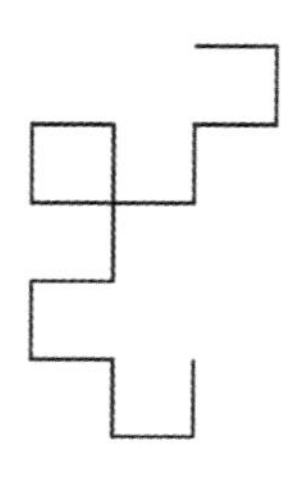

这个图形相当简单，就是一些线段以垂直的角度相互拼接。下面是第二个迭代：

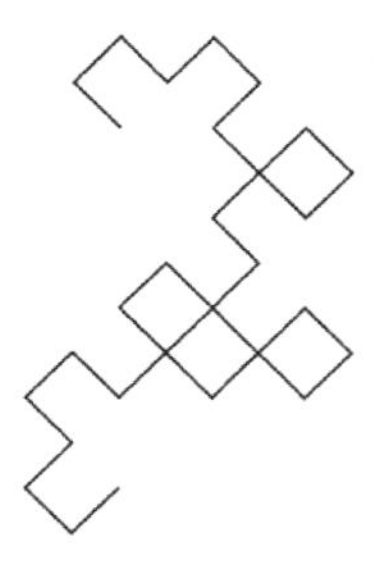

构建这个图形的规则并不复杂，你不妨自己动手尝试一下。找来一张纸，裁出细长的一条。把这个长长的纸条对折，然后打开，让它的两条边呈直角摆放。你会看到那道折痕让纸条变成了 L 形。

这只是第一步。接下来重复上面的过程，先将纸条沿原来的折痕对折，再次对折，然后打开。这个图形变得复杂了一点儿，但依然是以垂直方式连接的线段。

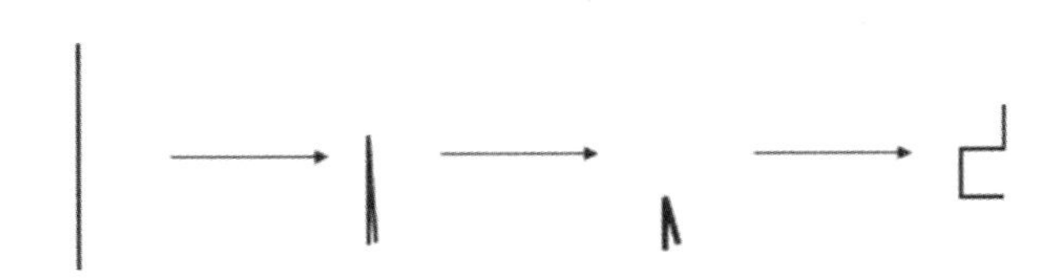

如果你不断重复这个过程，下面分别是折叠 3 次、4 次、5 次出现的图形：

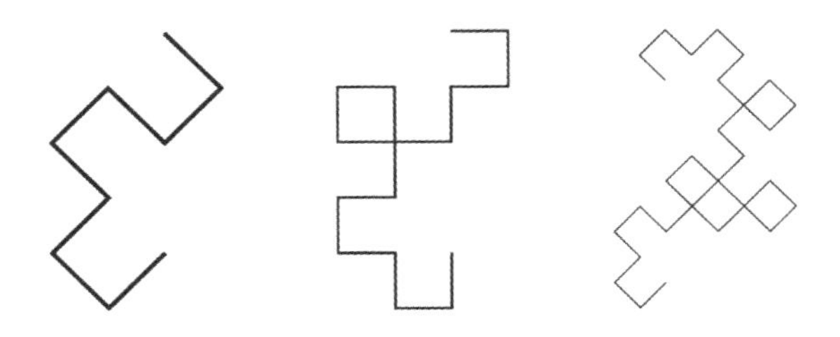

仔细观察中间那个图形，它的左弯和右弯与“第一个迭代”一模一样。右边是 5 次折叠后的图形，是书中的“第二个迭代”。继续这个简单的折纸游戏能让我们看到一个持续进化的图形，很快它就变得极为复杂，我们也越来越难猜到下一次折叠后出现的直角是向左弯还是向右弯。到了《侏罗纪公园》的最后一章，岛上的局势一触即发，一个简单的图形也演化成令人望而却步的复杂图案。理论上，我们可以无限制地重复这个过程，最终的结果看起来像是一个错综复杂的曲线图形，某些部分的形状与较小尺度上的部分形状完全一样。下面是第三、第四和第五个“迭代”：

《侏罗纪公园》的插画师在这里有一个小小的投机取巧，中间有几个步骤被漏掉了。我们把第四次折叠当作第一个迭代，这样的选择情有可原，毕竟前三次折叠呈现出来的图形乏善可陈。第二个迭代对应第五次折叠，第三个迭代对应第六次折叠。但是在利用计算机程序制作接下来的几次折叠时，我发现第四个迭代本应对应第七次折叠，但实际上对应的是第八次折叠。第五个迭代一下子跳到了第十次折叠，第六个迭代是第十二次折叠，第七个迭代或许是第十四次折叠。到了这个时候，书页上的分辨率已经让人看不清每个线条了。下面是我制作的第六个和第七个迭代：

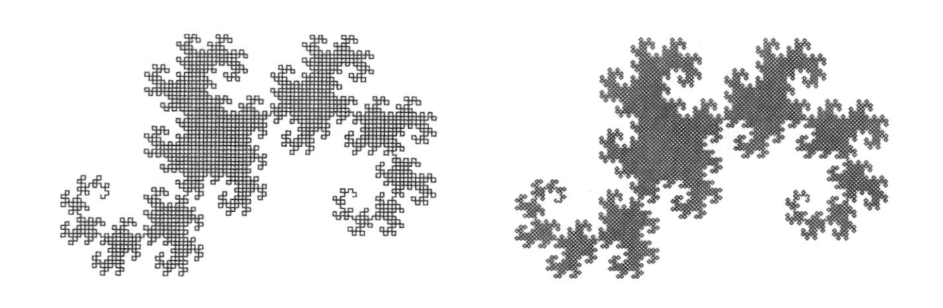

会深入讨论。为什么突然间分形学会受到如此广泛的关注？这个问题的答案与它的构建方式有关。

恐怕再也没有比折叠纸条或者“用折线替代直线”这类基本的迭代方式更简单的分形方法了。你如果尝试用手工画出龙形曲线，多半要半途而废，因为你必须擦掉上一步图形的线条来添加折线。但还有一种分形，我以前经常在化学课上用它来信手涂鸦（对不起了，维克博士），它的优点是不需要删除前面的步骤。你可以先画一个三角形，然后在每一条边的 1/3 处添加一个三角形，之后重复这个步骤。前三步看起来是这样的：

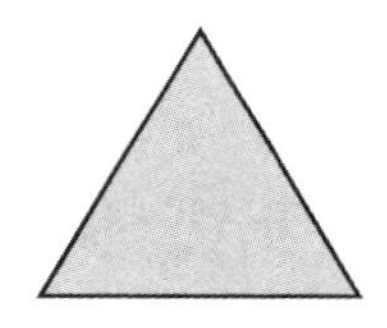

经过无数次的重复（我对无数次的定义不过是 6 次），我们就得到了这样一个迷人的图形，它叫作“科赫雪花曲线”。

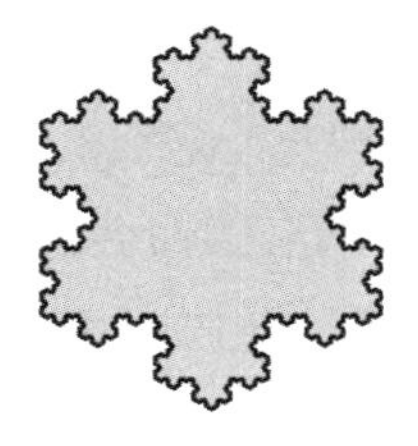

科赫曲线是人类发现的最古老的分形结构之一——瑞典数学家海里格·冯·科赫早在 1904 年的一篇论文中就描述了这个结构，

“分形”这个词在那时还没有出现（顺便说一句，《罗杰教授的版本》中提到了科赫曲线）。这是一种较为罕见的分形结构，因为它最初的几步变化就能让我们大致判断出最终的形状。而像龙形曲线那样的分形结构，我们在经过多次迭代之后才能搞懂它的变化规律。这就是为什么分形学研究的重大突破出现在我们使用计算机来演算成百上千次的迭代变化之后，也是为什么它在 20 世纪末才进入公众的文化视野。

“分形”这个词究竟是从哪里来的？我们先想象一个边长为 1 的正方形（1 厘米、1 英寸或者无论什么长度单位）。如果让边长乘以 3，我们就得到了一个面积为 9 的正方形。简单来说，长度乘以 x，面积就变成 x^2。x^2 里的 2 表示正方形是一个二维图形。那么对于三维图形，比如一个边长为 1 的立方体，边长变成 3 之后体积就变成了 27。也就是说，长度乘以 x，体积就变成 x^3，所以维度就是三维。（你肯定会想到我们在前面讨论过的“平方 – 立方法则”。）回到最简单的例子，一条线段的长度乘以 x，线段的长度就变成 x^1，说明直线的维度是一维。那么，科赫曲线的维度是多少呢？

我们还是先从简单的问题着手。假设三角形的边长为 1，我们移除一条边中间 1/3 的部分，代之以两条与移除部分等长的线段，形成一个额外的小三角形，并以此类推。如果我们把这条边的长度放大 3 倍，将会呈现出一条什么样的曲线？下面就是两种情况下原始的线段和最终被完成的曲线:

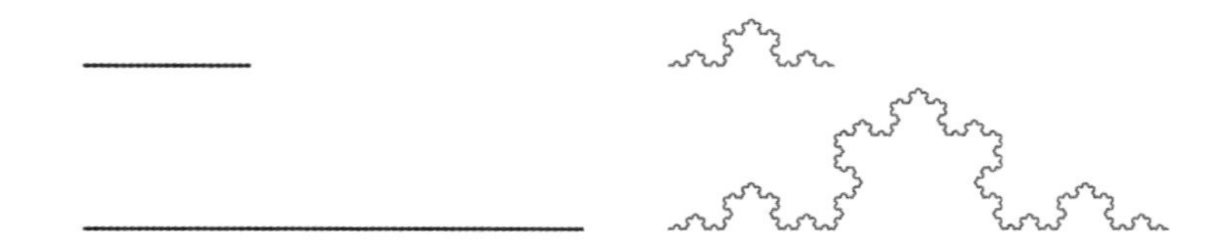

我们看到，3 倍长度线段所形成的曲线包含了 4 个原始长度线段所形成的曲线。因此，把线段长度乘以 3 产生的效果就是曲线长度乘以 4。4 比 3^1 大，又比 3^2 小，科赫曲线的维度就介于 1 和 2 之间，它显然是一个分数而不是整数。实际上，这个维度值大约是 1.26（因为 $3^{1.26} \approx 4$）。因此“分形”就表示它们的图形结构具有分数的维度。

判断龙形曲线的维度稍有点儿复杂，但它大致就是“一又二分之一维”。所以我们的确能找到介于两个数字之间的维度，这个结论肯定会让埃德温·艾勃特难以接受，就如同 A. 正方形无法理解三维世界一样。

你或许会说，很精彩，但肯定没有“负一维”空间，对吗？文学和数学的经验告诉我们，轻易否定某个事物的存在往往是不明智的。

尽管科赫雪花曲线早在 20 世纪初就已经出现，但正如我们所看到的，技术的突飞猛进才让分形几何学的深入研究具备了可能性。计算机的出现为几何学开辟了新的前景。与此极为相似的过程也发生在我接下来要探讨的一个话题上：密码学。编写密码和破解密码的行为由来已久，所有人都喜欢密码，所以小说里出现与之相关的情节也就不足为奇了。但是直到 1843 年我们才等来了第一个真正围绕着密码学展开的故事，那就是为埃德加·爱伦·坡赢得了 100 美元奖金的《金甲虫》。这是一个颇为有趣的破解密码的探险故事，臭名昭著的海盗船长基德留下了一份加密的寻宝图，指引着探险者去发现一批价值连城的财宝。

怎么会这么晚呢？毕竟，人们在过去的几千年里不停地传递着加密信息呀。古希腊历史学家希罗多德曾经讲述过一个发生在公元前 499 年的故事。米利都的僭主希斯提亚埃乌斯打算给他的盟友阿里斯塔格拉斯发送一条机密信息，请他帮忙调查反抗波斯人的暴动事件。他找来一个值得信赖的奴隶，把他的头发剃光，在头皮上文上这条信息，然后等他的头发长出来。奴隶找到阿里斯塔格拉斯，对方剃掉他的头发，看到了这条信息。

这样的方法，也就是隐藏信息而不是编写密码的方法被称为“信息隐写”，来自希腊语“隐藏写作”。问题在于，如果仅凭这种手段，信息一旦被人发现那一切就完了——前提是发现者识字。直到近代，大多数人都还是文盲，所以这倒不是个大问题。美国大约从 1870 年才开始统计公民的识字率，但是在英国，16 世纪的识字率还不到 20%。到了 1820 年，这个数字跃升至近 60%（不过，这并不能代表全球的识字率，据估算，当时全世界人口的识字率只有 12%）。当大多数人都能阅读时，信息隐写突然就失去了意义。你必须用其他的方式给信息加密，密码学应运而生。美国大约在 1800 年达到了这个临界点。

爱伦·坡本人长久以来就对密码学怀有浓厚的兴趣，这并不令人感到意外，因为你知道，爱伦·坡出生的两年前，轰动一时的世纪审判——阿龙·伯尔的叛国罪——中的关键证据就是一份密码。伯尔向外发送了一条加密信息，内容似乎是说他打算在南部州和墨西哥建立一个独立的国家。威尔金森将军收到信息后将其解密，呈交给托马斯·杰斐逊总统。但是在庭审过程中，法官发现威尔金森篡改了这条信息，目的是为自己脱罪。伯尔最终被判无罪。

公众对密码学的兴趣在 1839 年出现了一个高潮，坡在当时邀请费城一份杂志的读者把各类加密信息发给他，他最终收到了数百封信。（他后来称所有的密码都不难破解，除了一封明显的恶作剧信件。）之后，在 1841 年担任《格雷厄姆杂志》的编辑时，他发表了一系列有关“秘密写作”的文章。他提到，秘密信息的交换已经进行了数千年，方法多种多样，而他在《金甲虫》里只借鉴了其中的两种。

坡是个名副其实的故事大师。他那带有哥特色彩的故事（《泄密的心》、《厄舍古厦的倒塌》）至今仍让人胆战心惊，而且他的《莫格街凶杀案》是实至名归的侦探小说的鼻祖。他还是一位赫赫有名的诗人（《乌鸦》让他一举成名）以及才华横溢的杂志编辑和文学评论家。不得不说，作为一个评论家，坡毫不留情。诗人詹姆斯·拉塞尔·洛威尔曾开玩笑说，他“有时候似乎错把氢氰酸小药瓶当成墨水瓶了”。坡在比较科尼利厄斯·马修斯和威廉·埃勒里·钱宁两位作家时说：“如果说前面那位绅士算不上有史以来地球上最糟糕的诗人，那是因为后面那位绅士比他更差劲。套用代数学的语言：马先生‘其心可诛’，钱先生‘其心 + 肺 + 脾皆可诛’。”

这句俏皮话暗示出他那似乎难以压制的数学思维。同样的例子在坡的作品中不胜枚举。他在一篇诗歌评论文章中提到诗歌的主题非常简单：“其中十分之一可能是合乎道德的，但十分之九都与数学有关。”在一篇讲述热气球飞行的故事里[1]，主人公汉斯·普法尔利用“简单的”球面几何知识计算出热气球的高度，他还记得“球面任何部分的面积与球体表面积之比，等于该部分的正矢值与球体直径之比”。毫无疑问，坡在西点军校中的数学成绩非常优秀，一位同学说他有“异于常人的天分”。

尽管坡谈到了数学不容置疑的力量，以及它对训练分析思维能力的重要意义，但他同时小心翼翼地告诫众人，仅具备抽象的数学计算能力远远不够：一个真正的天才必须能在现实世界中进行逻辑推理。在《失窃的信》中，业余侦探奥古斯特·迪潘与故事的叙述者有一段有趣的对话，迪潘试图解释为什么一位犯罪嫌

1. 故事名为“The Unparalleled Adventure of One Hans Pfaall”。

疑人（部长）被警务总监低估了。总监认为所有的笨蛋都是诗人，因此错误地推断出所有的诗人（包括部长）一定都是笨蛋。叙述者反驳说，部长“在微分方面有学术论著，他是一位数学家，不是诗人”。迪潘说，他两者都是。“作为诗人兼数学家，他大概善于推理；而单就作为数学家而言，他根本不会推理。”这个观点我可不敢苟同，但数学家的确倾向于相信一些非常相似的东西。真正的数学家不仅是算术奇才，还必须拥有直觉，具备审美感。对于坡笔下的迪潘来说，也包括后来的夏洛克·福尔摩斯和赫尔克里·波洛等人物，真正的奇迹发生在你把纯粹逻辑推理的强大力量应用于抽象数学之外的场合。而抽象分析与现实直觉的交会点就是密码学。

就让我们来看看坡是如何在《金甲虫》中运用密码学的。这个故事讲述的是倒霉落魄的威廉·勒格朗发现了一张用信息隐写（这里是隐形墨水，加热后字迹才能显示）和密码术写成的藏宝图。藏宝图显示出的内容是一串加密的符号，勒格朗猜测这一定是“替代密码”，即每个符号都代表一个字母。

替代密码至少可以追溯到两千年前，已知最早利用这项技术的人是罗马皇帝尤利乌斯·恺撒。他把原文中的每个字母变成沿字母表顺序向下的第三个字母，于是 a 变成 d，b 变成 e，以此类推。这种简单的方法现在依然被称作“恺撒密码”。但使用这项技术的人不仅限于军事将领，《印度爱经》除了讲述其他诸多的事情（呃哼），还提到女性应当学习的 64 种技艺，包括唱歌、跳舞、插花、“算术娱乐”、诗歌创作，第四十四项是“用密码书写和用特殊方式阅读文字的技艺”。当时编写替代密码的一种方法是使用相互配对的字母，其优点是加密和解密的过程相同：比如 a 和 q 配对，那么原文中的 a 就要变成 q，q 就要变成 a，用同样的方式也可以解密信息。

替代密码也可以变得极为复杂，人们可以随心所欲地重新安排字母的顺序，还能使用任何符号来替代字母。乍看之下，破解这样的密码似乎毫无希望，因为你无法尝试所有的可能。要想重新排列英语的 26 个字母，共有 26×25×⋯×2×1=403 291 461 126 605 635 584 000 000 种方法。幸运的是，用数学方法分析语言为我们提供了一些帮助。借用数学分析法来破解密码至少可以追溯到 9 世纪，伊斯兰哲学家和数学家肯迪在《破译加密信息手稿》一书中解释了如何进行频率分析。这是一种强大的技术，如果你能找到足够长的加密文本样本，它几乎能保证成功破解。我们在第 3 课讨论漏字文时提到了这种方法，如果文本的加密方式是字母替代或符号替代，你就可以根据密文中最常出现的符号与英语（或书写密码的其他语言）最常出现的字母做出有根据的推测。

这就是勒格朗在《金甲虫》中使用的方法。英语里最常出现的字母是 e、t 和 a，如果一个文本里没有 e 这个最常见的字母，那可真是太罕见了。所以你很快就能猜到密文里哪个字符代表 e。熟悉常用的字母搭配和单词也很有帮助，比如“the”和“and”可能经常出现。勒格朗说，当他猜到 8 代表 e 之后，发现“;48”这个字符串在密文中一共出现了 7 次。那么“;”应该就是 t，“4”应该就是 h。这尤其有可能，“;”是密文中出现频率第二高的字符，因此它代表 t 的可能性极大。但是坡 / 勒格朗把事情搞复杂了，他们使用了一个错误的字母频率表：勒格朗认为英语中最常出现的字母顺序是 e、a、o、i、d、h、n、r、s、t，这可大大低估了 t，也在一定程度上高估了 d。

如今，人们利用计算机能轻松分析大量的文本信息，找出其中的频率分布模式。然而在坡和更早的时代，这项工作更具挑战性。当塞缪尔·莫尔斯试图判断哪些字母需要用最快的速度通过电报来发送，以便设定最有效的代码时，他想出了一个异想天开的捷径。当时的印刷方式还需要印刷工人用一个个字母来手工排版，因此他们需要储备更多的常用字母。莫尔斯只是统计了印刷厂储存的字母的数量，就大致了解了每个字母出现的频率，这要比分析浩如烟海的文字资料快得多。

有没有某种密码无法用这种方式来破解呢？儒勒·凡尔纳在1864年的小说《地心游记》中就提到了这样一个例子。脾气古怪但聪明绝顶的教授黎登布洛克和他的侄子阿克赛破解了一份古老的羊皮纸密码，这让他们踏上了小说中的那趟旅程。这一次的加密方式叫作“变位密码”，从本质上说就是采用预先设定的“变位词”。这类密码的优势在于，频率分析对变位词束手无策，密文中字母出现的频率与原文完全一致，因为字母只是被重新排列而不是被替换。

这里有一个例子，假如我要给这样一句话加密“Pure mathematics is, in its way, the poetry of logical ideas”（像是爱因斯坦说过的一句话）。我先把它纵向排列，阅读的时候需要从左到右、从上到下来看：

P	t	i	n	y	e	l	l
u	h	c	i	t	t	o	i
r	e	s	t	h	r	g	d
e	m	i	s	e	y	i	e
m	a	s	w	p	o	c	a
a	t	i	a	o	f	a	s

然后你抄下每一行的文字“Ptinyell uhcittoi resthrgd emiseyie maswpoca atiaofas”，原始信息就被彻底掩盖了。

但如果知道这段密文生成的方式，你就可以先阅读每个“单词”的第一个字母，然后是第二个、第三个……（当然你也可以把它们列成 6×8 的矩阵，然后纵向阅读。）更为复杂的排列也完全可能，但只要知道排列的方式就能将其破解。

但如果我不知道，问题就有点儿麻烦了，频率分析也派不上用场。然而，使用这种纵向排列的方式，信息的长度就是很重要的线索（即使我没有在每个“单词”之间留一个空格）。我们的文本有 48 个字母，因此就形成了一个 6×8 的矩阵（6×8=48）。值得尝试的方法其实并不多，我们只需要找到 48 的因子。如果 8 个字母的单词不奏效，我们就可以尝试 6 个字母的单词，如果还不奏效，我们可以很快地穷尽所有其他的可能性：2、3、4、12、16、24。没必要去尝试 1 和 48，因为这样一来我们又回到了原来的加密信息。

这类纵列密码就是《地心游记》中秘密信息的基本加密方式。故事中还掺杂了很多错综复杂的因素——密文是用冰岛如尼字母写成的，先要转换成拉丁字母，但是当密文被解开时，它看起来还是不对，因为要把文字倒过来读。但是年轻的阿克赛和叔叔一旦找到正确的破解方式，很快就发现了原文的内容。在计算机出现之前的年代里，很多甚至大部分有关破译密码的故事都沿用了这样的情节。最艰难的挑战在于断定究竟使用了哪类密码，而可供使用的密码种类非常多。夏洛克·福尔摩斯用他一贯谦虚谨慎的态度表示，他了解所有的密文写作方式：“本人就此写了一篇小专著，分析了 160 种不同的密码。”因此，唯一要做的就是尝试你知道的所有密码，看看能否成功破解。

有一个出现在小说中的文字加密方式的确令我始料不及，它就像一个恶作剧。欧·亨利创作于1906年的短篇小说《卡罗威的密码》，可以说是在移动电话出现之前的一个世纪就发明了智能输入法。一名记者需要越过敌人的防线把一篇战况报道传递到战争前线，而检查站的人员只要发现任何可疑的信息，就会立即将其销毁。于是他使用了一些含混不清的措辞，比如“暴力选择”。一名年轻的记者维西最终破解了密文，他意识到这些代码是“报纸英语”。你只需要用新闻报道上的陈腔滥调来猜测某个单词后面该跟着什么话：“暴力破解”“选择少数”。这样一来“暴力选择”就变成了“破解少数”——换句话说，敌人兵力不多。卡罗威的编辑却很为难：一方面，维西帮助报社获取了一条宝贵的消息；而另一方面，他的方法说明这家报纸的文字水平相当糟糕。“过一两天我再告诉你，”他说，“我是该把你开除还是给你加薪。”

就像分形学的研究一样，密码学的重要突破也得益于计算机的出现。实际上二者的关系更加紧密，你甚至可以认为发明计算机的部分目的就是要破译密码。有太多的图书、戏剧和电影讲述睿智的情报人员成功破解二战中纳粹德国恩尼格玛密码机的故事，其中最广为人知的作品或许是罗伯特·哈里斯的小说《拦截密码战》（2001年被改编成同名电影）。德国恩尼格玛密码机有多个表盘，每天都会重置到一个新的位置，由发给操作员的代码本指定。即使你搞到一台机器，不知道它的设定也毫无用处。每天都要从头开始破译密码，因为设定发生了变化。

为了让你了解破译这类密码所面临的巨大挑战，我来简单介绍一下恩尼格玛密码机。它看起来就像一台小型打字机，操作员敲入一段信息，机器将其加密，信息的接收人使用另一台恩尼格玛密码机解密。首先，操作员要从5个“干扰码”中以特定的顺序挑选出3个植入将要被发送的信息，每个干扰码都有26种可能的排列顺序。因此就有$5\times4\times3=60$种挑选干扰码的方式，选定之后有 26×26×26=17 576 种排列顺序。这个数量级远远超出手工检查的范围。但是还有更糟糕的，键盘与干扰码之间还有一个“接线板”，它的作用是挑选 10 对字母并交换它们的顺序。从 26 个字母中挑选出 10 对字母的所有可能性是个天文数字——150 738 274 937 000，大约 151 万亿。因此，根据恩尼格玛密码机的总体设定，60 种挑选干扰码的方式，乘以 17 576 种干扰码排列顺序，再乘以 151 万亿个接线板设定，结果是令人瞠目结舌的 158 962 555 218 000 000 000。你即使能发明一台机器，每秒钟能检验 10 亿个密码，也需要 5 000 多年才能穷尽所有的可能。而且别忘了，这样的设定每天都在改变。难怪纳粹认为这套密码机制牢不可破。

然而就在这时，数学家艾伦·图灵有了用武之地。他提出了一个绝妙的见解，能有效去除接线板的作用，也就是一下子排除了 151 万亿个组合。他与一个密码专家团队合作，设计出一台名叫 Bombe 的机器，能迅速检验 17 576 种干扰码的排列顺序。几台 Bombe 同时运行，每台机器专攻 60 种干扰码组合之一。盟军最终每天只需要几个小时就能破译当天的密码，德国人一直被蒙在鼓里。从某种程度上说，这项突破让战争缩短了两年。艾伦·图灵是一位天才的数学家，然而在公众尚不知道他为结束战争而做出的伟大贡献之时，他就遗憾地英年早逝了。休·怀特摩尔 1986 年的话剧《破译密码》讲述了这个令人心酸的故事。图灵被指控犯下同性恋的罪行之后，悲惨地撒手人寰，死因是吃下一个掺有氰化物的苹果，几乎可以肯定是自杀。据说（真实性不可考）苹果公司的标志就是在向图灵致敬。

如今，计算机的出现为密码学打开了一扇通往无限可能性的大门。近期出现的加密方法基本上都依赖于数学。我们经常在惊险影片中看到某个天才密码学家说：“天哪，他们用的是 1 024

位密钥的量子椭圆曲线加密算法。”这只不过是吸引眼球的噱头，而非真正的数学。一本真正将现代数学思想融入密码学的书，是尼尔·斯蒂芬森的《编码宝典》。如果我在上面分享的内容让你还想深入探究密码学的原理，如果你想阅读一本精彩、有趣、充满悬疑的 900 页的长篇，其中的第一章就有类似下面这个表达式的书，那么《编码宝典》是不二之选。

$$\zeta(s)=\sum_{n=1}^{\infty}\frac{1}{n^{s}} \text{ 和 } \pi=4\sum_{n=0}^{\infty}\frac{(-1)^{n}}{2n+1}$$

我们不妨换一种体验，因为我忍不住想要跟你分享丹·布朗作品中一些有趣的内容。《达·芬奇密码》令我爱不释手，但是，我的天哪，我在这本书里看到了太多数学上的无稽之谈。书中的一位“数学家”在谈到黄金律，或者用希腊字母 ϕ 表示时说：“我们数学家都觉得 ϕ 可比 π 酷多了。”不，不，我们不会这样说。我在第 1 课提到了黄金律，当时我们在讨论斐波那契数列 1, 1, 2, 3, 5, 8, 13, …，这个数列的相邻两项之比无限逼近 ϕ，即 $(1+\sqrt{5})/2$。这的确是个有趣的数字，但“酷多了”无异于胡说，尤其是当它出自丹·布朗之口时。而且，达·芬奇的《维特鲁威人》并非基于黄金律，罗马建筑师维特鲁威（《维特鲁威人》的创作蓝本）也从未以黄金律的发现者和人体素描的发明者自居。哦，既然说到这里，“数学家莱昂纳多·斐波那契在 13 世纪创造了这个数列”也是信口雌黄。而最糟糕之处（请做好准备）是这本书的主人公、符号学教授罗伯特·兰登伤透了全世界数学家的心，他说 ϕ 等于 1.618。这只是它的近似值，和它那看起来更酷的朋友 π 一样，它也是一个无限不循环小数。在它那神秘、诱人的无穷特征即将如鲜花般绽放之际将其拦腰斩断……真是一出悲剧。实际上，ϕ 的另一个名称“神圣比例”来自 16 世纪的意大利学者卢卡·帕乔利，因为它就如同神意，永远无法被人完全洞悉。

它并不“等于”1.618。我会就此打住，但是毋庸讳言，《达·芬奇密码》这本书的开篇章节应该给数学家提出一个警告。

不管怎么说，这本小说讲述了一位年轻貌美的密码学家索菲·内沃和一位年长的男性学者罗伯特·兰登在极为紧迫的时间里揭开了天主教会令人震惊的秘密阴谋。他们遇到的第一个加密手法是简单的变位词。之后我们看到了埃特巴什码，这是一套最早用于希伯来语字母表的古老密码。其名称就揭示了它的使用方法。希伯来语字母表以 aleph、beth、gimel、daleth 开始（大致相当于 a、b、g、d），以 qoph、resh、shin、taw（k、r、sh、t）结束。这套密码仅仅是调换字母表的顺序，aleph 与 taw 交换，beth 与 shin 交换，等等，也就是 a ↔ t、b ↔ sh：Atbash。如果是英语，我们或许可以称其为“Azby 密码”。我不知道你怎么想，但如果我是古代强大帝国的领导者，想要守护圣杯的真相，我或许会使用一套更安全的密码。

丹·布朗的《数字城堡》则完全是另一种风格，它讲述了一位年轻貌美的密码学家和一位年长的男性学者争分夺秒地揭开了……稍等一下，看起来很眼熟呀！这一次的密码学家[1]为美国国家安全局工作。（“苏珊·弗莱彻的腿，真难想象它们竟然能支撑住 170 的智商”就是这种写作风格的一个例子。）她和学者戴维·贝克尔（他的两腿应该能支撑无论多少的智商）被卷入一个错综复杂的事件，美国国家安全局试图阻止他们公布一个“不可破解”的加密方法。

---

1. 书中写道：“善于用数学破解密码的人骨子里就是一些神经高度紧张的工作狂。”真的是这样吗？传闻可不是数据，我在伦敦大学皇家霍洛威学院就遇到过一些数学家（布朗一部密码小说中的女主角索菲·内沃应该在这里读过书）。我在几年前应邀参加一次学术研讨会，他们是一群可爱的人。我们在一起喝茶，吃点心，他们既放松又和蔼，根本没有工作狂的迹象。

《数字城堡》使用了很多密码学术语，但它们基本上与故事情节无关，因为苏珊和戴维试图破解的密码至少有 2 000 年的历史了。我只举一个例子，苏珊称尤利乌斯·恺撒“是历史上第一个编写密码的人”——我们暂且沉默，而且他的密码还是《地心游记》中纵列密码的一个特殊变体。我在前面的例子中使用了 48 个字母，将其列成 6×8 的长方形矩阵。而恺撒变体有一个额外的条件：必须是正方形矩阵，也就是行数和列数相等。接收密码的人可高兴坏了，因为他们不需要再试来试去。如果你收到一条有 144 个字符的消息，你只需要找到 144 的平方根，也就是 12，把这条消息写在 12×12 的矩阵里，然后从上往下把消息读出来。

或许你已经发现这种方法会造成一些尴尬的局面：大部分数字都不是完美的平方数。当然这也不是问题。根据苏珊的说法，每条信息所包含的字母数量都可以是一个完美的平方数。这似乎不大可能呀。可怜的恺撒，额头上的汗珠滴在他那宽大的托加长袍上，他眉头紧蹙，罗马的命运危在旦夕，他却在苦苦思索如何用完美的平方数来传达自己的命令。幸运的是，有一个简单的办法：你可以随心所欲地草拟信息，只需要在结尾添加一些字母，让信息的长度达到一个平方数。比如，恺撒打算发送一条有 12 个字母的信息，他可以在末尾添加 4 个字母，凑成 16（4 的平方），然后一切照旧。收到信息的人或许会看到 vvvxeiiondcxiiio，数了数，16 个字母，平方根是 4，于是把它写在 4×4 的正方形矩阵里：

v	v	v	x
e	i	i	o
n	d	c	x
i	i	i	o

我们可以逐列读取原始信息。至于最后的 4 个字母，除非恺撒喜欢在正式公文里开玩笑，我们大可置之不理。

在结束这一课的内容之前，我还想分享两个数字加密技术。前面提到过，自计算机出现之后，几乎所有的加密算法都依赖于数学。对这件事我最好还是提供一个具体的案例，它就是 RSA，是第二批发明它的人的首字母缩略词。而它的第一位发明者是数学家克利福德・柯克斯，他当时在英国政府通信总部工作，相当于美国国家安全局。他的工作是保密的，所以直到很多年以后人们才知道他的发明。这种算法背后的逻辑极其巧妙，加密的方法完全可以公开，密文也可以发表在报纸的头版，但依然无法被破解。它基于一种数学现象，即乘法简单，但因数分解很难。

这样来解释吧：给你一张纸，你可以很快算出 89×97 的结果。但如果我让你找出能被 8 633 整除的数，你恐怕就要花不少时间了，因为你不得不逐一尝试很多数字，直到发现能符合要求的数字。（我不想吊你的胃口，8 633 就等于 89×97，二者皆为质数，所以 8 633 的因子只有 1、89、97 和 8 633。）这种乘法与因数分解的难度的不平衡性，就是 RSA 算法的基础。[1] 一个数字 N 作为两个非常大的质数 p 和 q 的乘积，可以被公之于众，但两个质数的值保密。于是我们就可以利用这个数字 N 给信息加密（从原理上说就是把信息转化成数字，取它一个大的幂，除以 N，取余数）。有一个简便的数学技巧可以回溯这个流程，找回原来的信息，但你必须知道 p 和 q 的值。目前并没有已知的便捷方法可以找到一

1. 直截了当告诉你吧，RSA 表示“李维斯特－沙米尔－阿德曼”（Rivest-Shamir-Adleman）。他们所收获的所有名望和声誉并非浪得虚名，而是实至名归。克利福德・科克斯也从未表现出嫉妒，正如他所说：“进入这个行业就不要指望得到公众的认可。”你可以在西蒙・辛格的书《密码故事》中读到更多有关 RSA 精彩的密码史，其中的“公开密钥加密”那一章就引用了科克斯的这句话。

个大数的因子，所以对方无法判断出 p 和 q 的值，即使他们知道 N。所以只要你使用足够大的数字，密码就是安全的。

另一种加密技术更加古老，虽然也利用了数字，但采取了截然不同的方式。它被称为“书加密法”，这种方法出现在夏洛克·福尔摩斯的故事《恐怖谷》中。其方法并不复杂。如果你我二人想要互发加密信息，我们事先约定好一本书。比如我想告诉你“身份暴露”，我要在书中找到“身”“份”“暴”“露”这几个字。如果“身”出现在第 132 页第 12 行第 6 个字，我就发给你一串数字 132 12 6，而 415 3 15 就表示第 415 页第 3 行第 15 个字。这个方法还能引申出各种变体，比如你可以忽略行数，直接写明某一页的第几个字，但是这样一来数数的工作量就变大了。只要对方不知道是哪本书，这样的密码就不会被破解。但是如果我们被怀疑，在极端情况下敌人就可能把我们俩所有的书都翻出来。在《恐怖谷》中，夏洛克·福尔摩斯面对的难题就是在不知道哪本书的情况下破解这样的密码。后来他知道密码 532 表示书的页数，说明这本书至少有 532 页，他还知道密码中包含了列数——有多少书会使用纵向排版呢？调查范围一步步缩小，福尔摩斯和华生最终找到了那本书，也破解了密码。

第9课

少年派的真实漂流：小说中的数学主题

“我是一个相信形式，相信秩序和谐的人……我告诉你，我讨厌自己外号的原因之一就是那个数字会一直循环下去。”“派”· 帕特尔说，他是扬 · 马特尔布克奖获奖作品《少年 Pi 的奇幻漂流》中的主人公。这本书讲述了一个遭遇轮船失事的男孩，在一只救生艇上与一头名叫理查德 · 帕克的孟加拉虎共同生活了 227 天后得以幸存的故事。派作为圆的周长与直径关系的著名数学常量，是一个非常神奇的数字，正如派 · 帕特尔所说，它的确会一直循环下去。数学并不是“无理性的”——它不能被写成分数或者以小数结尾的形式。“派的无理性”思想作为一种文字游戏，成为这部小说的主题——我们永远不知道他那如梦境般的经历究竟多少属于真实，多少是他的想象。

在这一课，我们来探讨一些基本的数学思想被用来阐明甚至升华故事主题的方法。在第 8 课，我们已经看到了文学是如何回应盛极一时的数学潮流和时尚的。现在我们将看到作家们是如何与摆脱了时间概念的永恒数学主题互动的：数字的性质（比如 π）、无穷的概念，甚至数学思想本身的本质。

在扬 · 马特尔的小说中，派 · 帕特尔讲述了他在印度本地治里的早年生活。他说他的名字来自巴黎的一个游泳池——派西尼 · 莫利托，因为一位家族老友和游泳冠军总是滔滔不绝地讲述他年轻时到访那个泳池的故事。然而遗憾的是，“派西尼·帕特尔”这个名字听起来就像“撒尿·帕特尔”，于是在遭受了多年的耻笑之后，他在进入一所新学校的第一天决定采取一些行动。当轮到他做自我介绍时：

我从座位上站起来，匆匆朝黑板走去。老师还没来得及开口，我已经拿起一支粉笔，边说边在黑板上写道：

我的名字叫

派西尼·莫利托·帕特尔，

大家都叫我

——我在名字第一个字下面画了两道线——

另外我又加上了

$\pi \approx 3.14$

然后我画了一个大圆圈，又画了一条直径，把圆一分为二，以此让大家想起基本的几何知识。

这一招儿果然奏效了，于是从那时开始，他就变成了“派”。正如他所说：“在那个像一间有着波纹铁皮屋顶的棚屋的希腊字母里，在那个科学家试图用来理解宇宙的难以捉摸的无理数中，我终于觅得一个避风港。”[1]

---

1. 这个令人着迷的数字绝非仅仅出现在《少年 Pi 的奇幻漂流》中。艺多不压身，你不妨读读翁贝托·埃科在《傅科摆》（我曾经听到有人说这本书是“善思考者的《达·芬奇密码》”）中的这段话：“就在那时，我看到了傅科摆……我已经知道——但无论是谁都会在这宁静气息的魔力中明白——周期是由线长的平方根与圆周率之间的关系决定的。对常人来讲，圆周率是一个无理数，但出于更高的理性，所有可能的圆的圆周都同它们的直径联系在一起。圆球形锤摆从一端摆动到另一端的时间，是由最不受时间限制的一些尺度之间奥妙的协力作用决定的：悬挂点的单一性、平面维度的对偶性、圆周率的三元性、平方根神秘的二次性和圆的完美性。”你在丹·布朗的书中可读不到这样的话。

π 那貌似随机的小数位如同大海中神奇又难以预测的海流，就像派和理查德 · 帕克漂浮在无边无际的蓝色海洋上。然而，π 的小数位其实并不随机，我们有计算它的方法，能让我们在数字的海洋中肆意畅游，甚至如果愿意，我们可以探究到它小数点后的几十亿位。在我看来，π 的真正神秘之处，是它能在数学世界不起眼的角落里闪现自己的身影。我们都知道 π 和圆有关，跟平方数扯不上关系，真的是这样吗？这样一个平方数列 1，4，9，16，25，…就以最不寻常的方式找到了 π。我们可以尝试计算 $\frac{1}{1}+\frac{1}{4}+\frac{1}{9}+\frac{1}{16}+\frac{1}{25}+\cdots$，省略号表示“永远继续下去”，它的结果似乎无限趋于一个数字，大约是 1.64。这个问题最早在 1650 年被提出，数学家花了 80 多年时间试图找到这个数字的精确值。伟大的莱昂哈德 · 欧拉，我们在第 2 课见过他，终于在 1734 年有了一个神奇的发现：$\frac{1}{1}+\frac{1}{4}+\frac{1}{9}+\frac{1}{16}+\frac{1}{25}+\cdots=\frac{\pi^2}{6}$。尽管我已经目睹了证明的全过程，但这个结论依然让我难以想象。π 还出现在其他很多地方，统计学著名的“钟形曲线”方程就与 π 有关，甚至蜿蜒曲折的河流也暗示出这个奇妙的数字。有人发现，如果你用一条河流的长度（包括所有迂回曲折的弯道）除以从源头到入海口的直线距离，结果就近似于 π。

从阿基米德到牛顿，再到查尔斯 · 道奇森（他更广为人知的名字是刘易斯 · 卡罗尔），无数伟大的数学家都想到了计算 π 的近似值的方法，但它的小数位无穷无尽，我们永远无法探明它的精确值。对派 · 帕特尔来说，这也是令他沮丧的原因所在。他希望事情都有清晰明了的结局，他说：“可怕之事莫过于一次糟糕的告别……只要可能，我们就应该赋予事物一个有意义的形式。比如——我想知道——你能一章不多、一章不少，用整整 100 章把我那混乱的故事说出来吗？……事情应当被体面地结束，这在生活中很重要，只有这样你才能放手。”生活当然不可能如此条理分明，我们的故事总有纠缠不清的情节。没有整齐划一的结尾，只有恰到好处的收笔。对派来说，在与理查德·帕克在海上待了几个月后，或许他能欣慰地看到《少年Pi的奇幻漂流》这本书恰好有100章。

这本书不但有令人愉悦的章数，还告诉我们派在海上一共漂流了227天。乍一看，这不像一个具有特殊意义的数字，但我不这么认为。其一，如果不是，马特尔为什么要把它表述得如此精确？其二，有一次他在接受采访时被问到为什么要选择一只老虎与派做伴，而他原本的构想是一只犀牛？他说：“犀牛是食草动物，我觉得食草动物不可能在太平洋上生存227天。于是我最终选定了老虎，现在看来这也是自然选择的结果。”这说明他在构思小说的初期阶段就想到了227天的概念。最终的发现令我兴奋异常，$\frac{22}{7}$是π的一个非常理想的近似值，这肯定不是一个巧合。这个数字与π不同，它是一个有理数，我们可以用简单明了的分数将其表示出来。我们还知道它所代表的准确值，因此我们可以赋予它（如派所愿）一个有意义的形式。马特尔还说，他之所以选择“派”这个名字，就因为它是个无理数，然而“科学家用这个无理数形成了对宇宙的‘理性’认知。在我看来，宗教就具有一些‘无理性’的色彩，但我们利用宗教形成了对宇宙的理性认知”。马特尔运用熟练的写作手法让227天的海上漂流引申出$\frac{22}{7}$的概念，似乎是为了完成一项不可能的任务：让π变成一个“有理数”。

数字π呈现出诸多相互矛盾的特征。它是个无理数，但它源于一个比例：圆的周长与直径之比。它是个有限的数字，但它的小数位是无穷的。无穷与矛盾（实际上是无穷的矛盾）的概念曾在阿根廷作家豪尔赫·路易斯·博尔赫斯的作品中反复出现。他的短篇小说《巴别图书馆》就运用了数学的矛盾修辞法——用有限的事物填充四面八方无限延伸的空间。这个故事以第一人称视角讲述了一个栖身于图书馆，也就是“宇宙”中的人所发生的事情，这位“图书管理员”穷极一生徘徊在图书馆一个又一个一模一样的六边形房间里，阅读其中的书籍，思考宇宙的意义。（我非常喜欢博尔赫斯的作品，其内容既深刻又有趣，文字优美。如果你从未读过他的作品，建议你尽快找一本他的短篇小说读读吧。）

为这篇故事赋予额外一层意义的是，博尔赫斯就是一位图书管理员——阿根廷共和国国家公共图书馆负责人。从孩提时代起他的身边就围绕着各类图书，他的父亲收藏了大量的西班牙语和英语文学作品。博尔赫斯曾经说：“如果让我说出生命中最重要的一件事，那就是我父亲的图书馆。”对这样一个嗜书如命的人来说，30 岁时视力退化不啻剥夺了他生命的全部意义，他在 50 多岁时已经双目失明。这样的经历让他在《巴别图书馆》（出版于 1941 年，当时博尔赫斯 40 岁出头）中的这段话读来令人格外心酸：“和图书馆里所有的人一样，我年轻时也曾在此畅游，四处寻找一本书，或许是卡片索引上的目录。但现在我的眼睛几乎无法看清我写的东西了，我准备在我出生的六角形房间中死去。”[1]

管理员说，这间图书馆是个异乎寻常的存在：它收藏了所有可能出现的书。那些已经完成的书、正在创作的书、未来有一天将要被写出的书、那些永远也不会有人去写的书、那些已经开头却又半途而废的书、那些被禁止阅读的书、那些饱受赞誉的书、那些永远都不会出现在任何一家图书馆里的书，都存在于这家图

---

1. 引文摘自詹姆斯·E. 厄比的英语译本，Jorge Luis Borges，*Labyrinths*，Penguin Classics edition（2000）。

书馆。所有图书都有同样的尺寸、形状和厚度（恰好 410 页）——听起来有点儿不可思议，但也不是什么大问题，因为《战争与和平》可以被分成若干卷，《了不起的盖茨比》可以加上一些空白页来填满。

故事的讲述者和其他图书管理员的生活就是在图书馆中汲取知识。既然这里的藏书无所不包，那么某个书架上必然藏着一本解释图书馆是如何诞生，以及它的结构是怎样的书。这里有一本能预知你未来命运的书，有一本列出地球上所有彩票中奖号码的书，甚至还有一本《十堂奇妙的数学课》。但是，既然任何可能的书都会出现，那么这里也有数以百万计的近似副本。所以，如果你手里的那本书出现任何拼写错误或数学概念的偏差，显然是因为你在无意中拿起了一个近似副本。正如博尔赫斯在书中说："一本书只要可能存在，就足以令它出现在图书馆里，不可能存在的书当然也就不会出现。例如，书不能被当成梯子，尽管肯定有些书在讨论、否定并证明把书当成梯子的可能性，而且还有一些书的结构与梯子的结构一模一样。"

什么样的建筑物能容纳如此多的书？博尔赫斯在故事的开篇这样写道：

宇宙（也有人把它叫作图书馆）由六边形陈列室组成，其数量不定，或许是无穷多。陈列室中间有巨大的通风井，周围是低矮的栏杆。从任何一个六边形陈列室向上、向下望去，都能看到无穷无尽的楼层。陈列室的布局一成不变。20 个书架，每 5 个靠在一面墙上，另外两面墙……其中一面是一条狭窄的走廊，通往下一个与这间陈列室以及所有陈列室都一模一样的陈列室。走廊的左右两边各有两个小小的橱柜（那里是睡觉和从事其他活动的地方）。走廊上还有一个螺旋楼梯，它的一头扎进无底的深渊，另一头伸向遥远的上方。

图书馆每个房间的布局都是一模一样的，图书馆向四面八方无限延伸。这就出现了一个问题，因为尽管藏书数量可能是一个难以想象的巨大数字，但正如我希望你们很快就能相信的那样，它仍然是有限的。（博尔赫斯的故事里有太多复杂的数学元素，以至数学家威廉·布洛赫用整整一本书对其做出解释。而我在这里只想讨论这个主要的矛盾。）

整座图书馆具有无止境的结构，每本可能存在的书都仅有一册，绝无副本，图书管理员的这些描述都是正确的吗？我们来深入探讨一下这个想法。博尔赫斯还给我们详细讲述了每个房间的布局和每本书的尺寸。管理员说，每个六边形房间的四面墙上都有书架——毕竟我们要留出一些空间作为进出通道。每面墙各有5个书架，每个书架上有32本书。（这里要请阅读博尔赫斯作品英语译本的读者留意：不止一个译本说这个数字是35，不是32。但是我查看了西班牙语版本，上面写的是32，所以我在这里就沿用32这个数字。）利用简单的心算就能得出答案，图书馆的每个房间有 $4\times5\times32=640$ 本书。

现在我们来解决比较困难的问题：图书馆里共有多少藏书？我们恐怕需要从故事里提取更多的信息。据管理员说，所有的书版式都一模一样：410页，每页40行，每行80个字符，共有25种字符，包括22个字母，以及逗号、句号和空格。博尔赫斯并未指明这是哪种语言，但显然不是英语的26个字母，也不是比英语字母表多出一个ñ的西班牙语。经典的拉丁语字母表有21到23个字母——取决于你请教的对象，所以或许博尔赫斯指的就是拉丁语。不管怎样，410页、40行、80个字符，一共就是 $80\times40\times410=1\ 312\ 000$ 个字符。我不知道你的水平如何，但我肯定需要借助计算器才能算出这个数字。故事里的管理员说书脊上也写着字，我们不知道有多少，但通常书脊上的字都是纵向排列的，合理推测下来，既然每一页有 40 行，那么书脊上也应该能写下 40 个字符。每个字符有 25 种可能性。这有点儿像我们在前面计算五行打油诗和十四行诗的过程，但是要留意：假设我们的书只使用 a、b、c 这 3 个字符，且每本书的长度只有 2 个字符。那么我们在第一个字符上就有 3 个选择：a、b 或 c，再加入第二个字符，也有 3 种选择，这意味着共有 $3\times3=9$ 种可能，也就是：

aa ba ca ab bb cb ac bc cc

如果我们再加上一个字母，前面两个字母所形成的 3^2 种可能分别有 3 种方式加上第三个字母，那么一共就是 $3^3=27$ 种：

aaa bba caa aba bba cba aca bca cca
aab bab cab abb bbb cbb acb bcb ccb
aac bac cac abc bbc cbc acc bcc ccc

如果一本长度为 7 个字母的书有 3 个字母可供选择，那就可能出现 $3^7=3\times3\times3\times3\times3\times3\times3$ 本不同的书。我本来只是随机选取了这几个数字，但是我突然发现，3 和 7 都是西方人思想中最典型的模式数字——这可真是无可救药了。那么如果长度为 n 个字母的书有 3 个字母可供选择，书的总量就是 3^n。以此类推，假设巴别式的书长度为 n 个字符，每个字符有 25 种可能性（别忘了还要加上空格、逗号和句号），那么书的数量就是 25^n。我们已经知道每本书里有 1 312 000 个字符，那么一本书就可能呈现出惊人的 $25^{1\ 312\ 000}$ 种不同的内容。别忘了还有书脊，我们假设书脊上有 40 个字符。这样算下来，巴别图书馆里共有 $25^{1\ 312\ 040}$ 本藏书。

到了这个时候，计算器已经不能解决问题了，就连计算机也无济于事，因为 $25^{1\ 312\ 040}$ 这个数字已经大到了荒唐的地步。与之最接近的 10 的幂是 $10^{1\ 839\ 153}$，也就是 1 后面跟着 1 839 153 个零。如果把这些零都写下来，就算你一秒钟能写 5 个零，也需要 102 个小时。更重要的是，这个数字明确地否定了巴别图书馆存在于我们这个宇宙的可能性。据科学家估算，我们这个宇宙总共“只有” 10^{80} 个原子，所以除非你能想办法把数十亿本书塞进一个原子里，这个图书馆存在的宇宙必然不同于我们的宇宙，而且无比巨大。

无论我们想象出一个什么样的宇宙，都有一个问题没有得到解决。我们有 $25^{1\,312\,040}$ 本书，它们被存放在一模一样的房间里，每个房间里有 640 本书。那么要想知道图书馆共有多少个房间，就要让 $25^{1\,312\,040}$ 除以 640。但 $25^{1\,312\,040}$ 表示一大堆 25 相乘，25 是个奇数，一堆奇数相乘的结果依然是奇数。尽管我们这个数字大得离谱，但它还是一个奇数。而奇数不能被 2 整除，这恰恰就是奇数的定义。我们不需要计算出结果就能知道，$25^{1\,312\,040} \div 640$ 的结果肯定不是一个整数。但这就意味着图书馆里的房间数量不是一个整数！

布洛赫在他的书中提出了一个解决方案，但是要调整一下原书里的数字。他说，如果我们在每个书架上摆放 49 本书，而不是 32 本书，再把可以使用的字符数量变成 28 个，就能得到整数的房间数量。但我依然主张，在尽可能的情况下尊重原文所设定的规则，否则研究这些问题还有什么意义呢？我们的确还有一点点灵活操作的空间，那就是书脊上的字符。我们当初决定每本书的书脊上有 40 个字符（包括空格），改变这个数字其实并不能解决问题，因为不管我们在书脊上写了多少个字，最终还是要让一大堆 25 相乘，结果仍然是奇数。然而，在充分尊重巴别宇宙规则的前提下，我可以提出两个建议。第一个建议是，书名通常没有句号，因此我们可以假设书脊上的字只能从 24 个而不是 25 个字符中选择。这意味着书脊共有 24^{40} 种可能。我们还知道书的内容有

$25^{1\,312\,000}$ 种可能，于是图书馆全部藏书的数量就是 $25^{1\,312\,000}\times 24^{40}$，这至少是个偶数，而且它恰恰能被640整除。你应该知道，24^{40} 就表示40个24相乘，我们可以依照自己的喜好对其进行拆解——比如先让7个24相乘，再让33个24相乘，再把两个结果相乘。换句话说，$24^{40}=24^{7}\times 24^{33}$。请忍耐一下，我需要在下面列出计算过程：

$$\begin{aligned}25^{1\,312\,000}\times 24^{40} &= 25\times 25^{1\,311\,999}\times 24^{7}\times 24^{33}\\ &=(25\times 24^{7})\times(25^{1\,311\,999}\times 24^{33})\\ &=114\,661\,785\,600\times(25^{1\,311\,999}\times 24^{33})\\ &=179\,159\,040\times 640\times(25^{1\,311\,999}\times 24^{33})\end{aligned}$$

哈哈！这个巨大的数字是640的倍数。这意味着图书馆的确可以用整数的六边形房间收藏这些图书，房间的数量是 $179\,159\,040\times 25^{1\,311\,999}\times 24^{33}$。

我的另一个建议来自故事本身提供的线索。管理员在解释图书馆的规定时说："在我负责管辖的六边形房间里，最好的书是《精梳雷霆一击》（*The Combed Thunderclap*）、《石膏痉挛》（*The Plaster Cramp*）和 *Axaxaxas mlö*。"这里要做个说明，最后一本书实际上是个冷笑话，暗指博尔赫斯的另一个故事《特隆，乌克巴尔，奥比斯·特蒂乌斯》（"Tlön, Uqbar, Orbis Tertius"）。用特隆星上的语言来解释，Axaxaxas mlö 大概的意思是"月亮升起来"。我们很难判断此事的真实性，因为它存在的唯一证据是某些书的某些副本中的只言片语。既然所有可能的书都存在于巴别图书馆，它肯定包含了博尔赫斯的所有作品，以及特隆星的所有文学作品，无论特隆星是否存在。不管怎样，既然一本书的书脊上出现了重读音字母 ö，那么或许书脊可供选择的字母数量就多于25个。如果我们允许多出现一个字母，每个书脊的字符就有26种选择，那么我们可以用 26^{40} 来计算书的总数。喜讯再次降临，这个数字可以被640整除。不管怎样，我觉得我们既没有违背原书的精神，又帮助图书馆找到了整数的六边形房间数量。

我们已经知道，图书馆里房间的数量无比巨大，但并非无限，因此最大的问题就是，我们如何将这件事与图书馆本应向四面八方无限延伸的事实联系起来？我们能否借助数学，规划出符合原文所描述的图书馆的所有特征和结构？例如，每个六边形房间的中央都贯穿着通风井，向上、向下无限延伸。两个六边形房间之间的走廊上还有螺旋形楼梯。因此可以推导出，每个垂直楼层上的六边形房间和楼梯一定是一模一样的。

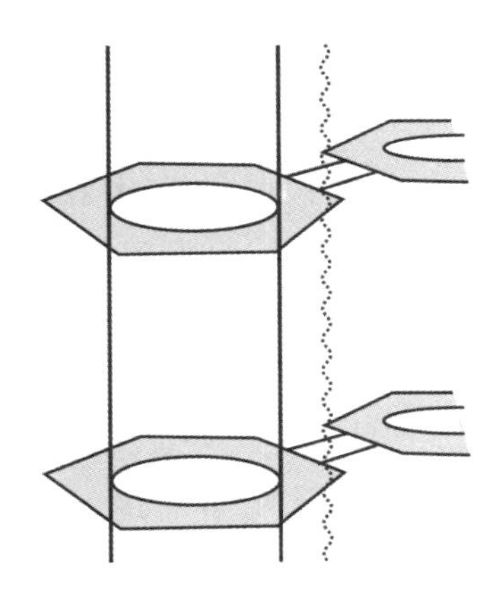

我们还知道，六边形房间里的两面墙上没有书架，这些墙的一面或两面通往同一层其他六边形房间的走廊（也连接到一个螺旋形楼梯）。所有六边形房间都是一模一样的，所以每个房间通往走廊的墙壁要么是一面，要么是两面。第一种说法可能行不通，原因是这样一来每一层的六边形房间将被两两隔离。如果A房间与B房间相连，那么B房间已经有一条通往A房间的走廊，它就不能再跟其他房间相连。但是原文提到了“向右几英里处”和

“书架 90 层高处”，所以我们就不能仅让六边形房间两两相连，或许应该让每个六边形房间都伸出两条走廊。一种可能性是我用下图展示的样子，相对的两面墙壁各延伸出一条走廊，所有六边形房间排成一条直线：

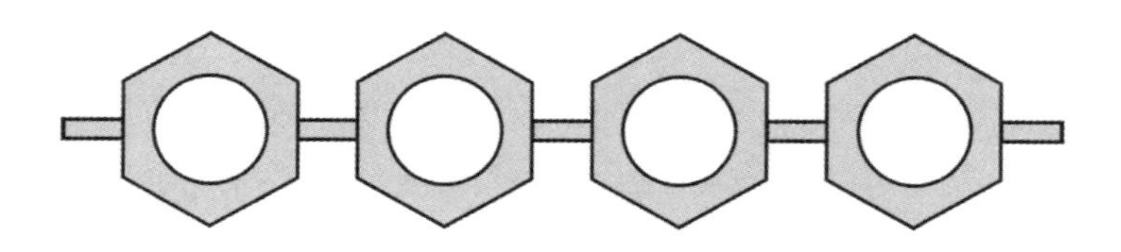

但两条走廊或许位于相邻的两面墙壁上，也或许它们之间仅隔了一面摆放书架的墙壁，而不是两面。如果是这样，每一层的平面布局就有了更多可能性，你可以试着把它们都找出来。目前暂且让我们假设每一层的六边形房间都以直线的方式相连，上下完全相同，我能想象到的是一个由六边形元素构成的巨大的矩形锁子甲结构。

这一切都很合理，但我们还需要沿上、下、左、右方向无休止地移动，而且永远不会抵达终点。有这么一种形状，虽然有限，但没有所谓的开始与结束。在戴上结婚戒指的那一刻，我们用这种形状来象征海枯石烂、至死不渝的爱情：那就是“圆”。沿圆形轨道移动，我们永远没有抵达尽头的那一刻，任何一个点与其他点似乎都没有差别。这就是有限空间内一维意义上的“无限长线”。上升一个维度，我们还可以在一个球体的表面（比如地球）无限制地移动，也不会抵达尽头或者从边界跌落。一个大到足以容纳巴别图书馆所有藏书的球体，显然会令你穷极一生也无法走遍所有的角落，这种有限的物体能给你带来无限的感觉。

但是，我们的矩形锁子甲无法完美地贴合在一个三维球体的表面上——如果用一张长方形的纸包住一个球，你就会发现一些问题：有些部分不可避免地会被（专业术语）挤压在一起，并出现褶皱。这就是为什么绘制地图是一项极具挑战性的工作，呈现在一个平面上的球体始终无法避免形状、距离的扭曲。要解决这个问题，一种方法是上升一个维度。图书馆宇宙是四维球体上的一个三维平面！从数学意义上讲这个解释很完美，但我更青睐另一种可能性。说起来这可能会让你想起青春时期虚度的那些时光，我心目中的巴别图书馆的形状就是所谓的“太空入侵者”解决方案。在我们小时候，计算机的内存容量堪比金鱼的记忆力。当时出现了很多以外星人入侵为背景的电子游戏，也就是你要操纵一艘宇宙飞船，在屏幕上自由移动，击退外星飞船。或许是为了节省内存，如果你的飞船靠近屏幕右侧的边界，它就会从屏幕左侧同样的位置出现，或者隐入屏幕下方之后又从屏幕上方出现。消失和出现的位置让你感觉它们好像是太空中的同一个点。

在一个叫作“拓扑学”的数学分支领域里，数学家经常会借用这样的概念。例如，你完全可以宣布计算机屏幕的下边界与上边界所包含的点完全相同，并将两条边视为同一个事物。只需付出少少的形状扭曲代价，我们就能在三维空间里呈现出平面弯曲的真实状态——弯曲一个长方形的平面，使两端首尾相接并粘在一起，形成一个圆筒。

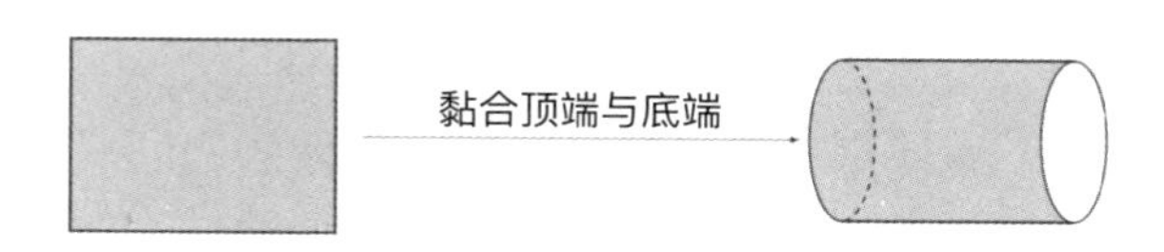

我们的六边形房间矩形锁子甲能完美地形成这样的形状。一层又一层的垂直房间形成了一个巨大的圆形，我们能在层与层之

间上下移动，永远不会抵达边界。我们也不会发现自己突然变成倒立的姿势，毕竟生活在地球另一端的人也不是整天倒立着过日子。但是水平方向呢？这个圆筒的最左边和最右边还是存在“最后的六边形”作为这个形状的边界的。数学家从不甘心让一个绝妙的主意白白浪费。我们只需要把上面的方法复制到水平的方向上，也就是我们的飞船从右侧离开屏幕之后需要在左侧出现。我们可以从数学意义上“黏合”圆筒的两端。如果用视觉化的方式来呈现，它就是数学世界里的一个“圆环”、现实生活中的一个“甜甜圈”。（当然不是英国的甜甜圈，因为里面的果酱会把书黏住的。）

这一章我想要介绍的最后一位作家，绝对会喜欢上一个填满了书籍的甜甜圈宇宙。让我们与漫步闲游的图书管理员挥手告别，踏上一段前往仙境的旅程。

历史上由数学家创作的最知名的虚构作品，当数刘易斯·卡罗尔的《爱丽丝漫游奇境记》及其续篇《爱丽丝镜中奇遇记》。饶有趣味的数学知识和稀奇古怪的思维逻辑，给爱丽丝想象中的世界增添了一层超现实的梦境色彩。在我看来，尽管他的作品充满了大量的数学隐喻，但真正能表露出他对数学情有独钟的，其实是他整体的叙事方式。你或许知道，刘易斯·卡罗尔是查尔斯·路特维奇·道奇森的笔名，他于 19 世纪下半叶在牛津大学基督教会学院就职，是一名数学家和牧师。拉丁语的查尔斯·道奇森是 Carolus Ludovicus，进一步变化就产生了刘易斯·卡罗尔（Lewis Carroll）。

他所有的小说和诗歌都带有一丝归谬的色彩，实际上跟数学研究和孩子们的角色扮演游戏如出一辙。例如，我们假设你能随心所欲地放大和缩小身体（不管是通过吃蛋糕还是喝药水），那么你就有可能在自己的眼泪中游泳，正如爱丽丝落入兔子洞之后发生的情形。你可以像数学家一样研究游戏的内在逻辑，先认同游戏的基本规则，之后尽情地探索。

从数学意义上讲，用符合逻辑的方式把某个假设推到极限，使之难以自洽，是一种常见的证明技巧，也就是先假设你想要否认的事实为真。这已经有点儿像是《爱丽丝镜中奇遇记》了。我们在第 1 课就用这样的方法证明了质数的数量是无穷的。我们先假设质数的个数有限，所有的质数都可以被列在一张有限长度的清单上，然后我们推导出一个不在清单之列的质数，从而推翻最初的假设。这就是一个真正的数学归谬法，我们称为"反证法"。同样，爱丽丝在与素甲鱼相遇时，试图通过一个充满了傻乎乎双关语的数列得出一个合乎逻辑的结论。素甲鱼讲述学校里的生活，说他们要学习"算术的所有分支——假发、剪发、丑法、厨法"。

"你们每天上多少课呢？"爱丽丝想换个话题，急忙问……

素甲鱼回答道："第一天 10 小时，第二天 9 小时，以此类推。"

"真奇怪啊。"爱丽丝叫道。

"人们都说上'多少课'，"鹰头狮解释说，"'多少课'就是先多后少的意思。"

这对爱丽丝来说可真是个新鲜事，她想了一会儿才接着说道："那么第十一天一定该休息了？"

"当然啦！"素甲鱼说。

"那么第十二天怎么办呢？"爱丽丝很关心地问。

“关于上课的问题就说到这里吧。”鹰头狮用坚决的口气插话说。

这并不奇怪，因为根据这个计划，他们在之后每一天的学习时间必须少于零小时。

刘易斯·卡罗尔的诗歌中也包含大量荒谬的算术内容。在《猎鲨记》（副标题为“痛苦的 8 次发作”）中，10 位姓名以 b 开头的船员出海捕猎蛇鲨，最终失败而归，因为所谓的蛇鲨其实是一个名叫 boojum 的怪物。船员河狸一直搞不懂怎么才能让 2+1 等于 3，于是屠夫过来帮忙。他“用通俗的方式解释以确保河狸能听懂”：

我们从三这个数字入手——
它作为开始的数字再合适不过了——
我们加上七和十，
然后乘以一千减八。
你能看到，我们把结果除以
九百九十二：
然后减去十七，
答案一定正确得不能再正确了。

乍一看，这几句诗用专业术语来说就如同一堆废话。但其实里面包含了一个颇为精妙的数学技巧，用一步又一步精确又符合逻辑的步骤不可逆转地（也是荒唐可笑地）引导出正确答案。屠夫试图说明 3 是 2+1 这个复杂问题的正确答案，于是他先把 3 这个数字拿出来，然后罗列出一长串的运算过程。如果你仔细跟随他的思路，它的确能把你带回到 3 这个数字。但更有趣的是，根据他的计算方式，无论你挑选什么数字最终都成立。比如我选择自己最喜欢的数字 4，结果就一定是 4。我们来试试吧：把这个数字加上 7 和 10，就是 4+17=21。乘以 1000–8，也就是乘以 992，然后再除以 992。到此为止我们的计算过程是 $(4+17)\times\frac{992}{992}$，也就是 4+17。最后一步是减去 17，我们又回到了 4。不管你选择什么数字，答案一定正确得不能再正确了。

有一个数字似乎尤其令刘易斯·卡罗尔着迷：42，这个数字在他的作品中可以说无处不在。在《爱丽丝漫游奇境记》里（这本书恰好有 42 张插图），爱丽丝不断变大的身体扰乱了法庭的秩序，怒气冲冲的红心国王看着本子宣读："第四十二条，所有身高一英里以上者请退出法庭。"当爱丽丝跟着白兔进入它的洞穴，沿一口深井不停地向下掉落时，她想自己会不会穿过整个地球。这是一个颇为有趣的数学事实，即在连接地球表面任意两点间的一条通道中跌落，穿过地球的时间是恒定的（作为一名纯粹的数学家，我忽略了摩擦力和空气阻力等俗不可耐的因素）。猜猜爱丽丝需要多长时间才能从地球的一边跌落到另一边？没错，是 42 分钟。

《爱丽丝镜中奇遇记》里还隐藏着更多的 42。如果说《爱丽丝漫游奇境记》里充满了纸牌游戏的元素，那么《爱丽丝镜中奇遇记》的主题就是象棋。整个故事呈现出一部棋局的结构，白方对阵红方，爱丽丝穿越在田野上铺开的一张棋盘里。她在探险途中遇到了几个棋子，刘易斯·卡罗尔在书中写道，他们完全可以下一盘真正的象棋，而爱丽丝作为一个小兵穿越棋盘成为"后"。在一次交谈中，爱丽丝告诉白皇后她今年恰好七岁半，也就是 7 年 6 个月，而 7 乘以 6 就等于 42。皇后的年龄比她大得多，有 101 年 5 个月零 1 天。至于相当于多少天，要取决于闰年的分布，但是最多的天数是 37 044 天。这只是一个毫无意义的随机数字吗？或许吧，但如果来自同一张棋盘上的红皇后和白皇后的年龄完全相同，二人年龄的总和就是 74 088 天。那又怎么样呢？它恰好等于 42×42×42，我始终无法相信这仅仅是个巧合。

我从未看到过一个令人信服的解释，告诉我为什么刘易斯·卡罗尔对 42 这个数字如此痴迷。尽管他极其热衷于逻辑思维，但我猜他只是单纯地喜爱这个数字。然而有一个思想流派认为，这或许存在某些宗教层面的理由。例如在《猎鲨记》的前言中，我们看到船员守则让他们陷入了逻辑僵局：

> 守则第 42 条提到："任何人不得与舵手说话！"但是敲钟人又补充了一条："舵手也不得与任何人说话。"所以谁也没办法表达自己的意见，船就在这个混乱不堪的时间里向后节节倒退。

有人认为 42 这个数字暗指一份重要的宗教文件托马斯·克兰麦的《四十二信条》，其中列举了英国教会重要的教义指导原则。刘易斯·卡罗尔是英国教会的牧师，当然熟悉这份文件。顺便说一句，第四十二条的内容是"并非所有人都能得到拯救"，所以全凭你自己的想法。

42 这个数字在道格拉斯·亚当斯的《银河系漫游指南》中扮演了重要角色，因而在过去的 42 年里（差不多是这个时间吧，电视剧出现在 1981 年），42 这个数字变得更加出名。亚当斯或许是受到了刘易斯·卡罗尔的启发——毕竟，电视剧和书籍所依据的原创广播剧的剧集被命名为"第一次发作""第二次发作"等等，就像《猎鲨记》一样。《银河系漫游指南》中超行星组成的外星文明制造了一台巨大的计算机，名叫"深思"，它花了 750 万年（爱丽丝年龄的 100 万倍）终于找到了"关于生命、宇宙和一切"的终极答案。经历了漫长的地质年代之后，深思宣布这个终极问题的答案是“42”。因此，这件事就变成了某种存在主义版本的《危险边缘》，即问题究竟是什么？

先让我们来解决最后一个数学谜题，它把数字与卡罗尔最喜爱的一项娱乐活动结合在一起：设计一连串数学意义上的事件，最终导向逻辑的“兔子洞”。爱丽丝来到仙境之后开始怀疑自己的理智，因为一切都变得如此混乱。她决定验证一下自己是否还记得从前那些可靠的知识，比如乘法表。“让我想想：四乘以五是十二，四乘以六是十三，四乘以七是——天哪，这样背下去永远也到不了二十。”可怜的爱丽丝，但是等一下，“永远也到不了二十”是什么意思？通俗的解释是，我们以往学习的乘法表只会计算到把 12 作为乘数，按照她提到的规律，如果 4×5=12、4×6=13，那么 4×7=14、4×8=15、4×9=16、4×10=17、4×11=18、4×12=19。我们就停在 12 这里，所以不会出现 4×13=20。

但是这里还有一个更有趣的数学解释，也就是要找到一个能让 4×5 等于 12 的场景。这件事情其实并没有看起来那么荒谬，只要你能想到在钟表时刻的算术中，6 加 8 就等于 2。我的意思是说，6 点钟之后过了 8 个小时并不是 14 点（除非你是在军中服役，必须使用 24 小时制），而是 2 点。因此，在某种环境下，我们完全可以说 6+8=2。

另一个出人意料的回答是基于不同的进制。在我们经常使用的十进制中，我们按照 10 的幂来书写数字（比如个、十、百、千等等），所以十进制的 1101 表示一千一百零一。但是在二进制中，我们要遵循 2 的幂规则（也就是 2、4、8 等等）。这样一来，1101 就表示 8 加 4 加 1，也就是说 1101 等于 13。我们还可以写出一些看似荒唐实则正确的等式，比如 1+1=10 或 10+1+1=100。计算机有时还会使用十六进制，这时候，14 就表示一个 16 加 4，也就是十进制的 20。所以在十六进制中，我们可以说 4×5=14。

那么问题就出现了，哪种进制能让 4×5=12 呢？答案是十八进制，因为在十八进制中，12 表示一个 18 加 2，也就是 20。那么 4×6=13 呢？我们需要二十一进制，因为 4×6 等于 24，二十一进制中的 13 表示一个 21 加 3，就等于 24。为了让这种模式完美地延续下去，我们只需要每次把进制加 3：

4×7=14（二十四进制）
4×8=15（二十七进制）
4×9=16（三十进制）

这个模式一直延续到 4 乘以 12，在三十九进制中，它的确等于 19（一个 39 加 9)。“啊，多么快乐！不必躲避！重见天日！”我们用这种方式永远无法得到 20。4 乘以 13 等于 52，沿用前面的规则，下一个应该是四十二（它又出现了）进制。但是在四十二进制中，“20”表示两个 42，等于 84。所以，我们真的没有办法得到 20。尤其让我喜出望外的是，这套模式遭到破坏，不仅因为它遇到了四十二进制，而且因为它的总数达到了 52——一副纸牌的张数。这里恰如其分地提到了即将亮相的纸牌人物，比如红心皇后。

我在这里展示的例子只是贯穿在刘易斯·卡罗尔的数学和非数学作品中共同的线索，即对逻辑的力量和可能性的深入理解。除了他的儿童文学作品，他还发明了许多深受孩子们喜爱的游戏和谜题，它们旨在教授一些简单的逻辑推理规律，从最基本的三段论（所有人终有一死，苏格拉底是人，所以苏格拉底终有一死）到多达 12 个句子组成的复合句。

卡罗尔毕生致力于通过给定的背景和逻辑条件无止境地探索可能的结论，在我看来，他的小说，包括爱丽丝系列作品，仅仅是这项努力的一个方面。爱丽丝系列作品对文字及其意义的讨论恰恰印证了这股涌动的数学潜流。汉普蒂·邓普蒂的话“我用一个词儿，我要它是什么意思，那词儿就是什么意思，不多也不少”，必然会引起一名数学家的共鸣。在数学世界里，我们必须让我们使用的文字具有绝对明确的意义，不能使其带有任何无法言说的性质。这并不是在卖弄学问，任何模糊地带都可能让我们陷入逻辑死结，甚至导致错误的推论和演绎。对于一个新概念，它的名称无关紧要，但我们必须小心翼翼地给出正确的定义。正如我在前面提到的，如果我们把 1 定义为质数，一切就乱套了。借汉普蒂·邓普蒂的说法，数学家的语言必须不多也不少。

刘易斯·卡罗尔和其他维多利亚时代的数学家，比如约翰·维恩（以“维恩图”闻名），热衷于进一步提高语言的精确度，并将逻辑推理过程编纂成册。这种所谓的“符号逻辑”不仅能让你辨别某个独立的陈述是否为真，还能让你推导出以“与”、“或”及“蕴含”等词语连接起来的多个陈述是否为真。如果我们不小心，这些稀松平常的词语就会让我们栽跟头。例如“或”在不同的语境下就具有不同的含义。不相信吗？“你想要一杯茶或一杯咖啡？”在这个句子里，我们都知道“或”不能表示“二者都要”。然而，一份招聘广告说应聘者需要具备流利的西班牙语或葡萄牙语水平，招聘方肯定不会把会说这两种语言的应聘者拒之门外。在日常生活中，我们能根据语境判断其真正的用意，但是如果想设定一套能包含一切可能性的逻辑规则，你就没有这么大的自由度了。

“符号逻辑”中的“符号”来自我们使用一些符号来替代“或”和“与”等文字的行为，据此我们可以构建出某种逻辑代数学的概念。这样做的目的是让我们从一系列陈述中提取所有可能的逻辑结论。卡罗尔给出的一个例子是这样两句话：“我的儿子没有不诚实的”和“所有诚实的人都受人尊敬”。我们其实无法判断这两个命题的真伪，但我们的任务是在假设这两个命题为真的情况下，能做出什么样的推导。卡罗尔说，这只是逻辑通用原型中的一个例子，其形式是“没有 x 不是 y，且所有 y 都是 z”。如果二者均为真，那么结论必然是“没有 x 不是 z”。卡罗尔分别用图示和符号来阐述这两个命题。在他提供的符号表达式中，我们看到了一种令人生畏的表述手法：$xy'_0 \dagger yz'_0 \P xz'_0$（† 表示“与”，¶ 表示“所以”）。一旦了解了这个通用公式，我们就可以将其应用在具体的案例上：x 是“我的儿子”，y 是“诚实”，z 是“受人尊敬”。见证奇迹的时刻到了！我们因此就能推导出“我的儿子都受人尊敬”。卡罗尔向我们保证，逻辑公式的运用是熟能生巧的。

这个例子摘自刘易斯·卡罗尔创作的一本旨在向公众普及符号逻辑知识的书，他在这本书的引言中赞颂了符号逻辑的美妙之处：

> 精神娱乐是我们所有人心理健康的必要条件……一旦掌握了“符号逻辑”的奥妙，你就能随时随地从事一项饶有趣味的思想工作……它将让你具有……发现谬误的能力，把你在书籍、报纸、演讲甚至布道中不断遇到的脆弱的、不合逻辑的观点撕成碎片的能力，而且你能轻易骗过那些从未投入精力来掌握这项美妙技艺的人。试着去运用它吧，这是我对你的全部要求！

刘易斯·卡罗尔对符号逻辑的学术研究做出了举足轻重的贡献。他的性格让他怀着巨大的热情把这份喜悦和欢乐带给广大民众。尽管他为此做出了卓绝的努力，但我不得不遗憾地说，这门学问并未成为一项广受欢迎的家庭活动。

我想用一个真伪存疑的故事来结束这一章，我觉得这个故事真的很精彩，因此值得被赋予一定的真实性。白皇后说，要相信不可能的事情只需要多加练习，“我像你这么大的时候，每天要花半小时来相信不可能的事情，有时候早餐前我竟然能相信 6 件这样的事情”。据说维多利亚女王非常喜爱爱丽丝的故事，她吩咐，如果卡罗尔先生有新作，一定要送给她一本。历史学家并未记录下女王收到《浅谈行列式及其在联立线性方程和代数几何中的应用》（*An Elementary Treatise on Determinants,with Their Application to Simultaneous Linear Equations and Algebraical Geometry*）这本书时的反应，但有人猜测，她并不觉得这是件好笑的事情。

第10课

数学家莫里亚蒂：文学作品中的数学天才

畅销书《千禧年》（*Millennium*）系列的第二本开头有一个场景，主人公莉斯贝丝·萨兰德想到了一个证明“费马大定理”的简单方法。这或许是数学史上最著名的用词不当。数学家皮耶·德·费马无疑是个天才，他曾经提出了大量未经证明的数学“定理”，而这项定理就是其中之一。在数学界，我们通常称其为“猜想”。费马的大部分猜想在提出若干年后都被他自己或其他数学家成功证明，只有这一个例外——因此才被称为“大”定理。更为其添加了一抹神秘色彩的是写在书页空白处的一句话：“我确信已发现一种美妙的证法，可惜这个空白太小，写不下它。”数百名数学家试图找到它的证明方法，然而经过了几十年，又经过了数百年，依然没有人成功。即便是部分进展也涉及重大的数学理论突破，远远超出费马当时所想。最终，作为过去半个世纪最伟大的数学成就之一，安德鲁·怀尔斯于1993年利用睿智、美妙、令人难以置信又极其复杂的数学机器找到了一个证明方法，成功破解了费马大定理。

不管怎样，书中告诉我们莉斯贝丝·萨兰德这个从未研究过数学的天才黑客，成功证明了在我看来不能被称作“费马大定理”而应该是“费马中年自夸”的猜想。作者借用这种速写的手法，让萨兰德特立独行的天才特征跃然纸上，顺带表明她是一个没有人类情感的逻辑机器。作者还不如直截了当地说：“此处插入极端聪明的证据。”[1]

在本书的最后一课，我想给你们讲讲文学作品是如何刻画数学工作者的。正如我们在第 8 课看到的，出现在我们眼前的数学家经常是没有感情、冷漠麻木、偏执，甚至丧失理智的形象。这种模式化的印象伤害了数学这门学科，让人们以为只有天才“怪杰”才能成为数学家，而实际上，每个人都可以肆意沉浸在数学带来的欢乐中。文学作品中自然还有更多富有同情心的描写，我也会一一向你们展示，从阿道司·赫胥黎那令人心碎的故事《年轻的阿基米德》到艾丽丝·门罗在《幸福过了头》中以引人入胜的虚构笔触讲述俄国数学家索菲娅·柯瓦列夫斯卡娅生与死的故事。

还是让我们先来看看文学作品中最直截了当，甚至有些不大

1. 多年来，费马大定理出现在诸多文学作品中。在怀尔斯之前，你笔下的人物只要能找到证明方法就能获得名望与财富。而在怀尔斯之后，这些人必须找到那种诡秘莫测的“简单”证明法。在英国电视剧《神秘博士》2010 年播出的一集中，博士对一群天才称他找到了费马大定理的“真实证明”——也就是一个更简便的方法，以此来说服对方相信他的智力。学富五车的豪尔赫·路易斯·博尔赫斯并未草率地让《伊本·哈坎·博卡里死在迷宫中》中的数学家昂温证明这项定理。他只是发表了一篇有关“皮耶·费马本应写在丢番图书页上的理论”的论文。另外一个有趣的故事出现在阿瑟·波格斯 1954 年的短篇小说《魔鬼与西蒙·弗拉格》中。数学家西蒙·弗拉格哄骗魔鬼下赌注，魔鬼如果能回答出一个问题，就能得到弗拉格的灵魂。但如果回答不出来，他必须给予弗拉格财富、健康和幸福，并永远不再打扰他。问题就是 ：“费马大定理是正确的吗？”魔鬼无法回答，弗拉格因此得到了他的奖励。

现实的数学家形象，也就是那些只受逻辑支配，不为情感所动的角色。在艾萨克·阿西莫夫广受赞誉的“基地”系列小说中，一位名叫哈里·谢顿的数学家利用一种被称为“心理历史学”的崭新概率理论来预测银河系的未来。看似稳定的银河帝国即将毁灭，陷入长达3万年的混乱中。但是如果运用数学知识，我们就能把漫长的黑暗过程缩减到1 000年。

我认为阿西莫夫的书之所以广受欢迎，是因为他用带有欺骗性的想象力把科学家，尤其是数学家描绘成纯粹理性的角色，似乎仅凭聪明才智你就能成功摆脱任何困境，只要懂得将九维渐近线在切向量场上进行分支，你就能搞定一切。遗憾的是，事实并非如此。首先，生活本身就不是这样的。其次，上面那些术语都是我瞎编出来的，并无任何实际意义。这种类型的书缺少精彩的对话，人物形象极其单薄。但这些问题其实都不重要，重要的是书中表述的思想。哈里·谢顿就是一个例证，这个人物根本不需要任何背景信息。2021年上映的大制作改编电视剧试图给这个人物添加一些背景故事，但并不成功。当我看到那位年轻的数学天才在紧张时不自觉地默数质数时，我不禁要笑出声来。但之后回想起来，我十几岁的时候经常在汽车站附近看到当地学校的一群男孩对街上来往的女孩发出一阵阵的嘘声，为了保持冷静，我也曾在脑海里想象帕斯卡三角形的样子。

小说中类似哈里·谢顿这样的数学家其实并不是一个人物，而是一个情节设计、一个完美逻辑的化身。你能感觉到，如果他们做了某件正确的事，那只是因为这种做法符合逻辑。他们都是超越道德的存在。如果这个方程式还有另外一个解，那么他们也可以轻松转变成故事中的大反派。

说到反派，让我们来见见詹姆斯·莫里亚蒂教授，“犯罪界的拿破仑”夏洛克·福尔摩斯的死对头。他“具有非凡的数学天赋”，明显是一位“二项式定理”方面的专家。他曾经写了一篇与此相关的论文，受到了“欧洲人的欢迎”，还“在我们的一所较小的大学里获得了数学教授的职位”。二项式定理是个真正的定理，但我必须指出，即使在福尔摩斯的年代，它也是纯数学领域一个相当初级的概念，就如同说某人是“副词教授”一样愚蠢。学术研究显然不适合莫里亚蒂，于是他决定利用自己无与伦比的智慧成为犯罪集团的头目。

但是这个人物的形象塑造总让我难以释怀。福尔摩斯本身多少也算是个数学家——比如他曾写过一篇关于密码学的论文。他推崇纯粹的逻辑，斥责华生掺杂个人情感的行为：“侦查本是，或者应该是一门精密的科学……你试图给它添加一些浪漫主义色彩，这就像把一个爱情故事或一场私奔强行放入欧几里得第五公设一样。”那么为什么数学家就必须是邪恶的莫里亚蒂，而不能是痴迷于逻辑的福尔摩斯呢？我个人猜测，部分原因在于数学家被赋予的那种计算机器的刻板形象。“计算机器”这个词，曾出现在柯南·道尔最初版本的福尔摩斯探案集中，“但是随着我和他的相处，我必须让他更像一个受过教育的人”。他必须变成一个活生生的人，否则读者就不会对他产生情感共鸣。

而莫里亚蒂与之相反，他存在的唯一目的就是消灭福尔摩斯。他在《最后一案》中首次登场，当时的柯南·道尔已经厌倦了创作侦探小说，打算把这个故事作为福尔摩斯探案集的最后一部。莫里亚蒂不需要成为一个活生生的人，他只是福尔摩斯的一个完美对手：他的智力水平跟福尔摩斯不相上下，因此他是唯一能置福尔摩斯于死地的人。既然从数学角度上说二人难分伯仲，那么故事的结局只能让二者相互抵消——一同殒命于莱辛巴赫瀑布。

或者这只是我们以为的故事结局。粉丝团自然群起而攻之，2 万多人取消了订阅刊登福尔摩斯探案集的《河滨杂志》。柯南·道尔收到了数百封信件，有的悲痛欲绝，有的告哀乞怜，有的怒不可遏（一位痛不欲生的女士在信的开头写道：“你这个畜生……”）。在被福尔摩斯的狂热粉丝称为“大中断”的漫长的8年后，面对多方压力的柯南·道尔终于做出让步，推出了一部真正的大作《巴斯克维尔的猎犬》。之后一发而不可收，他接着又创作了30多部福尔摩斯探案故事，莫里亚蒂也出现在若干故事里。

文学中不乏饱受摧残的天才（例如沃尔特·特维斯在《后翼弃兵》中讲述的国际象棋神童贝丝·哈蒙的故事），数学家也未能幸免。[1] 阿道司·赫胥黎最广为人知的作品是他的反乌托邦小说《美丽新世界》，但是他在1924年还写了一个有关数学神童的凄美故事。在《年轻的阿基米德》里，“我”在意大利一座别墅度假期间，发现儿子罗宾与当地一户农民的孩子圭多结成好友。那个孩子心思缜密，“抽象思维能力极强”。圭多喜爱音乐，于是“我”开始教他弹钢琴，他展现出惊人的天赋。但钢琴并不是圭多真正热爱的事物。有一天两个孩子在沙地上画画，“我”惊讶地看到圭多竟然独自发现了毕达哥拉斯定理，他正在给罗宾讲述证明的过程。（罗宾对此毫无兴趣，他让圭多把证明过程擦掉，画上一列火车。）这是悲剧的一部分——小男孩的身边没有人能理解他眼中的数学之美。“我”开始跟圭多讨论几何，甚至代数。圭多发表了大量精彩的见解。但是这一切很快就结束了。别墅的主人西尼奥拉·邦迪说服圭多的父亲，要把孩子带走学习钢琴。她没收了

1. 贝丝数学成绩优秀，特维斯告诉我们，她在孤儿院的班级里从来都是名列前茅。这是一个重要的剧情，因为只有这样她才能在星期二的数学课后去地下室清理板擦——这被视为一项特权。她在那里遇到了会下象棋的看门人，并开始跟他学习。我很高兴地透露一个信息，特维斯的书与经过改编的电视剧情节稍有不同，贝丝的母亲并不是一个有自杀倾向的数学家。

圭多的几何书，禁止他继续研究数学，圭多成为一名伟大的数学家，更重要的是，成为一位充满成就感和满足感的数学家的梦想就此破灭。这个情节让我想到了格雷《墓园挽歌》中的著名诗句："世界上多少鲜花吐艳而无人知晓，把芳香白白地散发给荒凉的空气。"

赫胥黎在《年轻的阿基米德》中提到，神童大多出现在音乐和数学领域："30 岁的巴尔扎克依然一事无成，然而 4 岁的莫扎特已经跻身音乐家的行列，帕斯卡也是在十几岁时完成了他一生中最重要的成就。"我不知道这种说法的可信度如何——在可怜的巴尔扎克听来肯定有些刺耳，但我认为，音乐和数学（也包括另一个神童出现的舞台国际象棋）最基本的共性就是规律。人类对规律有着与生俱来的认知天性，甚至在极端情况下，掌握和模仿规律的能力可以让你在数学和音乐领域大有作为。你不需要理解一个方程的含义也能学会将它解开，你也不需要理解莫扎特的奏鸣曲就能将它演奏出来。识别规律与熟练运用之间还有很长一段距离，或许这就是为什么神童经常出现在这两个领域。这些天才儿童中的极少数的确会成为卓越的数学家或音乐家，但大部分都将归于平凡。这是个正常现象，我希望所有人都能享受数学，就像所有人都能享受音乐一样，这与我们的演奏水平无关。如果觉得只有行家里手才能从事这些工作，那就如同说只有奥运会运动员才能进行体育运动一样荒唐。

客观地说，赫胥黎并未把圭多描述成一个熟练掌握各类运算技巧的人、一个 π 的小数位背诵者，而是把他描述成一个深深沉浸在新发现的喜悦中的真正的数学家。尽管如此，他把数学定义为"一项奇怪又独特的才能"则是一个既不公平又难以令人信服的说法。数学并不是一种你要么具备要么不具备的才能，也不能说你在少年时期默默无闻，长大后就必然毫无建树。然而令人遗憾的是，数学的卫道士们并不总是这样想。英国数学家 G.H. 哈代在 1940 年的一本书《一个数学家的辩白》中讲述了他对数学究竟是什么以及数学为什么如此重要的看法。这本书令我爱不释手——他用非常雄辩的语言把数学描述成如诗歌和绘画般的创造性艺术。[1] 然而，他在这本书的开篇就说，即使写作一篇有关数学的文章也足以证明他不再是一个专业的数学家，因为“解释、评判、欣赏都是二流头脑干的事情”。哇！还有，过了 40 岁就不要再想着研究数学，女人更不要有什么奢望，因为数学“是年轻男人的游戏”。

神童长大之后的遭遇，在阿波斯托洛斯·佐克西亚季斯一本饶有趣味的书《彼得罗斯大叔与哥德巴赫猜想》（*Uncle Petros and Goldbach's Conjecture*）中得到了充分的展现。这本书的英语译本出版于 2000 年（是佐克西亚季斯对其早期希腊语版本的修订），它通过侄子的视角讲述了彼得罗斯大叔试图证明一项著名数学猜想并失败的故事。包括哈代在内的一些现实中的数学家作为配角为这本书增添了诸多喜剧元素，而它真正的出色之处在于准确地捕捉到了伴随着数学研究而滋生的情感体验。阿波斯托洛

1. 哈代为数学界做出的另一项突出贡献，源于他有一天读到一个陌生人写来的信件，一位从未接受过正规数学教育的印度公司职员在信纸上写满了看起来不知所云的公式，比如 $1+2+3+4+\cdots=-\frac{1}{12}$。在某种条件下这个公式的确会成立。哈代发现，这个完全凭借直觉推导出数学结论的人有着罕见的天赋。他设法搞到一笔资金，把发信人斯里尼瓦瑟·拉马努金邀请到英国，与他一起从事数学研究工作。拉马努金后来成为 20 世纪最杰出的原创数学思想家。慧眼识金的哈代不但看到了他的天赋，还尽其所能支持他的数学研究事业。由西蒙·迈克伯尼和他的剧院公司 Complicité 于 2007 年创作的话剧《消失的数字》讲述了拉马努金的故事。

斯·佐克西亚季斯曾在大学里学习数学，这毋庸置疑。[1] 书中并没有太多复杂的代数学理论，但是对数学家的日常生活描述极为传神。苦思一个公理不得其解可能会带来持续数月甚至数年的挫败感，因为你必须一遍又一遍地寻找能将一切问题理顺的关键思路。有时终于灵光一闪，你取得了重大突破。那就是充满了欢声笑语的日子，你觉得为此付出的一切都是值得的。

有时候，消沉的意志和疲惫的身心会欺骗你的大脑，让你相信问题已经得到解决，而这只是为了提醒你该暂时放下手头的工作："彼得罗斯经常产生距离真正的完美证明只有一步之遥的感觉，甚至在 1 月一个阳光灿烂的午后他还兴高采烈地手舞足蹈了一阵，但那只是极为短暂的成功幻觉。"每个数学家都有过这样的感觉，这时你就需要放下手头的工作，休息几个小时再来回顾你的证明过程，其中的谬误会自动浮出水面。说不定你还能在当天晚上的梦境中得到一些启示。（我就有过这样的经历——一天夜里醒来，我在一张纸上草草写下几句话，回到床上继续睡觉。第二天早晨，我本以为那只是信手涂鸦的胡言乱语，却惊讶地发现纸上写着我错过的一项关键证明步骤的正确计算方法。）数学研究最大的风险，就是你有可能永远无法成功证明一个定理，多年辛苦的工作

---

1. 佐克西亚季斯与计算机科学家赫里斯托斯·帕帕季米特里乌于 2009 年合著的畅销绘本小说《疯狂的罗素》讲述了 20 世纪探索数学理论基础的真实故事，我强烈推荐这本书。在 20 世纪初，众人致力于把整套数学理论建立在最严格的逻辑基础之上。他们希望创造出某种数学语言，来表述所有可能的数学思想。这样一来，你就可以先认同一系列的基本假设或公理，然后遵循严格定义的推理法则，来证明或证伪每一个数学思想。但是，数学家库尔特·哥德尔在 1931 年让这项努力化为泡影。他成功证明，这样的数学体系必然是不完整的，因为总有一些真实的数学思想无法在该系统内得到证明。这个理论的出现，让那些立志为数学的系统化工作投入一生的逻辑学家大失所望。或许这就是为什么《纽约时报》的《疯狂的罗素》书评文章的题目是《算法与蓝调》。

毫无成果。这就是为什么大部分数学家都在同时推进至少两个研究项目。把所有鸡蛋放在同一个篮子里，就像彼得罗斯大叔为某个问题投入毕生的精力那样，总是一个危险的做法，尤其是当你试图攻克的目标是闪烁在数学群山之巅最为耀眼的一颗明星时。

彼得罗斯大叔研究的哥德巴赫猜想，最早于 1742 年由克里斯蒂安·哥德巴赫提出：任何一个大于 2 的偶数都可以写成两个质数之和，例如 40 就等于 17+23。这个极其简单的命题让人觉得应该很容易证明，但迄今为止还不曾有人做到。而彼得罗斯这个年仅 24 岁、才华横溢的数学家，相信自己是摘取这颗数学明珠的不二人选。他说，在任何其他研究领域，他这个年纪“只是一个前途无量的初学者，有太多的机会和成就等着他去追求。然而在数学界，他已经达到了自己的巅峰。他预计，如果运气不与他为敌，不出 10 年他就能让全人类拜服”，之后他的数学水平将开始衰退。这种信念推动着彼得罗斯持续不断地给自己施加巨大的压力，以谋求快速突破。

我无论如何都不能认同“年轻男人的游戏”这种说法，不管是彼得罗斯大叔还是哈代。不客气地说，本人也算这个游戏的一位资深玩家，我既不年轻也不是男人，但我依然无怨无悔。当然必须承认，有些著名的数学家的确在 40 岁之前就做出了最重要的贡献，那是因为他们在 40 岁之前差不多就把一生所有的事情都做完了——直到 19 世纪中叶，人类的平均寿命才超过 40 岁。这是个颇具浪漫色彩的想法，就如同人们常说最优秀的摇滚明星都死于 27 岁，但这个观点经不起推敲。[1]

---

1. 吉米·亨德里克斯、科特·柯本、詹妮丝·乔普林、吉姆·莫里森、艾米·怀恩豪斯和布莱恩·琼斯都死于 27 岁，但埃尔维斯·普雷斯利、约翰·列侬、大卫·鲍伊等数百名摇滚明星并非死于 27 岁。

迄今为止，我们遇到的那些爱好写作的数学家并未给我们指出一条光明大道：似乎我们不是毫无感情的逻辑学家就是悲剧神童。但是现实中有太多的机会能令年轻的数学家大展身手，甚至能化身为一名优秀的侦探。

马克·哈登的《深夜小狗神秘事件》中的主人公是夏洛克·福尔摩斯的铁杆书迷。他是个 15 岁的男孩，名叫克里斯托弗·布恩，他热爱数学，将其视为极度混乱的世界中一片秩序井然的绿洲。克里斯托弗始终无法参透人们的情绪与行为，也很难理解他们的习惯用语和冲动本性。他总是说实话，因为谎言在他看来就是没有发生的事情。但是还有太多的事情都没有发生，一旦你认真思考说谎这件事，你就再也放不下这个难以抗拒的念头。故事发生在一个晚上，邻居的狗死了，克里斯托弗决定找出凶手。

这本书的书名就反映出克里斯托弗对夏洛克·福尔摩斯的痴迷：它暗指柯南·道尔的短篇故事《银色白额马》中福尔摩斯的一段精彩推理，他和克里斯托弗一样，也能敏锐地发现被其他人忽略的东西。故事的背景是一匹冠军银色白额马被盗，它的驯马师被人杀害。福尔摩斯和华生来到达特穆尔进行调查，并与苏格兰场的警长格雷戈里讨论案情。他们在死者身上发现了一支蜡烛、一张女帽制造商的账单、5 枚金币，还在附近的牧场发现有 3 只绵羊已经跛了。格雷戈里警长试图弄清楚这些令人困惑的证据，他对福尔摩斯说：

“你还要我注意其他一些问题吗？”

“那天夜里狗的反应很奇怪。”

“可是那天晚上狗什么都没做。”

“这正是奇怪的地方。”夏洛克·福尔摩斯说。

后来人们发现，狗没有异常反应是一个重要的线索：说明犯罪的人不是陌生人，否则狗肯定会叫个不停。

克里斯托弗在探查狗的死亡原因的过程中，向我们揭示了他的世界，以及他的处世之道。他具有某种行为上的困难，尽管书中并未提及，但马克·哈登曾说，如果克里斯托弗的病症经过详细诊断，应该是孤独症的一种类型。但他强调，这本书的主题并不是一个患有某种疾病的男孩，而是“一个具有某些怪异行为特征的年轻数学家”。哈登明智地决定不对孤独症细节进行深入探讨，因为正如他所说，没有“典型”的孤独症患者：“他们是一个规模庞大、结构多样化的群体，就像社会上的其他任何群体一样。”我也可以这样说：没有所谓的典型数学家，他们是一个规模庞大、结构多样化的群体，就像社会上的其他任何群体一样。

克里斯托弗在书中谈到了很多数学问题，质数的概念尤其令他着迷。这本书的章节并不是按照 1，2，3，4 等排列的，而是依据 2，3，5，7，11 等的质数顺序排列的，就是因为克里斯托弗喜欢，这毕竟是他的一本书。他还解释了一种古希腊人寻找质数的方法：“首先，把所有的正整数写下来。接着，去掉所有是 2 的倍数的数字，然后去掉所有是 3 的倍数的数字，再去掉所有是 4、5、6、7 的倍数的数字，以此类推。剩下的数字就是质数。”（这是因为，如果你还记得，质数就是只能被 1 和它本身整除的数字，所以去掉了所有的乘数，剩下的就是质数。）克里斯托弗用诗意化的语言阐述了质数的性质：“质数无法套用任何数学模式。我觉得质数就像生命，它们非常有逻辑，但即使花一辈子的时间去思考，你也无法找出其中的规律。”我喜欢这句话，也喜欢哈登把克里斯托弗塑造成一个性格丰满的人物。他不是一个悲剧神童，他那立体且现实的形象，与福尔摩斯和莫里亚蒂严谨的数学逻辑形成了鲜明的对比。

我下面将要介绍的一位数学家，与郁郁寡欢的莉斯贝丝·萨兰德和她那不大可能成立的费马大定理证明过程截然相反。托玛西娜·科弗利是汤姆·斯托帕德的喜剧《阿卡迪亚》中一位热情洋溢的数学家。该剧讲述的故事开始于 1809 年，13 岁的托玛西娜跟她的导师塞普蒂默斯·霍奇（也是一位数学高手）讨论费马大定理。他让她去证明这个定理，知道托玛西娜不会成功，他只是想安静地读一会儿诗歌。《阿卡迪亚》的首场演出是在 1993 年，真是个有趣的巧合，因为两个月后安德鲁·怀尔斯就发表了他的证明。我好像还没提到费马大定理的内容，或许在这里我们可以借用塞普蒂默斯的说法："x、y、z 均为整数，分别取它们的 n 次方，当 n 大于 2 时，前两个数字的和永远不能等于第三个数字。"这究竟是什么意思？我们在学校里都学过毕达哥拉斯定理。在直角三角形中，斜边的平方等于另外两条边的平方和，对吗？也就是说，我们假设一个直角三角形的 3 条边为 x、y、z，其中 z 表示斜边，即直角正对的那条边，那么 $x^2+y^2=z^2$ 总成立。

这个方程有许多整数解。例如 $3^2+4^2=5^2$，因为 $3^2=9$，$4^2=16$，$9+16=25=5^2$。能满足 $x^2+y^2=z^2$ 这个等式的 3 个数字，比如 3、4、5，就叫作"勾股数"。我还记得，我在托玛西娜那个年纪时兴奋地发现，这个等式有无穷多的整数解（我那永远耐心的母亲不得不一遍又一遍地提醒我，这个现象的最初发现者另有其人）。随便挑选一个奇数，将其平方再除以 2，位于小数左右两侧的整数，加上你原有的奇数就是一组勾股数。我们用 5 来举例，5 的平方是 25，一半是 $12\frac{1}{2}$，那么邻近的整数就是 12 和 13，于是 $5^2+12^2=13^2$。再看看 7，它的平方是 49，一半是 $24\frac{1}{2}$。没错，$7^2+24^2=25^2$。真是个美妙的模式！（30 多年过去了，说起这件事我还是那么兴奋。）

既然 $a^2+b^2=c^2$ 有那么多的整数解，想来 $x^3+y^3=z^3$ 的整数解也不难找吧。实则不然，没有人能找到任何整数解。（我需要稍稍纠正一下塞普蒂默斯的说法，这个方程的解必须是正整数，以避免 $0^3+0^3=0^3$ 这类混淆视听的无意义等式。）更令人难堪的是，也没有人能找到 $x^4+y^4=z^4$ 的解，甚至 $x^{\text{任何数}}+y^{\text{任何数}}=z^{\text{任何数}}$均无整数解，这里的“任何数”表示大于 2 的整数。这就是费马在书页空白处写下的一个猜想，他自称有一个神奇的证明法。

而斯托帕德在他的文学作品中并未忠实地执行费马的遗嘱，比如沿袭老派的情节，让书中的天才托玛西娜成功地找到费马大定理的证明。他运用更巧妙的手法戏弄了我们一番，托玛西娜说：“噢，看哪！答案显而易见。”数学家集体翻起了白眼。塞普蒂默斯冷冷地说：“这次你可真是撞了大运。”然后说，如果她能找到费马自己的证明方法，就答应在她的米布丁中多加一勺果酱。但是她回答道：“根本没有证明，塞普蒂默斯，所有人都看得出来，空白处的那句话就是想把人们都逼疯的笑话。”

托玛西娜·科弗利是一位虚构的数学家，但是她的经历与一位差不多同时代的真实数学家极为相似：阿达·洛芙莱斯。阿达的母亲安娜贝勒也颇具数学天赋，甚至被阿达的父亲拜伦勋爵戏称为“平行四边形公主”。二人的婚姻无异于一场彻底的灾难，阿达的父亲在她 8 岁时就去世了，阿达从未见过他。阿达从小就热爱数学，在学习的过程中，她结识了当时很多知名的数学家和科学家。她最广为人知的是与数学家兼工程师查尔斯·巴贝奇一起对早期计算机编程的研究。至少有一种计算机语言是以她的名字命名的。

巴贝奇发明了第一台机械计算机——差分机和分析机。当时的数学计算表（列举对数、正弦值和余弦值的表格）在导航和工程设计中具有重要的意义，但其内容经常错误百出，甚至有人为此而丧命。巴贝奇有了创造计算机器来让这项工作实现自动化的想法。他设计了多种类型的机器，虽然并未全部付诸实施，但是真正制造出来的机器运行效果令人刮目相看。分析机具备了现代计算机所有的功能——存储器、输入和输出设备、可编程。当时的编程工具是打孔卡，如同那个时代的提花纺织机。阿达·洛芙莱斯改进了分析机的性能，她发明了一种算法（找到所谓的“伯努利数”），被称为世界上第一个计算机程序。“我们可以用最恰当的比喻说，”她写道，“分析机编织出代数模式，就像提花纺织机编织出花朵和树叶的图案。”她称自己的方法是数学中的“诗意科学”。

巴贝奇可能天生就不是一个诗人，他那仅存的一点点诗性也相当糟糕。这里有一个有趣的小故事，讲述巴贝奇与阿尔弗雷德·丁尼生勋爵之间的互动，我忍不住要和你分享。在 1900 年版的丁尼生早期的诗集中，编辑约翰·丘顿·柯林斯指出，丁尼生《罪恶的想象》这首诗在 1850 年之前所有的印刷版中都有“每一分钟都有一个人死去，每一分钟都有一个人出生”这两句。巴贝奇为此给丁尼生写了一封半开玩笑的投诉信：

> 或许不需要我特别指出，您的这种计算方法将导致世界人口永远保持不变，而现实情况是人口在持续增长。因此请允许我冒昧地提出建议，您在这部精彩诗集的未来版本中，应该按如下方式修改我提出的这个问题：每一分钟都有一个人死去，每一分钟都有一又十六分之一个人出生。我可以补充说，准确的数字是 1.167，但是，当然，我们必须考虑诗歌的格律限制。

柯林斯称丁尼生很认真地对待这封投诉信，并很快用“刻”这个不那么精确的时间段取代了“分钟”。于是，这首诗歌自 1851 年以来的印刷版就变成了“每一刻都有一个人死去，每一刻都有一个人出生”。

阿达·洛芙莱斯说分析机编织的是数学模式而不是花朵和树

叶，但是在《阿卡迪亚》中，托玛西娜试图把两者结合起来，研究如何用方程来描述所有的自然现象。我们已经知道统计学中的“钟形曲线”（也被称为“正态分布”），既然有一条像钟一样的曲线，托玛西娜问道，那么为什么不能有一条像风信子一样的曲线呢？于是她想出了一个绝妙的数学理论，或许可以产生这样一条曲线。斯托帕德在这时忍不住拿费马打趣：“我，托玛西娜·科弗利，发现了一个真正美妙的证法，所有自然界的形状都必须袒露它们的数学秘密，仅用数字来画出自己的形状。这里的页边距太小了，写不下我的推理过程，读者们需要到托玛西娜·科弗利所著的《不规则形状的新几何学》中寻找答案。”

这个“不规则形状的几何学”讲的就是通过重复迭代产生的形状，我们现在称其为“分形”。你可以想一下植物的生长过程，与第 8 课我们提到的龙形曲线和雪花曲线完全相同，比如蕨类植物的叶子。现在只需要让计算机来处理这些复杂的工作（这要感谢洛芙莱斯和巴贝奇等先驱），我们就能生成极具说服力且栩栩如生的植物、树木和其他生命体的图像。它们也具有如分形的特征“自相似”，也就是把图形的某个部分放大，会呈现出与原始图形完全相同的样子。下面就是我自己设计的一株“植物”——只有 4 条直线：

这个水平恐怕还达不到皮克斯动画工作室的标准。但接下来就是见证奇迹的时刻。每个迭代都在既有线条的特定位置添加缩小版的原始图案，就像蕨类和树木的生长过程。下面是第二个迭代——仔细观察就能发现其中包含 4 个缩小版的原始图案。

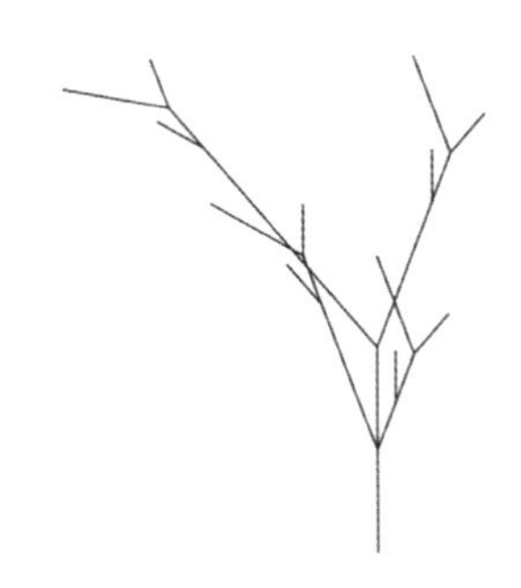

到了第六个迭代，我们就看到了一个颇为自然的植物图像：

自然界中的另一个分形案例是海岸线——无论从近处还是远处观察，它都呈现出参差不齐的凸出或凹陷形状，放大比例尺只会显示出更多数量的相同结构。河流也具有分形结构——当你逆流而上时，一条大河变成若干支流，继而变成更多、更小的支流，

每条支流都呈现出独特的 S 形曲线，与它们最终汇聚而成的干流曲线基本一致。同样的结构还出现在闪电的末端，甚至出现在我们的身体里——我们的大脑似乎也采用了分形设计，分岔路径能实现最大化的连接。看起来，分形是不折不扣的自然界的几何学。正如《阿卡迪亚》中的一句话，它们是“大自然在各个尺度上创造自身的过程，就像雪花和暴风雪”。

汤姆·斯托帕德曾说，托玛西娜·科弗利并非阿达·洛芙莱斯，但是依然有很多作家从洛芙莱斯的身上汲取创作灵感。英国首相本杰明·迪斯累里曾写过一本被过度吹捧的小说《维尼夏》（*Venetia*），这本书出版于 1837 年，主人公就是一个乔装改造得不那么精致的阿达翻版。小说并没有强调她的数学家身份，而是讲述了她作为一个丑闻诗人的女儿的风流生活。每个时代的每位作家都塑造过自己心目中的阿达。美国剧作家罗米拉斯·林尼的作品《恰尔德·拜伦》讲述了一个父女分离的悲惨故事，他想象中的成年数学家阿达纠结于对父亲的矛盾感情，之后罹患癌症死去。书名暗指拜伦最著名的诗歌《恰尔德·哈洛尔德游记》，其中有“阿达！我的家、我的心灵唯一的女儿”一句。林尼读着拜伦有关阿达的诗句，“我看不到你，我听不到你，但没人能如此全神贯注于你”，不禁联想到自己的生活。“我的女儿劳拉是个演员，”他说，“在她还是婴儿的时候，我和她妈妈分居，之后离婚了，所以这几句诗令我深有感触。”

到目前为止，我最喜爱的阿达·洛芙莱斯是悉尼·帕杜阿 2015 年妙趣横生的绘本小说《洛芙莱斯和巴贝奇的神奇冒险》（*The Thrilling Adventures of Lovelace and Babbage*）中的超级女英雄形象。小说讲述了两位主人公在一个平行宇宙中终于造出了可以成功运行的分析机，并用它有力地打击了犯罪。整个故事读起来令人大呼过瘾。

迄今为止，我们讨论过的文学作品中的数学家，除了少数路人角色，都是虚构人物，即使是悉尼·帕杜阿笔下的“阿达·洛芙莱斯”也不是一个忠实于现实生活的人物形象。但是我要介绍的下一个出现在文学作品中的数学家，不仅是真实的，而且作品秉持了实事求是的写作风格。诺贝尔文学奖得主艾丽丝·门罗在《幸福过了头》一书中，用辛酸的笔触虚构了数学家索菲娅·柯瓦列夫斯卡娅生命中最后几天的故事。[1] 这或许是我在文学作品中读到过的对数学家最具人情味的描写。柯瓦列夫斯卡娅不是一个饱受折磨的天才，也不是性情乖戾的怪人，更不是一个超越自然规律的生物。故事虽然讲述了她努力争取被社会接受的过程，但那时毕竟是 19 世纪，而且这部分内容并非作者讲述的重点。她的个人生活不乏苦恼与悲伤，但作者并没有不负责任地将其归因于她的数学家身份。她的那段漫长爱情最终未能结出幸福的果实，并不是因为她是个冷血的逻辑学家，不懂得与人交往。她并不是因为找不到丈夫才去解那些微分方程，也不是因为坚持要解微分方程而找不到丈夫。在门罗的故事里，就像在生活中一样，有时候这些事情发生了，或者没有发生。

在故事中，我们跟随柯瓦列夫斯卡娅拜访他的数学家好友和导师卡尔·魏尔施特拉斯，之后回到斯德哥尔摩大学。魏尔施特

---

1. 把 Софья Васильевна Ковалевская 转化成英语字母存在诸多问题。俄国人的全名分三个部分，名、父名和姓。Sofya 父亲的名字是 Vasily，她丈夫的姓是 Kovalevsky，她的全名就是 Sofya Vasilyevna Kovalevskaya。父名和姓都分男女格式。人们通常都用名和父名来称呼对方，更有趣的是，很多名字都有爱称格式。读过俄国小说的人都遇到过这样的问题——前面 10 页讲的都是有关 Sasha 这位仁兄的，突然你发现他原来就是 Aleksandr Petrovich。不管怎样，Sofya Kovalevskaya 似乎是目前公认最准确的翻译。但是你肯定会看到 Sofia、Sophia、Sophie 甚至爱称 Sonya，以及 Kovalevsky、Kovalevski、Kovalevskaia、Kovalevskaja。艾丽丝·门罗的选择是 Sophia Kovalevsky。

拉斯使她成为第一位，也是当时唯一一位欧洲女性数学教授。门罗一如既往地打乱故事的时间线，但整个叙述过程与已知事实非常吻合。她向我们展示出一个令人信服的柯瓦列夫斯卡娅形象：在赢得法国数学界最负盛名的奖项之一后，受到了数学界的盛赞，但依然被视为局外人。“他们给她颁发了博尔丁奖，亲吻了她的手，在最优雅、灯光最华丽的房间里为她致辞，给她献花。但他们拒绝给她一份工作，因为这就像雇用一只有学问的黑猩猩。”值得庆幸的是，世界在进步，但作为一名女性数学家，我还是有一些共鸣，尽管柯瓦列夫斯卡娅和我开始工作的时间相隔一个多世纪。即使在当下，某些学术圈依然荒唐地认为女人无法像男人一样胜任数学研究的工作。

当然，我并非我所在大学的第一位女学生，然而，当柯瓦列夫斯卡娅于 1869 年进入德国海德堡大学时，她却是那里有史以来的第一位女学生。当我在 1993 年作为本科生进入牛津贝列尔学院时，它也只是在 14 年前才开始招收女学生（之前的 700 多年该校一直是男校）。世界上还有很多地方依然不允许女孩走进校园。门罗在提到这些挑战时并未采取严厉斥责的手段，她的文字简洁可爱——她让柯瓦列夫斯卡娅的恋人提醒她或许她应该回到瑞典，因为她的学生和女儿都需要她。“这是一记猛击，一种她熟悉的暗示，指她是个不称职的母亲？”这样的话在我听来也格外耳熟！当我休完第一次产假回到数学课堂时，一位同事问我：“你如果做个全职太太，你的丈夫承担不起家庭的开销吗？”他似乎在假设我根本就不喜欢这份工作。这位同事自己也有孩子，我猜如果他放弃数学研究，他的妻子根本承担不起一家人的开销，可怜的家伙，所以他不得不硬着头皮做一份自己不喜欢的工作。

索菲娅·柯瓦列夫斯卡娅出生在一个富裕的俄国家庭，这家人希望他们的女儿能接受一定程度的教育（或许足够让她找个体面的丈夫），却对她异乎寻常的数学热忱不那么赞成。然而，她的命运或许就像墙上一道不祥的符咒——的确是这样。她在自传《一个俄国人的童年》（*A Russian Childhood*）中写道，当他们一家人搬到乡下时，装饰婴儿房的墙纸用完了，只好随便找来一些纸张充数。但是“幸运降临了，这些纸里竟然有奥斯特罗格拉茨基教授的微分学和积分学讲座印刷稿，都是父亲年轻时的收藏品”。柯瓦列夫斯卡娅一连几个小时盯着这面“神秘的墙”，尝试解读其中那些奇怪的语句。几年后，她15岁时开始学习微积分，老师惊讶地发现她竟然能迅速掌握相关概念，好像她事先就知道一样。“实际上，当他开始讲解这些概念时，我突然就清晰地想起奥斯特罗格拉茨基演讲稿上的一切，极限的概念就像我的一位老朋友。”

索菲娅·柯瓦列夫斯卡娅的数学成就来之不易。当时的女人没有机会进入俄国的大学，未婚女性只有得到父亲的准许才能离开俄国。在门罗的故事中，索菲娅的父亲绝对不肯让女儿背井离乡，于是她只好与一位同情她处境的年轻人结了婚，成为名义上的夫妻。古生物学家弗拉基米尔·柯瓦列夫斯基与她在俄国结婚，之后二人前往德国，在求学期间分居两地。几年后他们有了夫妻之实（毕竟都有人类世俗的需求），柯瓦列夫斯卡娅生下一个孩子，但很快她和弗拉基米尔又形同陌路，他最终自杀了。尽管这是一出悲剧，但或许从某个方面也让柯瓦列夫斯卡娅的事业有了起色，因为寡妇（在当时）比一个分居的妻子更受人尊敬。

艾丽丝·门罗作为一位伟大的短篇小说作家，利用几个美妙的小插曲为我们描绘出丰满、动人的柯瓦列夫斯卡娅的形象。她英年早逝的悲剧穿插了她对自己一生的回忆：如何徒劳地平衡数学与生活中所有其他事物的关系。在获得有史以来第一位女性数学博士这项至高无上的荣誉后，她有了功成身退的想法。“她后知后觉，这时才明白身边大部分人从小就懂的道理——即使没有什么了不起的成就，也可以心安理得地生活，工作并不是生活的全部。”有一段时间，她把自己的才华用在了“既不像数学那样让别人感到不安，也不像数学那样会把自己榨干”的领域。但是无论她在何时准备回来，她的老朋友数学都在那里等着她。弗拉基米尔死后，她连续5天不吃不喝，后来终于意识到生活还要继续下去，而数学就是她的避难所。“她要来纸和笔，”门罗写道，“这样她就可以继续解题。”

柯瓦列夫斯卡娅所从事的数学研究深刻而重要。魏尔施特拉斯曾说，她提交的3篇论文，每一篇都值得被授予博士学位。她的博尔丁奖获奖成就代表了经典数学问题的重大突破，欧拉和拉格朗日也曾为此潜心研究多年。她还是一名作家。十几岁时她就认识了陀思妥耶夫斯基——实际上她曾倾心于他，所以当陀思妥耶夫斯基向她的姐姐求婚时（由于父亲的阻挠这桩婚事未能如愿），她一定受到了打击。她还在英国的一个文学沙龙中遇到了乔治·艾略特。除了广受好评的自传（一位热情洋溢的当代评论家甚至将它与托尔斯泰的《童年》相提并论），她还出版了一本小说《虚无女孩》，以及戏剧、诗歌和短篇小说。直至去世前她还在创作作品，倘若她能得享天年，没人知道她还能取得哪些更辉煌的成就。

我希望本书的读者已经能够相信数学与文学的结合并没有什么不自然的。柯瓦列夫斯卡娅对一位质疑此事的朋友说：“很多从未有机会了解数学真谛的人，总是以为数学就是算术，是一门枯燥乏味的学问。实际上，它是一门最需要想象力的学科。”她继续说：

没有灵魂深处的诗意，是不可能成为一名数学家的……人们必须摒弃传统的偏见，即认为诗人只会臆造一些不存在的东西，认为想象力无异于“杜撰”。在我看来，诗人必须具有独到的眼光、深邃的思想，而数学家也是如此。

数学无疑是索菲娅·柯瓦列夫斯卡娅生活中重要的组成部分，但艾丽丝·门罗并未让数学来定义柯瓦列夫斯卡娅这个活生生的人——这也是为什么《幸福过了头》是一部如此伟大的作品。以同样方式跻身虚构数学家行列的人，是奇玛曼达·恩戈兹·阿迪契那部波澜壮阔的作品《半轮黄日》中的主人公。这本书以几个主要人物的视角，讲述了1967年到1970年尼日利亚内战的悲惨状况。据估计有超过100万人在战争中死亡，阿迪契小说中令人震惊、扣人心弦的故事就发生在这场战争期间。我强烈建议你读一读这本书，它的故事情节围绕着恩苏卡大学数学教授奥登尼博、他最终的妻子奥兰娜和他们的男仆乌古展开。

阿迪契与艾丽丝·门罗的写作手法如出一辙，她并未把奥登尼博塑造成一个公式化的形象，而是一个完全可信的人。他有魅力，理想化，也有缺点。他热衷于政治和教育，坚持自己的伊博族的身份。正如他所说：“如果我们没有知识，不了解剥削，我们如何能够对抗剥削？”请别误会，他同样热爱数学。当奥兰娜来到恩苏卡与奥登尼博相聚时，他依然决定第二天就出发去参加一个数学会议，尽管这不完全出于数学研究的目的，还有个人的原因：“要不是这个会议重点探讨他的导师、美国黑人数学家戴维·布莱克韦尔的著作，他是不会去的。‘他是目前健在的最伟大的数学家，最伟大的。’他说。”

我记得听一位学者说过，把文学的多样性引入数学课程是不可能的，幸亏这个人早已退休。他给出的“理由”是，黑人数学家是最近才出现的现象，他们的工作内容过于深奥，无法传授给本科生。这当然是无稽之谈——我在那个星期刚刚给一年级新生讲了尼日利亚数学家穆罕默德·伊本·穆罕默德·富拉尼·基什纳维（死于1741年）关于“幻方”的研究。而且我还记得，这位同事所讲授的课程是关于博弈论的，博弈论中最重要的人物之一恰恰就是奥登尼博的导师戴维·布莱克韦尔。

“开拓者”这个词可能被滥用了，但如果有人的确配得上这个称号，非布莱克韦尔莫属。1941年，年仅22岁的布莱克韦尔获得了伊利诺伊大学博士学位。他是有史以来第七位获得数学博士学位的非洲裔美国人，后来他在普林斯顿高等研究院从事了一年研究工作。但他被禁止在普林斯顿大学授课，也不能从事相关研究，当时这所学校既没有黑人学生也没有黑人教师，尽管它与普林斯顿高等研究院有合作关系。于是布莱克韦尔来到加州大学伯克利分校，任职统计学院主任达30年之久。但他在第一次申请这所学校的职位时遭到了拒绝，因为数学系主任的妻子——她的本职工作包括为教职员工安排晚宴——拒绝在家中接待有色人种。

在他的职业生涯中，戴维·布莱克韦尔发表了80多篇学术论文，在数学领域有很大的影响力，还培养出数十位博士生，出版了广受赞誉的数学教科书，并赢得了优秀教师的称号。那么他怎么会出现在阿迪契的书中呢？阿迪契在尼日利亚内战后的恩苏卡长大，她的母亲是一位学术登记员，而她的父亲詹姆斯·恩沃耶·阿迪契正是恩苏卡大学的统计学教授。我不敢冒昧断言奥登尼博“就是”阿迪契的父亲（他当然不是），但他们二人的经历有诸多有趣的交叉。詹姆斯·恩沃耶·阿迪契在加州大学伯克利分校获得博士学位时，戴维·布莱克韦尔正是系主任，他们显然应当彼此熟识。布莱克韦尔并不是他的导师，但是我查过相关记录，他的确指导过至少两名尼日利亚籍博士生。我认为，幼年时期的阿迪契肯定听父亲提起过这个人。

我还浏览了詹姆斯·阿迪契发表的作品，1967 年到 1974 年间的学术空白期也打断了我的研究，这段令人难以察觉的空白隐藏了多少混乱与创伤啊。在《半轮黄日》中，当奥兰娜和奥登尼博历经战争的洗礼回到他们的家乡时，他们发现大部分书籍和文件都被烧毁了。奥登尼博“动手在被烧焦的纸张中搜索，喃喃自语道：‘我的研究论文都在这里，瞧这里，这篇论文写的是我对信号检测的符号等级测试……’”。这个小小的细节令人心酸。我们不知道如果没有战争，老阿迪契会在 1967 年到 1974 年发表哪些论文，但是这样的题目与他在现实中发表的论文《线性模型中的秩检验》很契合。当奥登尼博和家人在战后开始重建生活时，“一箱箱的书从海外被寄给了奥登尼博。‘赠被战争洗劫一空的同事’，短笺上写着，‘数学界仰慕戴维·布莱克韦尔的同人’”。

奇玛曼达·恩戈兹·阿迪契曾多次讨论过“单层”问题，尤其是在对“非洲人”刻板印象的背景下。她说：“一个学生告诉我，尼日利亚的男人都是虐待狂，就像我的小说《紫木槿》中父亲的角色，这的确令人感到丢脸。我告诉她，我读过一本小说《美国精神病人》，其中年轻的美国人都是连环凶手，这也让我感到难过和遗憾。”当然她并不是真的相信美国人都是凶手，因为她和我们所有人都接触过各种类型的美国故事，也懂得身为美国人意味着什么。仅参照“单层”版本的故事，无论是单一版本的美国人、尼日利亚人，还是（天哪，让我说出来吧）单一版本的数学家，都会让人产生刻板印象。而对刻板印象的问题，阿迪契说，“并非它们不真实，而是它们不完整”。文学就如同生活，成为一名数学家有多种不同的方式，就像过上自己喜欢的生活也有多种不同的方式。

致　谢

这是我的第一本书，无比幸运的是，有这样一个了不起的团队支持我一路走来。我的代理人珍妮·赫勒在两年的时间里推动我把写一本书的模糊想法变成最终的成功出版，与她的合作令我受益匪浅。在我的编辑卡罗琳·布莱克和她的助理悉尼·全的帮助下，这本书在很多方面变得更好了。鲍勃·米勒和整个润色团队的成员功不可没，他们让写作一本书的痛苦过程充满乐趣。

我要感谢伯贝克学院的系主任肯·保利和教务长杰夫·沃尔特斯，他们允许我在 2021 年秋季休假，全身心投入这本书的写作。还要感谢我的数学系同事和好友毛拉·佩特森和史蒂夫·诺布尔，如果没有他们，我在经历疫情的折磨后恐怕不会保留哪怕一丁点儿的理智。

格雷欣学院优秀的团队用他们出众的才华支持着我的几何学教授工作。我的讲座内容主要关注数学与艺术和人文之间的关系，有别于从前的系列讲座。我非常感谢他们支持我的想法，允许我尽情地发挥。

我被任命为格雷欣学院的教授之后，西沃恩·罗伯茨开始联系我，并为《纽约时报》撰写了一篇人物专访。这篇文章为我敞开了无数扇大门。所以，西沃恩，下次你来伦敦我一定要招待你一顿丰盛的晚餐！

还要感谢伊恩·利文斯通勋爵慷慨地允许我占用他的时间，并跟我分享了《战斗幻想》系列丛书的创作思路。

有一群愿意跟我分享这段旅程（还愿意分享其他很多事情）的朋友，是一件多么幸运的事啊。谢谢你卡罗琳·特纳，是你把我介绍给著名的罗伯逊默里文学社（Robertson Murray Literary Agency）的夏洛特·罗伯逊和珍妮·赫勒。谢谢你雷切尔·兰帕德，每年都跟我一起阅读布克奖候选书单，还在过去的几年里为我付出了巨大的耐心，并一直支持我。谢谢你亚历克丝·贝尔，我们在第一次怀孕时相遇，从那以后两家人变得亲密起来。亚历克丝，你真棒！真的很抱歉，我没办法如你所愿，把 supercalifragilisticexpialidocious、hippopotomonstrosesquipedalian、floccinaucinihilipilification、honorificabilitudinitatibus、contraremonstrance 和 epistemophilia 这几个单词偷偷塞进本书的正文里。或者我可以吗？还要感谢我那精彩的读书俱乐部“Ladies Wot Read”。自 2006 年以来，我们每个月都聚在一起，用彼此的爱和扶持见证了每个人的幸福和悲伤（偶尔我们也会讨论本书的内容）。亚历克丝、克莱尔、科利特、埃玛、哈达萨、露西、雷切尔，谢谢你们。

我最幸运的一件事，就是成长在一个充满书籍和思想的大家庭里。我的父亲马丁把我和姐姐玛丽培养成具有独立思想的学者，每当我们问他一个单词时，他都会丢给我们一本字典。玛丽容忍了我的很多小毛病，在她的妹妹对岩石和矿产怀有浓厚兴趣的那段日子里，她带我去参观地质博物馆。在漫长的汽车旅途中，她跟我讨论四维形状……公平地说，这种日子至今还没有结束。我的母亲帕特于2002年因多发性硬化去世。小时候，她总是陪在我身边，安抚我的忧虑，驱散我的恐惧，在我无聊时还经常提出很多有趣的数学问题。她陪我一起去旁听当时的格雷欣学院几何学教授克里斯托弗·塞曼的讲座。我多么希望她能知道，她的小女儿如今也有幸获得这个职位。妈妈，我每一天都在想念你，谢谢你。

我那两个聪明、美丽的女儿米利耶和埃玛给我的生活增添了无穷的欢乐。她们也教会了我与混乱和平相处的重要性。在过去的几年里，她们要应对的问题可谓层出不穷，但一路走来她们都处理得很好。如果没有时间，写一本书就无从谈起，而她们慷慨地给予了我足够的时间。

最后，也是最重要的人，就是我的丈夫马克。我无法用语言描述他为我做了哪些事情，无论我想做什么，他都无条件支持，对写作这本书也不例外。我是家里的“麻烦鬼”，而他是“首席士气官”。我时常因想不通“我凭什么觉得自己能做这件事”而焦躁不安，他总是用善意的安抚让我平静下来。每当想喝茶时，我就会发现他早已为我沏了一杯好茶。我知道他会永远支持我，我也会永远支持他。他是世界上最好的丈夫和父亲，如果没有他，这本书就不会面世。

数学家的书架

文学殿堂的数学之旅到此就结束了。数学隐含在房屋的地基之中，伴随着诗歌的韵律和散文的结构；数学隐含在房屋的装饰之中，烘托着文学的隐喻和典故；数学还隐含在穿堂过户的人物之中，被他们赋予了生命和活力。

我在这里整理出一个书单，都是我家书架上与我们颇为稔熟的作品——并附带一些额外的推荐。我希望能给你呈现出数学和文学的一个崭新视角，让你用全新的方法去享受二者。真心期望这只是你未来旅程的起点。阅读愉快！

第1课　1、2、3，爬上山：诗歌的模式

Tom Chivers (editor), *Adventures in Form: A Compendium of Poetic Forms, Rulesand Constraints* (Penned in the Margins, 2012).

Jordan Ellenberg, *Shape*: *The Hidden Geometry of Absolutely Everything* (Penguin Press, 2021). 他还写了一本很受欢迎的小说：*The Grasshopper King* (Coffee House Press, 2003)。

迈克尔・基思的西班牙语诗《靠近乌鸦》可以在他的网站 cadaeic.net 上

找到（“cadaeic”这个奇怪的词在任何字典里都找不到——但如果你让 a =1, b=2, 等等。你会看到发生了什么）。他还写了一本完整的西班牙语书，也是我所知道的唯一一本：*Nota Wake: A Dream Embodying (Pi)'s Digits Fully for 10000 Decimals* (Vinculum Press, 2010)。

雷蒙·格诺的《一百万亿首诗》已不止一次被翻译成英文。斯坦利·查普曼的版本使用了押韵方案 abab、cdcd、efef、gg，而格诺的反应显然是“钦佩得无以复加”，所以这似乎是一个很好的开始。它出现于 Harry Mathews 和 Alastair Brotchie 编辑的 *Oulipo Compendium* (Atlas Press, 2005)。

Murasaki Shikibu, *The Tale of Genji*, Royall Tyler 译 (Penguin Classics, 2002)。

对明确以数字为主题的诗歌，可以看看这三部诗集：

Madhur Anand, *A New Index for Predicting Catastrophes* (McClelland and Stewart, 2015).

Sarah Glaz, *Ode to Numbers* (Antrim House, 2017).

Brian McCabe, *Zero* (Polygon, 2009).

第 2 课　叙事中的几何学：如何用数学构建一个故事

Eleanor Catton, *The Luminaries* (Little, Brown, 2013).

Georges Perec, *Life: A User's Manual*, David Bellos 译 (Collins Harvill, 1987)。

Hilbert Schenck, “The Geometry of Narrative,” *Analog Science Fiction/Science Fact* (Davis Publications, August 1983).

凯瑟琳·肖写过几本关于瓦妮莎·邓肯的小说。第一部是：*The Three-Body Problem* (Allison and Busby, 2004)。

Laurence Sterne, *The Life and Opinions of Tristram Shandy, Gentleman* (1759–1767). Amor Towles, *A Gentleman in Moscow* (Viking, 2016).

第 3 课　潜在文学工厂：数学与乌力波

Christian Bök, *Eunoia* (Coach House Books, 2001).

Alastair Brotchie (editor), *Oulipo Laboratory: Texts from the Bibliothèque Oulipiènne* (Atlas Anti–Classics, 1995).

Italo Calvino, *Ifona Winter's Nighta Traveler*, William Weaver 译 (Harcourt Brace Jovanovich, 1982)。

Italo Calvino, *Invisible Cities*, William Weaver 译 (Harcourt Brace Jovanovich, 1978)。

Mark Dunn, *Ella Minnow Pea: A Novel in Letters* (Anchor, 2002).

Harry Mathews 和 Alastair Brotchie 编辑 , *Oulipo Compendium* (Atlas Press, 2005)。

Warren F. Motte, *Oulipo: A Primer of Potential Literature* (Dalkey Archive Press, 1986).

Georges Perec, *A Void*, Gilbert Adair 译 (Harvill Press, 1994)。

Georges Perec, *Three by Perec*, Ian Monk 译 (David R. Godine Publisher, 2007)。它包含了 *The Exeter Text: Jewels, Secrets, Sex*, Monk 翻译的 *Les Revenentes*, 通篇只使用元音为 e 的单词。

第 4 课　让我逐一细数：叙事选择的算法

John Barth, *Lost in the Funhouse*, 再版 (Anchor, 1988)。

Julio Cortázar, *Hopscotch, Blow–Up, We Love Glenda So Much* (Everyman's Library, 2017)——它包含《跳房子》和一系列短篇小说，包括“Continuity of Parks”。

B. S. Johnson, *House Mother Normal*, 再版 (New Directions, 2016)。

B. S. Johnson, *The Unfortunates*, 再版 (New Directions, 2009)。

Gabriel Josipovici, *Mobius the Stripper* (Gollancz, 1974).

伊恩 · 利文斯通和史蒂夫 · 杰克逊在《战斗幻想》系列丛书中写了很

多“你是英雄”的书。我提到的是 *The Warlock of Firetop Mountain* (Puffin, 1982), 史蒂夫・杰克逊合著，和 *Deathtrap Dungeon* (Puffin, 1984), 两本书都于 2017 年由 Scholastic Books 再版。

美国读者可能还记得《惊险岔路口》系列丛书，该丛书在 20 世纪 80 年代盛行一时，其中大部分都是 Edward Packard 或 R. A. Montgomery 创作的。我很确定我看过 *The Abominable Snowman* (Bantam Books, 1982)。

第 5 课　童话人物：虚构作品中数字的象征意义

Annemarie Schimmel 的书 *The Mystery of Numbers* (Oxford University Press, 1993) 用一章的篇幅来描述所有的小数字，而不是每个数字（如果这样做，她就永远都写不完这本书了）。正是在这本小书中，我第一次了解到猫的命运因国籍而不同。

如果你更喜欢数字及其性质的纯数字指南，你应该读一下戴维・韦尔斯的 *The Penguin Dictionary of Curious and Interesting Numbers* (Penguin, 1997)。

要想深入了解数字语言以及不同语言和文化中数字词和数字符号的起源，你可以读一下 Karl Menninger 的 *Number Words and Number Symbols: A Cultural History of Numbers* (Dover, 1992)。它有一种相当古老的语调（1958 年德语版的译本），但描写得相当迷人。

第 6 课　亚哈的算术：小说中的数学隐喻

Herman Melville, *Moby–Dick* (1851).

乔治・艾略特的小说都有数学隐喻。我们将继续讨论 *Adam Bede* (1859), *Silas Marner* (1861), *Middlemarch* (1871–1872) 和 *Daniel Deronda* (1876)。

Vasily Grossman, *Life and Fate* (NYRB Classics, 2008).

Leo Tolstoy, *War and Peace* (1869).

James Joyce, *Dubliners* (1914) 和 *Ulysses* (1922)。我不建议你去读 *Finnegans Wake* (1939)。

第 7 课　神话王国之旅：数学之误

Mary Norton, *The Borrowers* (1952). 后来也有几本关于“借东西的小人”的书。François Rabelais, *Life of Gargantua and Pantagruel* (published in English 1693–1694).

Jonathan Swift, *Gulliver's Travels* (1726).

Voltaire, *Micromégas* (1752).

第 8 课　思想漫步：激动人心的数学概念如何躲进小说的情节

与《平面国》和四维空间有关的书：

Edwin A. Abbott, *Flatland: A Romance of Many Dimensions* (1884). 你可能还会喜欢 Ian Stewart 的 *The Annotated Flatland* (Perseus Books, 2008)。

Dionys Burger, *Sphereland* (Apollo Editions, 1965).

A. K. Dewdney, *The Planiverse: Computer Contact with a Two-Dimensional World* (Poseidon Press, 1984).

Fyodor Dostoyevsky, *The Brothers Karamazov* (1880).

Charles H. Hinton, *An Episode of Flatland: or, How a Plane Folk Discovered the Third Dimension* (S. Sonnenschein, 1907).

Rudy Rucker, *The Fourth Dimension and How to Get There* (Penguin,1986).

Rudy Rucker, *Spaceland: A Novel of the Fourth Dimension* (Tor Books, 2002).

Ian Stewart, *Flatterland* (Perseus Books, 2001).

与分形学有关的书：

Michael Crichton, *Jurassic Park* (Arrow Books, 1991).

John Updike, *Roger's Version* (Knopf, 1986).

理查德 · 鲍尔斯的几部小说都讨论了分形学，包括 *The Gold Bug Variations* (Harper, 1991), *Galatea* 2.2 (Harper, 1995) 和 *Plowing the Dark* (Farrar, Straus and Giroux, 2000), 其中一位艺术家与科学家合作，使用分形

学设计了一个虚拟世界。

与密码学有关的书：

Dan Brown, *The Da Vinci Code* (Doubleday, 2003) 和 *Digital Fortress* (St. Martin's Press, 1998)。

Arthur Conan Doyle, "The Adventure of the Dancing Men" (in *The Return of Sherlock Holmes*, 1905) 和 *The Valley of Fear* (1915), 它们此前都刊登于 *The Strand Magazine*。

John F. Dooley (editor), *Codes and Villains and Mystery* (Amazon, 2016), 是一部选集，收录了欧・亨利的 "Calloway's Code"。

Robert Harris, *Enigma* (Hutchinson, 1995).

Edgar Allan Poe, "The Gold-Bug" (1843) 和 "The Purloined Letter" (1844); 许多短篇小说集和坡的作品集都收录了这两篇小说。

Neal Stephenson, *Cryptonomicon* (Avon, 1999).

Jules Verne, *Journey to the Center of the Earth* (1864).

Hugh Whitemore, *Breaking the Code* (Samuel French,1987).

第 9 课　少年派的真实漂流：小说中的数学主题

Jorge Luis Borges, *Labyrinths*, Penguin Modern Classics edition (Penguin Books, 2000). 这部选集收录了《巴别图书馆》和其他几个包含数学元素的精彩故事。《巴别图书馆》也收录于 William G. Bloch, *The Unimaginable Mathematics of Borges' Library of Babel* (Oxford University Press, 2008)。

Lewis Carroll, *Alice's Adventures in Wonderland* (1865) 和 *Through the Looking-Glass, and What Alice Found There* (1871)。有关刘易斯・卡罗尔作品中数学元素的研究，我推荐 Martin Gardner 的 *The Annotated Alice* (Penguin Books, 2001) 和 Robin Wilson 的 *Lewis Carroll in Numberland* (Penguin Books, 2009)。

Yann Martel, *Life of Pi* (Mariner Books, 2002).

第10课　数学家莫里亚蒂：文学作品中的数学天才

Chimamanda Ngozi Adichie, *Half of a Yellow Sun* (Knopf, 2006).

Isaac Asimov, *Foundation* (Gnome Press, 1951),《基地》系列作品的第一部。

Apostolos Doxiadis, *Uncle Petros and Goldbach's Conjecture* (Faber and Faber, 2001).

Mark Haddon, *The Curious Incident of the Dog in the Night-Time* (Doubleday, 2003).

Aldous Huxley, "Young Archimedes" (1924). 它是被 Clifton Fadiman 的 *Fantasia Mathematica* (Simon and Schuster, 1958) 收录的第一个故事。这部合集包括了一系列以数学为主题的短篇故事、诗歌和评论。我必须说明，有些故事的内涵不够深刻，但整部合集仍然值得阅读。

Sofya Kovalevskaya, *A Russian Childhood* (Springer, 1978) and *Nihilist Girl* (Modern Language Association of America, 2001).

Stieg Larsson, *The Girl Who Played with Fire* (Knopf, 2009)——继 *The Girl with the Dragon Tattoo* 之后 *Millennium* 系列的第二部。

Alice Munro, *Too Much Happiness* (Knopf, 2009).

Sydney Padua, *The Thrilling Adventures of Lovelace and Babbage: The (Mostly) True Story of the First Computer* (Pantheon Books, 2015).

Tom Stoppard, *Arcadia: A Play in Two Acts* (Faber and Faber, 1993). 我还推荐他的一部戏剧 *Rosencrantz and Guildenstern Are Dead* (Faber and Faber, 1967), 其中对概率、机会和命运做了耐人寻味的探讨。

Walter Tevis, *The Queen's Gambit* (Random House, 1983).

还有太多以数学为主题的书，我们无法在这里一一列举。你可以从下面这几本读起：

Catherine Chung, *The Tenth Muse* (Ecco, 2019), 故事讲述了一位年轻的数学家试图解开黎曼假设这个数学界最大的谜团之一。其中交织着一位真实女性数学家的故事，用作者的话来说，她“假装成一个求知若渴的青年，与导师结婚，离开家乡，只是为了研究数学”。

Apostolos Doxiadis and Christos Papadimitriou, *Logicomix: An Epic Search for Truth* (Bloomsbury, 2009), 一部绘本小说，讲述了一个虚构的伯特兰·罗素的故事，若干数学家，如 戴维·希尔伯特、库尔特·哥德尔、艾伦·图灵等均有登场。

Jonathan Levi, *Septimania* (Overlook Press, 2016). 这部妙趣横生的小说讲述了数学家路易莎、艾萨克 · 牛顿和牛顿研究专家马洛里的故事。用莱维的话说：“在数学家的王国里，他作为一名科学史学家……以巨大的魅力和姿态主宰了剑河。”作为英国数学史学会 2021 年到 2023 年的主席，我可以负责任地告诉你，学会所有的成员都极富魅力。如果你加入我们，你也会变得魅力四射。

Simon McBurney/Théâtre de Complicité, *A Disappearing Number* (Oberon, 2008), 一部舞台剧，讲述印度数学家斯里尼瓦瑟 · 拉马努金和他与 G. H. 哈代的故事。

Yoko Ogawa, *The Housekeeper and the Professor* (Picador, 2009), 一个感人而辛酸的故事，讲述了一位只有 80 分钟记忆的数学教授与他的女管家和女管家的儿子之间发生的事情。

Alex Pavesi, *Eight Detectives* (Henry Holt, 2020). 这部小说以一位数学家为中心，他分析了一系列神秘谋杀的排列组合。我不想告诉你任何关于这本书的事情，以免破坏你的阅读体验，但我非常喜欢它。